Les Sciences
du vivant

Sous la direction de
François GROS

Les Sciences du vivant

Éthique et société

préface de
Roger-Gérard SCHWARTZENBERG

EDITIONS
ODILE JACOB

Ouvrage réalisé avec le concours du ministère de la Recherche

15, rue Soufflot, 75005 Paris
www.odilejacob.fr

ISBN 2-7381-1007-X

PRÉFACE

L'éthique du vivant

Tous les six mois, le « G 8 Recherche » réunit les ministres de la Recherche des pays les plus avancés : États-Unis, Royaume-Uni, Allemagne, Italie, Russie, Canada, Japon et France. Organisé par la France en juin 2000, ce G 8 Recherche a été élargi aux représentants de quatre grandes nations émergentes : Brésil, Mexique, Chine et Inde.

J'ai souhaité que cette réunion des douze ministres, portant sur deux thèmes principaux (les cellules souches humaines et l'éventuelle brevetabilité d'éléments du génome humain), soit précédée d'un colloque international réuni à Bordeaux et portant sur le thème « Sciences du vivant, éthique et société ».

Je remercie très vivement les professeurs Jean Dausset et François Gros d'avoir bien voulu organiser ce colloque, qui a réuni biologistes et juristes des douze pays cités plus haut.

Il importe, en effet, d'en finir avec une séparation trop rigide entre, d'une part, sciences exactes et, d'autre part, sciences humaines et sociales. En particulier pour répondre à la demande d'éthique fortement exprimée par nos sociétés face aux nouvelles inventions scientifiques.

Il fallait donc permettre aux biologistes et aux juristes de dialoguer et de réfléchir côte à côte pour rapprocher ensemble impératifs scientifiques et impératifs éthiques, pour conjuguer ensemble science et conscience.

Il était très utile aussi de rapprocher cette double expertise, scientifique et juridique, de la décision publique. Tenu l'avant-veille et la veille du G 8 Recherche, ce colloque a permis aux décideurs politiques d'être éclairés par les analyses et les avis des femmes et des hommes de science.

Enfin, cette double réflexion successive, d'abord au niveau scientifique et juridique, puis au plan politique avec le G 8 Recherche, visait à un autre but : commencer à dégager ensemble des principes éthiques communs et, à terme, des règles juridiques convergentes ou communes, qui encadrent le progrès scientifique.

Les cellules de l'espoir

Ce colloque de Bordeaux a d'abord permis de faire progresser la réflexion commune sur les cellules souches. Ces « cellules de l'espoir » qui ouvrent des perspectives nouvelles pour de nombreuses maladies. Depuis, la réflexion a continué d'avancer.

L'utilisation des cellules souches adultes ne pose évidemment pas les mêmes problèmes éthiques que celle des cellules souches embryonnaires. J'ai donc, après ce colloque de Bordeaux, demandé au Pr François Gros de former un groupe de travail, qui m'a remis le 6 novembre 2000 un rapport sur « Les cellules souches adultes et leurs potentialités d'utilisation ». Il en résulte que celles-ci semblent ne pas avoir, *a priori*, les mêmes capacités de différenciation et de multiplication que les cellules souches embryonnaires.

Il est donc nécessaire de poursuivre très activement l'effort de recherche sur les cellules souches adultes, mais aussi d'ouvrir la voie à des recherches sur les cellules souches embryonnaires.

Il faut le faire en prenant en compte deux impératifs éthiques. D'une part, l'attention à prêter à l'embryon, qui ne peut être réifié. D'autre part, le droit des malades à être soignés, le droit des personnes atteintes d'affections graves et souvent incurables à voir les recherches progresser et développer de nouvelles thérapeutiques, susceptibles de soulager leurs souffrances et de leur offrir des chances de guérison.

L'enjeu, c'est la médecine régénérative, remplaçant un jour cellules et organes défaillants. L'objectif, ce sont les thérapies cellulaires, visant à remplacer des cellules malades ou en nombre insuffisant par des greffes de cellules.

Beaucoup de maladies humaines sont en effet liées à la dégénérescence cellulaire et à la destruction de tissus qu'on n'a pas aujourd'hui les moyens de remplacer : maladies neuro-dégénératives (Alzheimer, Parkinson, Huntington, sclérose en plaques, sclérose latérale amyotrophique), cardiaques, hépatiques, diabètes de type I, etc.

Pour remédier à ces affections, les cellules souches embryonnaires peuvent jouer un rôlé clé, qu'elles proviennent d'embryons surnuméraires devenus sans projet parental et conservés par congélation ou du transfert d'un noyau adulte dans un ovocyte énucléé (transfert de noyaux de cellules somatiques).

Ces recherches seront régies par un dispositif d'encadrement très strict :

— embryons n'ayant pas atteints le stade de la différenciation tissulaire intervenant vers le 6e-7e jour ;

— finalité thérapeutique, impossible à atteindre par une méthode alternative d'une efficacité comparable ;

— protocole soumis à l'approbation préalable des ministres de la Recherche et de la Santé après avis public d'une Agence comportant un Haut Conseil de personnalités (scientifiques, magistrats, parlementaires, représentants des associations de malades).

C'est ce dispositif qui inspire le projet de loi de révision des lois de bioéthique de 1994. Ce texte, qui a reçu l'avis favorable du Comité consultatif national d'éthique, sera soumis dans les prochains mois au Parlement, qui est le lieu naturel des grands débats de société.

Brevets et génome humain

L'autre grande question débattue par ce colloque de Bordeaux portait sur brevets et génome humain. Avec l'achèvement quasi total du séquençage du génome humain, l'on passe, en effet, à la phase du « post-génome » ou de « l'après-séquençage ». Désormais, l'effort de recherche se concentre sur l'ensemble des applications susceptibles d'être tirées de ces nouvelles informations. Ce qui pose la question des brevets.

À cet égard, il existe, on le sait, un débat sur la transposition de la directive européenne du 6 juillet 1998 sur la protection juridique des inventions biotechnologiques.

La position française peut se résumer en trois points.

- D'une part, les données brutes du séquençage du génome humain doivent être accessibles à tous. Les séquences nues doivent être mises dans le domaine public. Le génome humain constitue le patrimoine commun de l'humanité. Sa connaissance ne peut être appropriée par certains : elle doit appartenir à tous. Il ne peut y avoir confiscation du savoir génétique fondamental.

Cette règle l'a emporté grâce à la recherche publique, grâce au Consortium international public, « Human Genome Project », rassemblant les chercheurs de six pays : les États-Unis, le Royaume-Uni, la France, l'Allemagne, la Chine et le Japon.

Cette libre accessibilité aux bases de données génomiques s'est imposée malgré la prétention initiale de certains organismes de recherche privés, comme *Celera Genomics,* de déposer des brevets sur les séquences brutes du génome humain.

Grâce à la recherche publique, cette prétention a été rejetée. Conformément à un principe qu'on pourrait énoncer ainsi : à recherche publique, information publique ; à fonds publics, données publiques.

• Deuxième point : la simple découverte de ce qui existe à l'état naturel n'est pas brevetable. Conformément à la distinction classique en droit des brevets entre simple découverte, non brevetable, et invention véritable.

La directive européenne de 1998 le rappelle d'ailleurs à son 16e considérant : « Une simple découverte ne peut faire l'objet d'un brevet », ainsi qu'à son 23e considérant : « Une simple séquence d'ADN sans indication d'une fonction ne contient aucun enseignement technique : elle ne saurait, par conséquent, constituer une invention brevetable. »

• En revanche, peut-on déposer des brevets sur des inventions à partir des gènes quand celles-ci remplissent les conditions classiques de la brevetabilité : c'est-à-dire la nouveauté, l'inventivité et l'applicabilité industrielle ?

Où fixer la barre dans cette activité inventive, qui peut s'exercer à trois niveaux : la simple annotation d'une séquence, réalisée *in silico*, par ordinateur, l'identification précise de la fonction d'un gène, démontrée par méthode expérimentale et, enfin, la mise au point d'outils diagnostiques ou de moyens thérapeutiques issus de cette identification ?

La simple annotation ne peut être brevetable. On ne doit pas pouvoir breveter ce qui résulte de simples comparaisons informatiques entre des éléments de séquence du gène visé et la séquence d'autres gènes dont la fonction est connue.

En revanche, l'identification, la caractérisation de la fonction d'un gène, déterminé expérimentalement, par voie expérimentale, doit-elle être brevetable ? Nous estimons que cette identification n'est pas, à elle seule, brevetable et qu'elle doit s'accompagner, en outre, de la détermination concrète des applications potentielles à des fins diagnostiques vaccinales ou thérapeutiques, conduisant à la mise au point de nouveaux tests, vaccins ou médicaments. C'est seulement à ce niveau d'inventabilité qu'il peut y avoir dépôt de brevets.

Bien entendu, cette brevetabilité ne doit pas faire obstacle à la poursuite de la recherche. Cela pose le problème des brevets dépendants dans le cas où la fonction d'une séquence génique aura fait l'objet d'un brevet.

Nous souhaitons donc qu'une réflexion soit menée au niveau européen afin d'organiser le système de licences obligatoires et de licences d'office accordées dans l'intérêt public et dans l'intérêt de la santé publique lorsque les brevets dépendants porteront sur de nouvelles applications thérapeutiques ou diagnostiques de séquences préalablement brevetées.

Pour sa part, la France a d'ores et déjà entrepris une réflexion sur cette question. Nous souhaitons renforcer le système de licences obligatoires et de licences d'office prévu au code de la propriété intellectuelle (CPI) à l'article L 613.

— L'article L 613-15 prévoit la délivrance d'une licence obligatoire pour l'exploitation d'un brevet de perfectionnement dépendant du premier brevet, à condition qu'il existe un intérêt public et un intérêt économique important.

Il conviendrait de prévoir que les deux conditions posées actuellement par cet article pour obtenir une licence obligatoire soient alternatives et non plus cumulatives, en parlant désormais d'un intérêt public ou d'un intérêt économique important.

— L'article L 613-16 prévoit la délivrance d'une licence d'office dans l'intérêt de la santé publique, uniquement pour les médicaments. Il importerait d'étendre le champ de cet article à tout produit et de ne plus le réserver aux seuls médicaments.

Actuellement, l'article L 613-16 ne peut être utilisé pour prévoir une licence d'office pour un produit comme un test diagnostique, dans la mesure où un tel produit ne peut être regardé comme un médicament.

L'extension du champ de l'article L 613-16 permettrait donc d'imposer une licence d'office sur un brevet portant sur un test diagnostique, empêchant ainsi le titulaire d'un tel brevet d'abuser de son droit en exigeant par exemple un niveau excessivement élevé de rémunération.

En tout état de cause, l'amélioration du dispositif actuel de licences obligatoires et de licences d'office permettrait de rendre beaucoup plus difficile l'abus de son droit par le titulaire d'un brevet.

Nous souhaitons à la fois garantir le respect des principes éthiques, préserver la liberté de la recherche et protéger l'activité inventive des chercheurs.

En effet, le brevet protège — et donc encourage — l'activité inventive des chercheurs qui mettent au point de nouveaux procédés diagnostiques ou médicaments, pour lutter contre le cancer, le diabète, les maladies cardio-vasculaires ou neuro-dégénératives.

Guérir davantage de patients, mieux les soigner, améliorer la santé humaine, à partir de cet alphabet de la vie, c'est aussi, bien évidemment, un grand enjeu éthique.

Le siècle nouveau, qui vient de commencer, sera plus que jamais, celui de la science.

Nous voulons que cette science soit humaine. Nous voulons qu'elle respecte les grands principes éthiques de l'humanité. Nous voulons qu'elle permette un nouvel humanisme adapté à la révolution scientifique de notre temps.

En s'interrogeant comme il l'a fait sur l'indispensable éthique du vivant, le colloque de Bordeaux a exprimé la volonté commune qui a animé et rassemblé ses participants : faire vivre et progresser la science au service de l'homme.

ROGER-GÉRARD SCHWARTZENBERG
Ministre de la Recherche

Introduction

Nos connaissances se rapportant aux sciences du vivant sont le siège d'une évolution extrêmement rapide, voire de réels bouleversements. Chacun est aujourd'hui conscient, ne fût-ce que dans leurs grandes lignes, des acquisitions contemporaines dans des domaines tels que : la génomique, la biologie cellulaire ou les neurosciences, sans parler de l'extraordinaire pouvoir analytique qu'offrent les biotechnologies ou les procédés de l'imagerie pour l'exploration non agressive du corps humain, et dans la recherche de thérapies nouvelles. C'est pourquoi le ministre français de la Recherche a souhaité que soit organisé, en introduction aux réunions des ministres de la Recherche du groupe Carnegie (G8), élargie aux ministres du Brésil, de la Chine, de l'Inde et du Mexique, un colloque international.

Ce colloque, qui a réuni les 22 et 23 juin 2000, des scientifiques et des juristes issus de ces douze pays, a été consacré à des thèmes qu'il a été jugé essentiel d'aborder, compte tenu de leur importance et de leur actualité : cellules souches et cellules embryonnaires humaines ; collection d'échantillons biologiques d'origine humaine et bases de données de séquences génétiques, brevet sur le génome humain — fonction d'un gène.

Le comité d'organisation a jugé bon de publier ces actes du colloque.

Il espère que cette rencontre a offert l'occasion de s'informer sur les avancées scientifiques les plus récentes et d'aboutir, sinon à une vue unitaire, du moins à un rapprochement des points de vue et à un consensus éclairé.

François Gros
Secrétaire perpétuel de l'Académie des sciences

Allocutions d'ouverture

Je vous propose d'ouvrir ce colloque. En tant que président de l'université Bordeaux 1, j'ai le plaisir de vous accueillir ce matin.

Le ministère de la Recherche nous a demandé d'organiser cet événement, en liaison avec l'Académie des sciences. Cela ne nous a pas surpris car nous sommes des habitués du genre : par exemple, je vous rappelle que nous avions déjà organisé les premières journées Sciences en province, ou encore la Journée des présidents d'université de cette région au mois de mars.

L'université Bordeaux 1 est une des quatre universités de la ville, consacrée aux sciences et aux technologies.

— En mathématiques, notamment en mathématiques appliquées, ou encore dans le domaine de la théorie des nombres, j'ai le sentiment que notre université possède une assez bonne réputation. Bien entendu, ce n'est pas parce que nous sommes gros que nous sommes bons.

— De même, nous jouissons de certaines compétences en physique, sans parler du laboratoire qui nous accueille.

— Nous sommes actifs dans le domaine du laser ou de la biologie, qui concerne deux universités à Bordeaux, Bordeaux 1 et l'université Victor-Segalen, ou Bordeaux-II, qui s'occupe notamment du domaine de la santé. Nous avons d'ailleurs de nombreux projets communs, dans le cadre du triangle habituel : compétition, concurrence et collaboration.

L'université Bordeaux-II revendique le souci d'une articulation forte entre biologie et thérapeutique. Pour notre part, nous nous penchons sur l'apport éventuel des sciences. Par exemple, au sein des laboratoires de neurobiologie, nous menons des simulations dans différents champs.

En bref, nous sommes particulièrement heureux d'organiser cet événement. Je ne connais pas très bien vos objectifs : ma compétence s'arrête ici. En effet, le mot éthique en général est très vague.

Toute science renvoie à des questions d'éthique : la sécurité et la santé de l'homme ont nécessairement partie liée à ces questions.

En outre, la diffusion générale de l'information, bien qu'elle permette de réaliser des progrès, va parfois à l'encontre d'autres finalités, comme les moyens financiers.

Nous avons longuement préparé cet événement, qui bien qu'il soit très important, demeure une goutte d'eau par rapport à la vastitude de la problématique. Nous sommes néanmoins fiers d'y avoir contribué en tant qu'organisateurs, en liaison étroite avec l'Académie des sciences et le cabinet du ministre.

MICHEL COMBARNOUS

Monsieur le président de l'université de Bordeaux 1, Mesdames et Messieurs les présidents, directeurs, représentants de la région Aquitaine, des grandes institutions, centres de recherche et comités d'éthique nationaux et internationaux, chers confrères, chers collègues, chers amis de tous les pays.

Je voudrais tout d'abord remercier, en notre nom à tous, Michel Combarnous, qui nous accueille pour ce colloque préparatoire à la réflexion des ministres de la Recherche du G8, élargi au Brésil, à la Chine, à l'Inde et au Mexique.

Le lieu de ce colloque a été arrêté lors de la précédente réunion du groupe Carnegie qui s'est tenue l'an dernier. La proposition en avait été faite par Claude Allègre. Nous ne sommes pas à Bordeaux par hasard ! La ville ne doit pas sa réputation aux seuls vignobles de la région ! Il faut dire que Bordeaux est la patrie de Montesquieu et de Montaigne, qui fut maire de cette ville. L'ancienne capitale de l'Aquitaine, qui fut pour un temps au XIIe siècle une possession anglaise, est en effet chargée d'histoire, riche d'une tradition caractérisée par le culte de la sagesse et la lutte contre les préjugés ; mais c'est aussi une ville comprenant quatre grandes universités et des écoles supérieures, spécialisées en économie, dans les secteurs des biomatériaux, de l'énergétique et des phénomènes de transfert, une ville où se conjuguent harmonieusement sciences fondamentales et applications technologiques. Enfin, c'est une grande porte océane ouverte aux échanges avec de nombreux pays, tant au plan industriel et commercial que culturel.

En ma qualité de secrétaire général du colloque, mais également au nom de l'Académie des sciences et au nom des divers membres des services et du cabinet du ministre de la Recherche, je souhaite saluer les très nombreuses personnalités françaises et étrangères qui, à l'invitation de M. Schwartzenberg, sont venues nous enrichir de leur savoir scientifique, de leur compétence en matière juridique, éthique, sociologique ou économique. C'est une des caractéristiques des sciences et surtout des sciences de la vie : elles s'ouvrent à une sorte de multipolarité des mondes. Au début de ma carrière, il y a fort longtemps, on ne pouvait guère imaginer que la biologie se trouverait au centre d'enjeux économiques et éthiques.

Les représentants de douze pays vont donc contribuer, pendant deux jours, de façon très active, soit par des exposés scientifiques, des participations à des tables rondes, ou des discussions, à l'analyse des problèmes que posent certaines des avancées les plus récentes en sciences de la vie. Au total, 55 scientifiques, médecins, représentants de l'éthique et du droit, experts en brevets, etc., vont confronter leurs points de vue.

Ce n'est pas la première fois qu'un colloque scientifique précède les réunions du Groupe Carnegie, réunions qui ont lieu deux fois par an et qui sont conçues pour permettre des discussions informelles entre les ministres de la Science des pays du G8 ou leurs conseillers scientifiques au plus haut niveau. Ce n'est pas non plus la première fois que ces colloques préparatoires sont dévolus à la bioéthique. L'initiative en revient au Japon, et notamment au professeur Imura, membre exécutif du Conseil de la science et de la technologie auprès du Premier ministre. En effet, un débat de même nature que celui de Bordeaux eut lieu l'an dernier à Tokyo. Il portait déjà sur le clonage et ses possibles répercussions chez l'homme. Il s'adressa également à la question des cellules souches embryonnaires humaines et aux problèmes que rencontrent les pays en développement face à la globalisation des industries pharmaceutiques. Le professeur Imura nous rappellera ce matin l'esprit de ces discussions.

La recherche progresse de plus en plus vite ! Les données du problème qui ont été discutées en 1999 sont quelquefois dépassées ou doivent être réexaminées. Par exemple, la confirmation de l'existence de cellules souches neuronales particulières suscite désormais de nouveaux espoirs. Nous apprenons tous les jours, dans les publications scientifiques, que les cellules souches adultes présentent une étonnante plasticité, ce qui pourrait remettre en cause certaines règles relatives au clonage. Grâce à un vaste effort international, impliquant tous les États représentés ce matin, le séquençage du génome humain ou de génomes végétaux est presque achevé. Cependant, il faut noter que le poids des États-Unis est prépondérant.

Nous sommes entrés dans l'ère de la postgénomique. Elle aura de lourdes conséquences sur tous les domaines qui nous occupent, aussi bien pour les applications à l'homme que pour les applications à la sphère agricole. Vous noterez que nous parlerons peu des questions agricoles et des OGM. Nous voulions en effet insister sur ce qui est en relation directe avec les problèmes de l'homme et de son développement. Les OGM, en tout état de cause, feront sûrement l'objet d'un colloque spécifique.

À l'heure actuelle, le point le plus frappant est le suivant : bien que les cultures soient différentes, bien que les angles d'attaque varient, sur le plan économique notamment, nos 12 pays ont au fond un regard assez proche. Je ne sous-estime nullement les modulations d'attitude, voire les oppositions, mais, sur les grands traits de l'éthique des sciences, une convergence semble se dessiner. À mon sens, on ne pouvait espérer une telle convergence il y a 15 ou 20 ans ! Des pays, jadis peu sensibles à ces questions, commencent par exemple à faire entrer la bioéthique dans les enseignements des universités. C'est pourquoi le colloque préparatoire de cette année a été étendu à 4 pays émergents. Ces pays représentent un apport démographique considérable et sont dépositaires de cultures très riches. En outre, ils sont engagés dans un vaste processus de réflexion sur les problèmes éthiques de la science contemporaine, en particulier pour les sciences de la vie.

Je forme donc des vœux profonds et sincères pour que nous parvenions ensemble, non pas à un consensus absolu, mais à un dialogue éclairé sur les thèmes de nos rencontres, à travers des échanges qui peuvent être vifs mais qui doivent être sincères, aussi exhaustifs que possible, et permettre d'éclairer les ministres qui rejoindront ultérieurement le groupe Carnegie.

Toutefois avant de conclure, je voudrais vous lire le message du professeur Jean Dausset, président du colloque.

Chers amis,

C'est pour moi une profonde déception de ne pouvoir être parmi vous aujourd'hui. Je vous présente mes excuses.

Je sais l'enjeu capital des problèmes dont vous allez débattre : l'utilisation des cellules souches, l'accès aux banques d'ADN ou de séquences et l'épineux problème des brevets.

Sur votre réflexion, repose en partie l'essor rapide de la biologie humaine et ses applications en médecine.

La complexité des problèmes qui se posent à nous aujourd'hui est dû à ce que, pour chacun, se mêlent trois éléments :

1) les données scientifiques,

2) des moteurs économiques,

3) des attitudes psychologiques et morales.

Ces données, ces moteurs et ces attitudes varient considérablement selon la lecture que l'on fait des données scientifiques, selon les intérêts financiers en jeu et selon les cultures et les familles spirituelles.

On conçoit ainsi facilement, devant cette complexité, que les opinions soient diverses et parfois opposées.

Mais je fais confiance à votre esprit pragmatique pour parvenir sinon à un consensus, tout au moins à des recommandations générales permettant de poursuivre l'acquisition rapide de nouvelles connaissances fondamentales et l'application de ces connaissances au bénéfice des patients et de l'humanité en général.

Vos débats influenceront profondément les juristes en leur permettant de traduire vos réflexions en termes légaux.

J'appelle de tous mes vœux que l'on parvienne un jour à une législation réellement internationale, qui éviterait bien des injustices présentes.

La présence à ce colloque des plus hautes personnalités des divers continents est un gage de cette mondialisation de la pensée éthique et juridique.

Je ne cache pas l'extrême ambition de ces désirs sans doute prématurés, mais je suis persuadé que la haute tenue intellectuelle de ce colloque y contribuera grandement. Je suis sûr que cette conférence, réellement internationale, répondra à tous les espoirs qui sont mis en elle.

FRANÇOIS GROS

Je suis particulièrement honoré de participer à ce colloque consacré à l'éthique et aux attitudes de la société. Je devais vous parler en japonais, si j'en crois du moins le professeur Gros, mais permettez-moi de parler anglais.

Dans nos domaines, les progrès au bénéfice des malades ont été réels au cours des dernières années. Toutefois, ces avancées ont fait naître des inquiétudes quant aux risques liés aux nouvelles technologies, notamment en matière de dignité humaine. Les souches embryonnaires peuvent être utiles pour traiter une grande gamme de maladies humaines, mais elles appellent dans le même temps des considérations sur l'éthique en tant qu'elles utilisent des embryons humains ! Les risques et les bénéfices de ces traitements doivent être correctement appréhendés, d'autant plus que l'essor rapide des industries technologiques complexifie grandement les données du problème. Je voudrais donc vous dresser un tableau de la situation actuelle.

Rappels des travaux du groupe Carnegie

En premier lieu, permettez-moi de rappeler quelques points concernant nos réunions au sein du groupe Carnegie et nos réflexions actuelles. Le groupe Carnegie se rencontre deux fois par an, au niveau du G8 et des ministres concernés par la politique scientifique et les sciences. En décembre 1998, lorsque la réunion du groupe Carnegie a eu lieu au Japon, j'ai proposé de travailler sur la bioéthique : en effet, compte tenu de l'existence de Dolly et de l'établissement de technologies utilisant des cellules souches, cette problématique commençait à occuper le devant de la scène.

Nous nous sommes donc réunis en mars 1999, à Tokyo. Lors de cette rencontre, nous avons présenté les activités des pays participants, les processus de prise de décision dans ces pays et nous avons évoqué le clonage humain. Toutes les délégations ont été d'accord pour l'interdire. Pourtant, la façon d'interdire ce clonage peut différer selon les pays.

— En France ou en Allemagne, les réglementations existaient déjà et couvraient l'embryon humain.

— En revanche, au Japon et aux États-Unis, le clonage était interdit de façon temporaire.

Enfin, s'agissant des cellules souches embryonnaires humaines, nous avons organisé deux réunions préparatoires. Même si nous ne sommes pas parvenus à une conclusion, ces rencontres nous ont permis de mieux comprendre les cellules souches et leurs potentialités.

Nous nous sommes également penchés sur le cadre éthique de ces thèmes. À ce titre, la participation des pays en voie de développement est nécessaire pour faire avancer les travaux, même si, là encore, nous n'avons pas obtenu de conclusion définitive.

La commission de bioéthique japonaise

Après le clonage du mouton, les pouvoirs publics nippons ont instauré une commission spécialisée. Auparavant, le ministère de la Santé abritait une entité spécialisée dans la bioéthique et une commission *ad hoc* chargée d'examiner les thèmes de recherche. Ces entités sont toujours en activité. Cependant, la nouvelle commission placée auprès du Premier ministre est désormais la plus active.

Sur un plan organisationnel, nous possédons une commission qui fait partie du *Council for Science and Technology*. Celle-ci comporte trois sous-commissions : l'une consacrée au clonage, une autre dévouée à la recherche sur les embryons humains et une troisième qui traite du génome humain. D'ores et déjà, plusieurs décisions ont été prises, comme l'interdiction du clonage humain. Compte tenu des résultats obtenus avec les cellules souches murines, les technologies correspondantes présentent de réelles potentialités, par exemple pour le traitement de la maladie de Parkinson.

Comme le signalait le professeur Gros, les cellules souches ont récemment été différenciées. La recherche peut donc se pencher sur plusieurs maladies humaines. Il existe plusieurs sources pour obtenir les cellules souches : les gonades primordiales des fœtus, les stades précoces des embryons humains, et les carcinomes embryonnaires humains par exemple. Pour les cellules souches embryonnaires, quelques principes de base inspirent notre fonctionnement. Les commissions ont également travaillé sur la question du consentement éclairé. Il existe en outre un cahier des charges quant à la façon d'obtenir les cellules souches ou encore sur l'utilisation même des cellules. Là encore, certaines interdictions sont édictées :

les instituts doivent recevoir le ERB, avant de faire des demandes auprès des services compétents. Une fois que l'accord est obtenu, l'institut peut former une demande auprès du gouvernement, qui se tourne pour avis vers son conseil.

À ce jour, 90 % des commentaires relatifs à la politique adoptée au Japon semblent acceptés. Cependant, certains se sont interrogés sur le cadre légal utilisé pour punir les éventuelles dérives constatées. Au sein de nos commissions, nous travaillons donc sur ces questions.

Compte tenu de ces principes et de nos travaux sur ces détails, les progrès de la médecine sont de plus en plus synonymes de problématiques qui nécessitent un traitement philosophique, éthique et global. Il faut certes soutenir la recherche, *via* des subventions par exemple, mais dans le même temps, il faut un processus pour produire des décisions. Obtenir la compréhension du public et le consensus face à ces technologies est difficile, d'autant qu'il existe un décalage entre la compréhension du public et la vitesse d'évolution de la science.

J'espère donc que notre rencontre nous permettra de faire progresser nos études et de mieux comprendre leurs enjeux.

HIROO IMURA

Monsieur le secrétaire perpétuel, mes chers collègues, Mesdames et Messieurs, je voudrais avant tout remercier les organisateurs de cette rencontre.

Notre époque connaît des percées technologiques, une poussée démocratique (comme l'ont illustré les événements de la dernière rencontre de l'OMC à Seattle) et une pression économique sans précédent. Comment pouvons-nous concilier ces interactions avec le progrès scientifique ? Dans le contexte culturel qui leur est propre, les modalités de l'exercice de la liberté de choix des personnes et des groupes sociaux sont aujourd'hui en question. La brevetabilité du génome humain et les conséquences des recherches sur les cellules souches embryonnaires contribuent grandement à cette remise en question.

La directive de 1998 sur la brevetabilité du génome mérite d'être complétée sur un point essentiel : la garantie du libre accès à la connaissance des gènes. L'autonomie du gène, en tant qu'élément naturel, est en question. La connaissance d'un gène ne peut pas être assimilée à un produit inventé : cela aboutit naturellement à la non-brevetabilité. Je rejoins donc la position de plusieurs organismes. Cette notion est différente du libre accès à la connaissance des gènes. Les techniques de modélisation et d'information ont conduit à des dérives quant à la protection des séquences juridiques. Un gène donnant lieu à brevet reste une découverte libre pour la mise au point d'autres inventions.

Le principe de la liberté dans la connaissance mérite une précision : la connaissance doit rester libre et ouverte. Néanmoins, l'accès à la connaissance reste limité dans le cadre de la réalisation d'une invention. Comme la découverte, l'invention qui a pris forme est une partie de l'existant. La connaissance du génome ne peut pas donner lieu à une appropriation, ou à une mainmise de l'être humain sur ces composants. Elle doit rester ouverte pour la communauté des chercheurs, conformément aux indications de notre comité d'éthique.

Cependant, le statut propre au génome humain pose encore des problèmes non résolus, notamment le consentement, le conseil génétique, l'étiquetage, la gestion des gènes, la conservation, etc. Malheureusement, les recommandations du comité HUGO n'ont pas encore toutes été traduites dans les faits.

Il faut distinguer les cellules du blastomère et les cellules pluripotentes, prélevées au niveau du bouton embryonnaire. Ces cellules peuvent être soumises à des systèmes de différenciation spécifiques et utilisées à des fins thérapeutiques, notamment pour le traitement des maladies neurodégénératives. De telles perspectives thérapeutiques devraient à mon sens autoriser les expérimentations sur ces cellules, pour autant que la recherche soit bien encadrée. En outre, cette recherche pourrait ne pas avoir de conséquence, le moment venu, sur le développement de l'embryon.

Les possibilités ouvertes par l'accès aux séquences génétiques doivent nous conduire à distinguer deux acceptions du gène :

— Le gène lié à la capacité de procréation de l'être humain (survivance de l'espèce *via* la descendance), qui doit être totalement protégé et dont l'utilisation doit être prohibée.

— Le gène comme simple élément de la machinerie cellulaire.

Le génome humain présente une caractéristique exceptionnelle : il contrôle les caractères d'un individu. Pour sa part, l'embryon est un être génétiquement unique, puisqu'il naît ici de l'appariement de deux patrimoines génétiques.

Aujourd'hui, grâce aux progrès de la biologie moléculaire, le génome comme l'embryon sont devenus accessibles, et donc vulnérables.

Bref, nous devons nous demander quels sont les droits que nous sommes autorisés à exercer sur les propres composants de notre propre substance biologique. Et quels sont les devoirs que nous devons respecter. Il importe de sortir d'une dialectique manichéenne, entre matériel et sacré ou entre bien et mal. Deux questions sont ici nécessaires :

— D'une part, peut-on accepter la prédétermination de l'homme par l'homme, ce qui permettra le clonage et la reproduction asexuée ?

— D'autre part, doit-on admettre l'instrumentalisation des éléments du corps humain et leur commercialisation ?

L'histoire nous a appris que les morts ont longtemps été respectés du fait de la déférence envers le vécu de l'homme. Cela va-t-il changer ? Quelle est la forme de respect dû, non plus à l'être humain au regard de son vécu, mais à l'être humain en devenir, c'est-à-dire à l'embryon ? Au niveau international, le monde de la science et des chercheurs risque de se heurter aux politiques et aux opinions publiques : nous entrons alors dans le domaine géoéthique. Le rôle des comités d'éthique, des offices parlementaires, nationaux et internationaux, des conseils économiques et sociaux, des colloques comme celui-ci, est aussi d'alerter et de faire mûrir les consciences, tout en respectant leur environnement.

ALAIN POMPIDOU

Monsieur le Président, Monsieur le secrétaire perpétuel, Mesdames et Messieurs, l'Académie de médecine est heureuse d'être invitée ce jour car le volet médical de vos problématiques est indéniable. Nous nous réunissons fréquemment avec l'Académie des sciences : le 6 juin dernier, nous avons ainsi parlé des cellules souches et embryonnaires, notamment en compagnie du professeur Gros, en abordant toutes les dimensions de cette question. Nous n'avons pas pris de décision car notre réunion était surtout une réunion d'information. Les trois volets de cette question sont désormais connus :

— l'utilisation de cellules embryonnaires venant de fécondations *in vitro* ;

— l'utilisation de cellules clonées ;

— l'utilisation du système de la transdifférenciation.

Certains, soucieux de considérations légitimes quant à la protection de l'embryon, ont affirmé que l'utilisation de la transdifférenciation était susceptible d'éviter à l'avenir que des individus se posent des questions sur la nature de l'embryon. Jadis, notre académie avait adopté une position claire, à la quasi-unanimité : la recherche sur l'embryon est une absolue nécessité.

Prochainement, nous allons présenter à nouveau notre position aux pouvoirs publics. En effet, le problème réside dans l'utilisation de cellules pour certaines pathologies. Toutefois, l'Académie de médecine avertit qu'il ne faudrait pas négliger une recherche reposant sur une véritable médecine de l'embryon. Nous considérons donc que la recherche sur ce sujet est une étape nécessaire pour que soit promue cette médecine de l'embryon. Au cours des dernières années, la médecine néonatale et la médecine fœtale se sont développées. Pourquoi donc tolérer à terme une situation qui ferait que 60 % des œufs fécondés finissent à la poubelle ? Nous devons promouvoir des avancées thérapeutiques dans ce domaine. M. Pompidou parlait de devoirs : il s'agit de nos devoirs vis-à-vis des générations futures. Nous devons faire en sorte que ces générations bénéficient des effets de cette recherche.

Cela dit, la recherche ne doit pas être totalement libérée. Dans un rapport de 1996, l'Académie a averti de la nécessité des contrôles et de la supervision de la PMA. Au niveau des échanges biologiques et des bases de données, nous pourrions orienter nos réflexions dans ce cadre, notamment après la rencontre de ce jour.

Le respect nécessaire et absolu de la confidentialité est un autre thème susceptible de nous intéresser. En matière de santé publique, certains intérêts individuels et celui de la collectivité peuvent de fait diverger. Parallèlement, un problème spécifique doit être cité : celui des enfants issus de PMA. Ceux-ci n'ont pas demandé à naître après de telles procréations. *Quid* donc de la légitimité de leur imposer une surveillance de longue durée susceptible de les stigmatiser ? D'autre part, leurs parents, interrogés en tant que représentants légaux des enfants, peuvent faire part d'intérêts différents de ceux des enfants.

Concernant la brevetabilité du gène, l'Académie de médecine s'est concertée avec l'Académie des sciences pour exprimer une position commune, votée le 23 mai et adressée aux sept ministres concernés. Nos débats ont montré clairement que nous n'avions pas tendance à avoir des positions romantiques, voire déclamatoires, influencées par la religion ou la politique. Nous sommes à l'inverse confrontés à un problème pratique : les brevets doivent être protégés efficacement, mais pas totalement. La recherche doit être efficace en Europe, et elle ne doit donc pas être stérilisée *a priori*. Reste qu'une réflexion est certainement nécessaire sur les brevets dépendants, pour éviter les réactions en chaîne. À cet égard, l'article 5 de la directive de 1998 n'est pas satisfaisant, d'autant que ce texte semble contraire à la déclaration de Munich (1973). Avant de penser à toute évolution législative en France, les académies ont donc demandé une harmonisation entre la directive et la convention de Munich.

CLAUDE SUREAU
Président de l'Académie nationale de médecine

La *National Bioethics Advisory Commission* a été créée comme une commission présidentielle et un organe temporaire. Contrairement à la France et à d'autres pays, comme le Japon, qui ont institué des commissions permanentes par voie statutaire, les États-Unis n'ont pas créé de structure permanente. Je ne peux donc m'empêcher de vous dire que notre pays n'a pas cru bon de pérenniser cette commission.

Le lien nécessaire qui doit exister entre éthique et science

En la matière, je voudrais vous faire quelques remarques. Cette après-midi, vous ferez un point sur les recherches des derniers mois. Informé de ces découvertes, le président Clinton a demandé à notre commission d'engager immédiatement une réflexion approfondie sur les conséquences de ces recherches sur l'embryon et les cellules souches. Nous avions traité différents thèmes bioéthiques mais celui-ci était forcément nouveau pour nous.

Le public seul pourra juger du lien nécessaire entre éthique et science et de l'impact réel de nos travaux. Le rapport de la commission, remis au président Clinton, a insisté sur les nouvelles problématiques liées aux recherches sur les cellules souches. La commission pensait que ses conclusions pouvaient être impopulaires, politiquement et socialement, car elles remettaient en cause d'anciennes idées ou proposaient un champ d'application plus large. Elle a suggéré que l'obtention et l'utilisation de ces cellules embryonnaires, provenant de tissus spéciaux ou issus d'embryons surnuméraires, était éthiquement acceptable. Il me paraît surtout important de noter que la commission a mis l'accent sur la nécessaire prise en compte des avis du public dans différents domaines (éthique, légal et religieux).

Le rôle crucial des discussions internationales

Nous avons déjà parlé du traitement possible de certaines maladies. Toutefois, les règlements actuels peuvent-ils donner suffisamment de critères éthiques pour que les chercheurs aillent de l'avant ? La question se pose surtout à l'international, car les environnements de la recherche peuvent différer. Le visage changeant de la recherche est une évidence. Les investissements peuvent ainsi varier selon les pays, mais aussi selon l'implication des sociétés de biologie. En outre, la distinction entre public et privé varie aussi selon les pays. Reste que cette distinction est souvent arbitraire. En tout état de cause, la recherche doit travailler sur la compréhension des problèmes fondamentaux. La plus grande partie de la population n'a jamais entendu parler de génome humain ou de Dolly. De même, une grande majorité de personnes dans le monde ne bénéficiera jamais des progrès réalisés.

Notre commission s'est engagée à rédiger un rapport sur les recherches transnationales. Des critères éthiques pourraient-ils être universels ou seulement régionaux ? Nous étudions ces questions en liaison avec les entités des pays partenaires, comme le Japon ou le comité d'éthique français. Nous devons certainement trouver de nouvelles façons de travailler ensemble.

Pour conclure, je voudrais vous faire une dernière remarque. Le professeur Imura a parlé des réunions du Japon et des autres réunions regroupant les autorités de bioéthique. À Tokyo, en 1998, un communiqué disait que les commissions nationales devraient travailler de concert. Une autre de ces réunions est prévue en l'an 2000. Ces rencontres ont une réelle importance.

ERIC MESLIN
Executive Director National Bioethics Advisory Commission

Nous vous sommes très reconnaissants pour cet exposé. Cela montre bien la nécessité d'une certaine convergence des approches, pour trouver des concepts communs et des voies de progrès pour la bioéthique. Je retiens de votre intervention une tendance qui se dessine dans le monde quant à la multiplication des réunions des commissions éthiques. J'ajoute que les gouvernements devraient combiner leurs efforts pour mieux définir des lignes directrices et aider la science. Nous attendons beaucoup de ce type de convergences. Les conclusions de telles réunions internationales sont donc bel et bien cruciales pour nous.

FRANÇOIS GROS

I

CELLULES SOUCHES ET CELLULES EMBRYONNAIRES

Ce chapitre est présidé par Eric Meslin et Axel Kahn. Les rapporteurs des travaux sont Jacques Demaille et Lori Andrews.

AXEL KAHN

Mesdames et Messieurs, je vous propose de reprendre nos travaux et d'ouvrir notre première session, consacrée aux cellules souches et aux cellules embryonnaires humaines. Ces travaux seront découpés en trois parties : une introduction générale, scientifique et éthique, des exposés liminaires assurés par trois scientifiques, puis un débat.

Le concept de médecine régénérative

Le concept de médecine régénérative est probablement une conception d'avenir. En principe, son but est de remplacer des cellules âgées ou malades par des cellules jeunes génétiquement et immunologiquement comparables, qui ne seront donc pas rejetées par la personne traitée. Si les promesses de cette médecine étaient confirmées, nous entrerions sans nul doute dans une révolution thérapeutique au siècle prochain. Cette médecine régénérative pourrait par exemple être utilisée pour traiter des maladies neurologiques, pour réparer des lésions de la moelle épinière, pour traiter des maladies comme le diabète, des brûlures, des maladies cutanées, etc. Nous pourrions utiliser des cellules naturelles ou des cellules génétiquement modifiées (médecine régénérative avec thérapie génique). À terme, ces cellules pourraient même constituer la base d'une véritable ingénierie cellulaire. Aujourd'hui, nous savons d'ailleurs déjà reconstituer des vaisseaux ou encore de la peau.

Trois méthodes possibles

Dans ce domaine, trois méthodes pourraient être utilisées. Le clonage humain à visée thérapeutique recourt à une technique déjà connue (utilisation de blastocytes clonés à partir d'un ovocyte énucléé), donnant naissance à des embryons humains par clonage qui sont potentiellement des êtres humains. Il est inutile de dire que ce clonage thérapeutique pose problème si le pays considère que l'embryon ne peut être distingué selon son âge (en fonction du critère des 14 jours par exemple)*.

Il est également possible d'utiliser des lignées de cellules souches humaines, isolées à partir d'embryons surnuméraires. Ces cellules ne sont pas génétiquement identiques à celles de la personne que l'on doit traiter : on parle ici de fusion possible avec une cellule somatique ou des cellules ES, à partir d'un blastocyte bovin et humain. Là encore, les problèmes législatifs posés par cette technique varient selon les pays. En France, par exemple, la recherche sur les embryons est interdite. Cependant, une cellule embryonnaire n'est pas un embryon. Quoi qu'il en soit, les discussions au sujet de l'utilisation de ces cellules sont extrêmement vives.

Enfin, nous pouvons utiliser des cellules souches adultes. Comme cela a été démontré au cours des dernières années, leur potentiel de plasticité est plus grand que nous le croyions. Les cellules HSC** peuvent donner du foie ou du muscle ; les cellules MSC*** peuvent donner des os, des cartilages ou des tendons. En la matière, le seul problème réside dans la progression de la science. Tous les pays sont concernés. Il faut espérer que le progrès de la science permettra la manipulation de ces cellules. Dans ce cadre, le programme Génome pourrait permettre d'obtenir une quantité croissante de cellules, marquées par une réelle différenciation et une expansion des cellules souches, par exemple au sein de la moelle osseuse.

Dans certains cas, la cellule souche est facilement obtenue.

Par exemple, la cellule du foie semble constituer sa propre cellule souche. Le repeuplement du foie avec seulement quelques cellules est donc possible, ce qui ouvre certaines opportunités, notamment pour les cellules hépatiques.

De la même manière, des possibilités semblent exister pour le traitement du diabète.

---

* Dans certains pays, la loi permet la recherche sur l'embryon humain jusqu'au 14e jour après la conception, limite au-delà de laquelle les cellules commencent à perdre leur totipotence.

** HSC : Hepatic stem cells.

*** MSC : Mesenchymal stem cells.

Cela dit, avant que ces perspectives se confirment et que la médecine régénérative soit une réalité, quelques obstacles doivent être encore levés : il faudra disposer d'une quantité suffisante de cellules, développer le contrôle des SC**** avec amplification et expansion, éliminer les cellules non différenciées (*via* l'utilisation de marqueurs ou d'un gène suicide), etc. Même si ces conditions sont réunies, des incertitudes subsisteront quant à la fonction et à la viabilité à long terme. Le potentiel tumeurogénique ne doit pas être sous-estimé. Reste que ces problématiques sont prometteuses pour le traitement de maladies que nous ne savons pas bien soigner actuellement, en particulier les maladies du vieillissement. Nous manquons encore de science et de technique. Mais les progrès sont rapides. Dans nombre de cas, les discussions politiques et éthiques dans les pays doivent nécessairement approfondir ces questions.

**** SC : Stem cells.

Possibilités techniques

JOHN GEARHARDT

Aujourd'hui, les cellules souches auxquelles s'intéresse la présente session sont l'objet d'études beaucoup plus approfondies qu'auparavant quant à leur nature et à leur utilisation. Quoi qu'il en soit, il faut noter que ces cellules n'existent pas en tant que telles dans un embryon. Elles représentent donc une sorte d'artifice. Cela soulève forcément des questions sur ce que sont les cellules souches, la façon dont on peut les obtenir, ce que nous pouvons en faire. Nous devons également nous interroger sur les modalités de soutien à ce type de recherche, et sur la détention éventuelle des brevets portant sur l'utilisation des cellules souches.

Caractéristiques des cellules souches

Les cellules souches possèdent deux caractéristiques importantes : une capacité de prolifération importante (elles peuvent continuer à se diviser) et la capacité sous certaines conditions de se spécialiser ; en d'autres termes, elles peuvent se « différencier » : certaines en une seule étape ; d'autres en plusieurs.

Le concept même de cellules souches et la connaissance de leurs potentialités reposent sur plusieurs études. Par exemple, à partir des cellules totipotentes peuvent se former tous les types cellulaires de l'organisme. Par ailleurs, il est possible d'orienter ces cellules vers la formation d'organismes entiers. Les cellules pluripotentes apparaissent ensuite au cours du développement de l'embryon ; elles peuvent sous certaines conditions se différencier en plusieurs tissus, mais ne peuvent, contrairement aux précédentes, reformer un organisme complet.

- Nous savons désormais que les sources d'obtention des cellules souches sont diverses : de la fertilisation à l'homme adulte, à partir de la préimplantation et à partir des blastocystes, il est possible de récupérer des cellules qui peuvent se comporter comme des cellules pluripotentes. Cela avait été observé chez les souris dans les années 1980.
- La deuxième source d'obtention de ces cellules est le fœtus. Nous savons depuis longtemps que le fœtus comporte une population cellulaire qui se différencie. Dès les années 1930, de multiples travaux ont porté sur cette question. Dans les années 1980, des chercheurs ont découvert que certaines cellules se convertissaient en cellules souches. Nous avons également travaillé sur ce thème à l'Université John Hopkins.

Les cellules souches et la médecine régénérative

L'une des problématiques liées à ces questions est la suivante : les cellules souches en provenance de tissus adultes sont-elles suffisantes pour la médecine régénérative ? L'inquiétude se justifie par le fait que nous avons encore des doutes sur la différenciation *ad limitum* de ces cellules. Les cellules embryonnaires souches ont à l'inverse une possibilité de différenciation quasiment infinie.

Au sein de l'Université John Hopkins, nous avons essayé d'identifier le stade du développement humain, qui est synonyme de celui où apparaissent les cellules primordiales avant la méiose. Notre approche était donc un peu différente de celles mises en œuvre dans d'autres universités comme celle du Wisconsin.

Nous avons vu que ces cellules sont pluripotentes. Elles ne peuvent pas « devenir » des embryons. Dans ce cadre, depuis plusieurs années, un domaine de recherche intéressant s'est dessiné à partir de l'observation que les cellules de la souris, en culture, peuvent se différencier en différents types de cellules (par exemple des cellules pancréatiques, sanguines, etc.). En laboratoire, il faut reconnaître que l'avenir d'une cellule dépend de son environnement. On connaît à cet égard le rôle des facteurs de croissance. Nous devons donc reconstituer en laboratoire les conditions *in vivo* afin de reproduire des cellules définies, par exemple des cellules pancréatiques. Il s'agit d'un véritable défi, mais les progrès actuels sont sensibles : par exemple, il est possible de placer les cellules souches dans des conditions d'environnement propres à une différenciation neuronale, ou encore de produire des cellules nerveuses de plusieurs types (cellules GFAP, O4, etc.). Actuellement, nous essayons de réimplanter ces cellules chez l'animal.

Recherches chez l'animal et perspectives chez l'homme

En juillet 1999, une étude a été effectuée sur les souris. En décembre 1999, le groupe de Mac Donald a établi un modèle pour les lésions de la moelle osseuse. Après un traumatisme provoqué artificiellement, il a été démontré que les animaux retrouvaient la fonction musculaire de leurs membres inférieurs après introduction de cellules souches.

Une autre étude a porté sur la dystrophie myocardique chez le chien. Les cellules souches peuvent permettre de secourir ces animaux. Nous pouvons donc nourrir certains espoirs pour l'homme.

Au cours d'une expérience sur les cellules de carcinome inguinal, certaines fonctions motoneurones et des muscles ont été retrouvées après introduction de cellules souches. Dans notre université, nous avons montré que chez le rat, la récupération de fonctions musculaires était possible. Par ailleurs, il faut savoir que les cellules humaines se comportent de la même manière que celles du rat.

Bref, notre stratégie idéale sera de dépasser la différenciation *in vitro* pour arriver à la transplantation. Tous les types de cellules introduites chez une personne peuvent être l'objet d'un rejet immunologique. Par conséquent, nous nous intéressons à la modification génétique des cellules permettant d'aboutir à un « donneur universel ». Je suis convaincu que dans les 5 ou 7 années à venir, nous parlerons encore des cellules souches car le travail est immense ! Toute cellule me semble pouvoir être reprogrammée, quel que soit le patient. Grâce à notre connaissance future, nous pourrons amener ces cellules à l'étape embryonnaire pour induire la différenciation et, donc, progresser.

Jusqu'où irons-nous ?

Nous ne savons pas où cela nous mènera. À court terme, nous devrions constater des avancées biologiques spectaculaires. Tout devrait aller très vite. Malheureusement, je ne suis pas en mesure de fournir des réponses concernant le clonage humain. Avec la FDA, nous travaillons selon certaines lignes directrices, sur les cultures de cellules souches, en particulier dans le but de préciser certaines de leurs caractéristiques (stabilité, cellules renouvelables, expansion, migrations, reproductibilité, etc.).

La problématique de la migration est majeure. Toutefois, la notion selon laquelle certaines cellules souches pourraient devenir tumorales ne me semble pas importante. Enfin, les questions éthiques liées aux transplantations restent posées.

Aujourd'hui, même si nous ne savons pas encore à quel moment nous parviendrons au stade d'une vraie médecine régénératrice, le plus important est de progresser. En tout état de cause, les pouvoirs publics doivent prendre rapidement leurs responsabilités. Les gouvernements doivent s'impliquer de façon adaptée, même si ces questions resteront pour un temps dans le domaine privé. Par exemple, nous détenons des brevets, des licences, etc., et nous travaillons avec un « sponsor ». Même si nous travaillons sur des questions très actuelles, notamment sur l'humain, il ne faut pas oublier que nos recherches reposent sur des travaux scientifiques anciens. Depuis des décennies, Jimmy Thomson, qui travaillait à l'origine au sein de mon laboratoire, et moi-même réfléchissions à ces questions. Je lui suis grandement reconnaissant pour son aide durant toutes ces années. Nous n'avons donc rien inventé : nous avons juste assuré une sorte de raccordement à partir de l'héritage de nos prédécesseurs.

Nouveaux traitements dérivés

MARC PESCHANSKI

Applications cliniques de la thérapie cellulaire

Le premier impératif des médecins est l'obligation de disposer des moyens d'intervention. Actuellement, les cellules souches embryonnaires constituent l'un des moyens à développer. Le problème de la thérapeutique fondée sur l'utilisation des cellules souches embryonnaires humaines est que nous n'avons pas encore de raison de penser qu'elles pourraient jouer ce rôle. Les pré-requis en ce sens sont nombreux. Il existe d'abord un objectif thérapeutique pour une thérapie mono ou paucicellulaire. D'autre part, il faut avoir une raison (thérapeutique s'entend) pour utiliser des cellules souches embryonnaires humaines.

Les principales applications cliniques de thérapie cellulaire en cours, appuyées par des publications scientifiques, reposent sur l'utilisation des systèmes suivants : cellules souches hématopoïétiques, neurones, moelle osseuse pour la reconstitution de l'os et du cartilage, etc. Les essais pilotes ont donné des résultats positifs, comme pour les îlots pancréatiques. La thérapie cellulaire est donc une réalité clinique, que plus personne ne peut nier, même si on peut encore s'interroger sur son efficacité vis-à-vis des autres thérapies.

Peut-on passer aux cellules embryonnaires ?

Le premier patient atteint par la maladie de Parkinson fut traité en Suède, il y a 10 ans. La maladie de Parkinson est une pathologie grave : les malades sont affectés d'une certaine rigidité mécanique et incapables d'avoir une vie sociale. Le tremblement n'est que le symbole de cette maladie : il s'avère généralement être moins gênant que l'incapacité plus ou moins grande de se déplacer. Parfois, l'innervation dopaminergique disparaît presque à 90 % chez les malades. La technique de la thérapie cellulaire est simple : il s'agit d'une banale technique de neurochirurgie au cours de laquelle le chirurgien dépose les tissus embryonnaires fœtaux dans les régions centrales du cerveau.

En France, nous travaillons sur des cellules neuronales de fœtus issus d'interruption volontaire de grossesse, ce qui était autrefois interdit aux États-Unis dans la sphère publique. Nous étions donc en situation privilégiée. Les choses ont changé aux États-Unis avec l'élection de Bill Clinton. De la même manière, il est clair que si nous étions confrontés demain à une interdiction de travail, nous ne pourrions pas être pionniers ! Il n'est pas nécessaire d'obtenir une différenciation *in vivo* pour ces cellules : en effet, les cellules peuvent trouver par elles-mêmes, une fois implantées, les chemins d'une différenciation adéquate. Elles deviennent progressivement fonctionnelles. Les greffons arrivent à maturité et étendent leur innervation de mois en mois. Ces greffons peuvent donc acquérir le phénotype des cellules neuronales à remplacer chez le malade, tout comme nous l'attendions.

Cette thérapie cellulaire est efficace. Nous le constatons notamment grâce aux tests de mouvements répétés chez les malades. Après la greffe des cellules, le patient recouvre des niveaux de mouvements proches des taux normaux. Les courbes de test se régularisent et demeurent telles sur une durée très longue : un même traitement peut en effet avoir des conséquences sur plusieurs années. J'ajoute que le traitement est aussi synonyme d'amélioration des conditions de vie chez les parkinsoniens. Avant la première greffe, un de mes patients était par exemple en état de quasi-blocage une heure sur six. Après la première greffe, la personne a repris une activité sociale et a retrouvé une façon de vivre plus cohérente.

Le type d'intervention est donc efficace et, compte tenu du nombre d'avortements en France, nous devrions pouvoir disposer en principe d'autant de fœtus qui seraient nécessaires pour traiter nos malades.

Pourquoi une source différente ?

En fait, d'autres sources d'obtention pour une thérapie cellulaire sont nécessaires car nous manquons de tissus. En effet, il faut pouvoir disposer de 6 fœtus le jour même. Il s'agit d'un problème logistique majeur car les services d'obstétrique nous fournissent 2 à 3 fœtus par journée. Il faut donc se tourner vers plusieurs sites. En outre, même avec 3 fœtus pour obtenir les cellules nécessaires à la thérapie d'un cerveau parkinsonien, on se trouve encore dans une situation suboptimale pour le *putamen* des patients, compte tenu des circuits empruntés par les cellules. Nous devrions donc pouvoir disposer d'une production de masse. Deux voies sont ouvertes à ce jour par les travaux expérimentaux :

- La xénogreffe, qui est possible dans le système immunitaire central sous contrôle ; toutefois, les risques infectieux semblent inquiétants et des questions restent posées.
- Les cellules souches embryonnaires, pour lesquelles le niveau de recherche autorise déjà à répondre aux diverses questions concernant l'extension de la thérapie cellulaire (disponibilité, préparation industrialisable et quantité par définition illimitée). Pour l'immuno-suppression, nous sommes en outre dans le cas d'une allogreffe.

S'agissant de la transformation de cellules souches embryonnaires en neurones dopaminergiques, une équipe de Ron Mac Kay a récemment publié une étude qui repose sur l'utilisation des cellules ES. Les phénotypes de ces cellules, les stades de différenciation, le typage cellulaire pourront être choisis. En termes de sécurité, la flexibilité de ces cellules permet la protection de l'implant et du receveur (assurance qualité, préimplant, suppression conditionnelle postimplant) du fait de l'existence de banques cellulaires.

Enjeux pharmaceutiques

JACQUES HATZFELD

Je voudrais rappeler l'intérêt de cellules souches somatiques au plan thérapeutique car ces cellules peuvent, d'une certaine manière, être considérées ou utilisées comme de véritables « médicaments ».

L'ensemble du génome humain est sur le point d'être cloné, mais nous sommes quasi ignorants quant à la nature des gènes qui permettent le renouvellement embryonnaire et celui des tissus. J'ajoute que les cellules souches sont rares. Le travail est donc plus lent sur ces cellules qu'il ne l'est par exemple avec des lignées cellulaires.

Les cellules souches peuvent être assimilées à des médicaments dans la mesure où elles sont à l'origine des greffes à visée thérapeutique ou réparatrice. En outre, les sources de cellules souches sont très variées, comme par exemple le sang de cordon ombilical, dont la richesse en ces cellules est cependant faible (une pour 100 000), celui des banques de sang, le typage HCA, etc. Ces sources de cellules souches sont disponibles, mais cela ne suffit pas à la recherche ou aux cliniciens.

À ce jour, divers progrès sont envisageables pour l'obtention ou l'utilisation des cellules souches, notamment grâce à l'emploi d'immuno-suppresseurs plus puissants et moins toxiques (ce qui reposera le problème des tissus), l'amplification *in vitro*, etc. Lorsque les cellules souches se divisent, elles se différencient et l'on sait mal contrôler leur autorenouvellement. Jusqu'à présent, dans les cultures hématopoïétiques, on constatait que les cellules souches disparaissaient au bout de 15 jours. Mais là encore, des progrès ont été réalisés. Grâce à l'utilisation de certains milieux de culture, on peut obtenir, par exemple, un pourcentage de cellules souches supérieur à celui observé dans le sang de cordon ou dans la moelle.

Pourtant, ces productions de cellules restent encore faibles par rapport à nos besoins. Nous avançons sûrement, mais lentement en ce domaine. Il est urgent de changer de rythme.

Les cellules souches ont un certain potentiel organo-génique : elles peuvent permettre de « recréer » facilement un organe. *In vitro*, on peut disposer par exemple d'une culture de cellules épithéliales qui ressemble largement à une peau normale : il est donc possible de créer des cultures organotypiques adaptées, voire de les robotiser. Cela peut intéresser les industries pharmaceutiques. Ces cultures organotypiques permettront également de réaliser des microcultures.

Jusqu'à présent, il est clair que nous manquions de cellules souches en raison de plusieurs facteurs : différenciation, sénescence, apoptose, etc. Les cellules ES ne permettent pas de pratiquer un clonage humain reproductif, mais elles rendront possible un clonage de cellules à visée thérapeutique.

En outre, ces cellules nous permettront d'étudier tous les gènes du développement embryonnaire et donc de travailler sur un nombre de gènes plus important. Les cultures *in vitro* auront à cet égard un rôle central à jouer. Chacun doit prendre conscience d'un point important : si certaines compagnies, dans certains pays, ont le droit d'utiliser ces cellules, elles en disposeront sur une grande échelle, ce qui leur permettra d'avancer très vite dans leurs travaux et de déposer des brevets ! Les autres pays se trouveront en situation inverse, inconfortable.

Enfin, d'un point de vue éthique, quitte à être provocant, je suis amené à poser la question suivante : s'il ne fait pas de doute que nous devons interdire le clonage humain, devons-nous pour autant continuer à interdire le clonage de cellules humaines pour les tissus et les cultures organotypiques qui peuvent servir à une thérapie cellulaire à venir.

Débat

Docteur Moran

Y a-t-il une différence entre les cellules ES et EG dérivées des gonades des embryons ? *Quid* des empreintes ?

John Gearhardt

Pour la chimie biomoléculaire, les différences sont nombreuses. Nous les avons d'ailleurs identifiées. La question de l'empreinte est importante et fréquente. Parmi les gènes dont nous héritons de nos parents, certains sont silencieux. Cela peut entraîner des maladies parfois mortelles. Comme le montrait un rapport de 1999, certaines cellules EG de souris obtenues par un transfert n'avaient pas de bonne empreinte. Nous étions donc inquiets et nous avons examiné trois gènes à empreinte. Il semblerait que les empreintes soient complètes et appropriées dans nos cultures.

De la salle

Dans la thérapie génique, sommes-nous proches du résultat ? N'allons-nous pas trop vite ?

John Gearhardt

Les modèles animaux montrent que les cellules transplantées se comportent comme nous l'attendons. Mais font-elles plus que cela ? Notre FTA s'est centrée sur cette question. Elle veut savoir ce qui se passe pour toutes les cellules, sur tous les sites, si nous implantons par exemple 20 000 cellules. Ces études nécessiteront du temps et de l'argent. Nous faisons justement du marquage de cellules pour connaître leur évolution.

La pression des groupes d'intérêt de malades est indéniable et leurs besoins sont réels. Malheureusement, ils voudraient souvent que nous leur proposions quelque chose dès demain !

Marc Peschanski

Il existe deux différences par rapport à la thérapie génique.

— D'une part, certaines thérapies cellulaires fonctionnent. La thérapie génique pose le problème suivant : le fait d'ajouter un gène quelque part est-il susceptible de changer quelque chose dans le comportement de la cellule ?

— D'autre part, je ne reprends pas à mon compte l'idée générale qui veut que la pression de l'opinion ou des industries doive jouer un rôle. Dans de nombreux pays, les essais cliniques ont été mis en place de façon lente, à la différence des États-Unis. Si nous avons appris quelque chose des échecs des essais cliniques de la thérapie génique, c'est bien que la thérapie cellulaire doit être expérimentée de façon sereine et fiable.

John Gearhardt

Pour ma part, je ne crois pas à l'utilisation de thérapies de cellules souches chez les singes dans le but d'ouvrir la voie aux essais cliniques. Cela prendrait trop de temps.

Table ronde

Les participants à la table ronde sont : Christiane Bardoux, EU ; Zhong Chao Han, Chine ; Gerd Kempermann, Allemagne ; Bruno Péault, France ; Davor Solter, Allemagne : Pran Talwar, Inde.

Les débats ont été animés par Peter Lachmann et Derek van der Kooy.

Derek van der Kooy

Je souhaiterais décrire certaines expérimentations relatives aux cellules souches de l'adulte que l'on peut définir comme susceptibles de se renouveler et de reproduire divers types de tissus humains. Les provenances de ces cellules sont connues et diverses : le sang, la peau, etc. Aujourd'hui, je voudrais évoquer les cellules souches présentes dans l'œil.

Le coin de l'œil de souris contient des cellules, parmi lesquelles une sur 500 présente une potentialité spéciale. Dans une boîte de Pétri, ces cellules sont capables de prolifération. En l'espace de 7 jours, cette cellule se divise pour en produire 15 000 autres dont certaines sont pigmentées. L'expansion semble infinie à partir de cette néorétine. La création d'une infinité de cellules est donc possible. Cette région de l'œil est comparable à celle de l'œil du poisson, dont l'évolution est permanente, mais ces cellules sont également présentes dans l'œil humain. Nous avons aussi isolé une cellule quasiment identique chez une femme de 70 ans récemment décédée. Si vous placez cette cellule dans une boîte de culture, elle se comporte comme une cellule oculaire et une cellule cérébrale. Il y a donc différenciation, ce qui suggère le caractère spécifique de ces cellules.

Dans notre laboratoire, nous pouvons observer *in vitro* des cellules souches embryonnaires qui peuvent devenir directement des cellules neuronales. Quoi qu'il en soit, il existe de profondes différences entre les cellules souches embryonnaires et les cellules souches adultes.

Gerd Kempermann

Il y a quelques années, un dogme affirmait qu'il n'y avait pas de nouveaux neurones dans un cerveau adulte. Pourtant, on observe aujourd'hui des images caractéristiques de cellules nouvelles dans un cerveau de souris. Ces nouvelles cellules proviennent de cellules souches. Je parle de « cellules souches » mais nous avons encore des doutes sur la situation *in vivo*. Nous savons néanmoins que des cellules souches prolifèrent dans l'hippocampe et génèrent de nouveaux neurones. Il semble donc que le nombre de neurones ne se caractérise pas par une disparition permanente !

Plusieurs marqueurs montrent des cellules en prolifération, ou cellules souches. D'autres marqueurs nous indiquent l'apparition de nouveaux neurones. Nous avons donc recherché si l'on pouvait stimuler l'apparition de nouveaux neurones, chez des souris qui déploient un effort en pédalant à l'intérieur d'une roue.

Nous disposons de trois populations de souris : témoins, *runners et enriched.* Après quatre semaines, les souris capables de courir à l'intérieur d'une roue abritaient plus de neurones : par conséquent, si de nouveaux neurones naissent en permanence dans le cerveau adulte, nous pouvons conclure à une neurogenèse. La question est de savoir pourquoi des cellules souches embryonnaires sont nécessaires.

Bruno Péault

Des recherches visant à identifier les cellules souches responsables du renouvellement des tissus de l'ectoderme et de l'endoderme sont menées depuis longtemps. Les cellules souches hématopoïétiques sont connues. Certaines cellules souches sont sans doute spécialisées dans la réparation de certains tissus, mais des interactions nouvelles ont été identifiées. En outre, il a été montré que des cellules dissociées du muscle strié pouvaient se différencier en cellules hématopoïétiques. Ces observations ont été considérées comme compatibles avec les données de l'embryogenèse, car elles étaient en quelque sorte limitées à la sphère mésodermique. Toutefois, une récente étude a montré que l'on pouvait reconstituer les hépatocytes après greffe de moelle osseuse. Une population purifiée de cellules souches hématopoïétiques semble capable de reconstituer les hépatocytes chez un animal dont le foie avait été lésé. Des expériences très récentes ont en outre montré que des cellules neuronales pouvaient reconstituer un vaste éventail de tissus. Nous retrouvons à ce niveau la notion de plasticité. En bref, en dépit des observations inattendues, il faut reconnaître qu'on ne connaît que fort peu de choses du rôle des cellules souches et de leur plasticité dans l'organisme différencié adulte.

Zhong Chao Han

En Chine, les transplantations de cellules hématopoïétiques sont utilisées depuis plus de deux ans dans le domaine de la recherche sur les cellules souches et les cellules embryonnaires. En outre, des études sur des cellules embryonnaires humaines ont été conduites, y compris pour les cellules souches du foie. Certains projets sont soutenus par l'État, d'autres par des entreprises. Notre pays compte des centres de recherche dont la compétence et la technicité sont reconnues. Nous avons récemment publié un article qui montre que des cellules peuvent être dérivées des cellules musculaires. Nous travaillons maintenant sur les cellules ES et les cellules sanguines. Le centre de Pékin travaille pour sa part sur les cellules souches, notamment neuronales.

Davor Solter

Dans l'avenir, travaillerons-nous sur les cellules souches embryonnaires ou somatiques ? Pour répondre à cette question, nous avons certainement besoin de données et d'une nette volonté d'aller de l'avant. Même si certains considèrent que tout est possible en matière de thérapie cellulaire, ce n'est pas le cas dans la réalité. Par exemple, dans l'optique d'un traitement cérébral, le travail simultané de plusieurs chercheurs demande plusieurs mois pour arriver à un nombre de 10^9 cellules et envisager un transfert. Le processus est donc long et coûteux.

Par ailleurs, très peu d'animaux ont été produits à partir d'ovocytes clonés et la plupart des animaux ne sont pas viables. Cela devrait clairement nous décourager pour le clonage reproductif des humains. Toutefois, je ne suis pas convaincu que l'interdiction soit la bonne attitude : les arguments habituellement utilisés dans ce sens, exception faite de la sécurité, me semblent contestables.

En tout état de cause, je ne vois pas pourquoi ce type de clonage serait différent : au niveau thérapeutique, il pourrait réussir tout comme d'autres méthodes (ovocytes, fusion cytoplastique, etc.). Depuis plusieurs années, on parle d'une interdiction de la recherche sur les embryons humains, même si on recherchait des données. Aujourd'hui, les questions d'argent sont également prégnantes. Il ne faudrait pourtant pas que l'éthique soit uniquement basée sur l'utilité.

Pran Talwar

La situation de l'Inde connaît de nombreuses évolutions. En Europe, la fréquence de l'infertilité rend possible l'utilisation à grande échelle de la fertilisation *in vitro*. En Inde, au contraire, la population augmente de 18 millions de personnes par an et nous sommes aujourd'hui plus d'un milliard ! Chaque œuf fertilisé ne s'implante pas, comme chacun le sait. Mais la source de matériels embryonnaires en Inde est vaste.

Je voudrais féliciter les organisateurs de ce colloque qui réunit, au bon moment, nombre de spécialistes. Je ne doute pas que ses conclusions seront utiles pour nos pays. Aujourd'hui, je me ferai simplement l'avocat de la souplesse et du pragmatisme. Les pays en développement doivent avoir accès aux matériels disponibles. Spécifiquement durant le premier trimestre, le matériel embryonnaire pourrait donc être utilisé pour la grande cause de l'humanité et de la médecine. Je suis d'accord avec vous sur la majorité des points : interdiction du clonage humain, au moins pour l'instant, recherche sur les embryons, biologie développementale, etc. Nous devons absolument progresser, tout en pensant à des solutions de rechange pour l'immunoprotection.

Christiane Bardoux

Face aux questions de bioéthique, la Communauté travaille sur les sciences du vivant et les programmes transnationaux. Toutefois, la diversité en Europe est importante : la définition de l'embryon est par exemple variable selon les pays. Nous devons malgré tout faire travailler ensemble tous les pays membres. Dans ce cas, faut-il par exemple maintenir dans les programmes communautaires des projets interdits dans certains pays ?

Pour éclairer ces thèmes, la commission a créé un groupe européen d'éthique composé de douze personnalités qui représentent différentes disciplines.

— Dans un de ses avis, ce groupe a considéré que l'embryon doit être protégé par la loi, quel que soit son statut. Le contrôle public est donc nécessaire.

— Au niveau communautaire, le groupe a considéré qu'il serait inopportun d'imposer un code moral unique. Le respect du pluralisme a donc prévalu, ce qui traduit une démarche clairement active, un véritable effort pour comprendre les autres.

— Le groupe a également insisté sur le souci de transparence : les recherches doivent être connues du public. Cette transparence est nécessaire à la confiance. D'ailleurs, dans les quatorze avis du groupe, nous avons toujours insisté sur la nécessaire prise de conscience des nouvelles techniques, ne serait-ce que pour connaître leurs avantages et leurs risques.

Peter Lachmann

J'ai noté quelques points pour entamer le débat, notamment la question du clonage reproductif. Plusieurs éléments me semblent ici très importants. En particulier, doit-on considérer la reproduction végétative chez les animaux ? Enfin, si on parle du clonage humain au sein du groupe Carnegie, les questions seront innombrables, d'autant plus que la problématique est intrinsèquement politique.

Davor Solter

Il est vrai que les arguments de sécurité visant à interdire le clonage reproductif humain sont souvent invoqués. Pourtant, doit-on l'interdire si on est capable de le contrôler ? Pour ma part, je pense qu'il est impossible d'empêcher ce clonage *ad æternam*. Quelles sont les raisons scientifiques qui justifient cette position ? Dans l'avenir, pourquoi ne pas autoriser les recherches qui permettront à un couple touché par une forme d'anémie d'avoir un enfant non concerné par cette pathologie ? Si on interdit le clonage, ce doit être pour des raisons scientifiques et non éthiques.

Axel Kahn

Je partage ces justifications liées à la sécurité. Mais j'ajouterai une dimension morale : imaginons que l'on puisse démontrer qu'il est possible de cloner des enfants en toute sécurité. Alors, deux grands principes devront être évoqués.

— *Le respect de l'égalité et de l'autonomie des individus*

Si certaines personnes peuvent déterminer le sexe ou la couleur des yeux d'une autre personne qui leur sera autonome à terme, l'individu sera assujetti et non autonome. C'est le thème de « l'enfant à la carte ». Avoir un enfant, c'est aussi accepter d'amener une personne vers son individualité.

— *La reproduction*

Certes, il n'y a pas de raison de se mêler des habitudes sexuelles des personnes. Toutefois, si je fais un enfant, l'État doit respecter les droits autonomes de cet enfant dans la cité.

Christiane Bardoux

Vous refusez la prédétermination physique d'une personne. Pourtant, lorsqu'une mère est atteinte d'une maladie mitochondriale demande une thérapie génique sur cellule souche, qu'en pensez-vous alors ?

Axel Kahn

Dans ce cas précis, ce n'est pas du clonage.

Peter Lachmann

De quels types de questions relève l'éthique ? Nous avons parlé de bioéthique en Europe et aux États-Unis. Nous avons également évoqué la nécessité d'un consensus politique. À partir de quel moment l'embryon devient-il une personne à respecter ? S'agit-il d'une question philosophique ou d'une interrogation individuelle dont la réponse dépend des convictions de chacun ? L'éthique peut-elle être mise aux voix ?

Eric Meslin

La recherche sur les cellules souches a donné lieu à des recommandations contraires à l'opinion américaine dominante. Voilà quelle était notre position. Toutefois, il est vrai que le consensus au sein d'un organisme public est difficile à trouver. Pour notre commission, le statut moral de l'embryon est une question philosophique qui nous concerne tous : il n'est pas nécessairement utile de trouver une réponse philosophique consensuelle. En revanche, les choses doivent être claires sur le plan politique.

Hiroo Imura

Au Japon, nos décisions ne tiennent pas compte des enquêtes menées auprès de l'opinion publique. Nous discutons et nous publions nos rapports en toute indépendance. Nous respectons l'opinion publique en tant que l'acceptation des citoyens est un élément des plus importants dans la sphère éthique.

Peter Lachmann

Je ne parlais pas d'enquêtes pour la commission américaine. Je parlais juste d'un nécessaire consensus.

Christiane Bardoux

Vouloir édicter des règles claires en matière de bioéthique ne dépend pas de sondages d'opinion. Cependant, le décalage entre les évolutions scientifiques et leur perception par le public me semble de plus en plus grand. La compréhension des personnes est essentielle car les progrès de la science auront normalement des conséquences pour les traitements quotidiens de certaines maladies.

Hiroo Imura

Pour ma part, je ne suis pas opposé à l'utilisation de tissus fœtaux comme source de cellules souches. Plusieurs membres de notre comité partagent cet avis. Toutefois, nous avons voulu éviter la confusion du public en présentant plusieurs contraintes.

Davor Solter

Les textes de la commission de bioéthique aux États-Unis insistent sur la cryopréservation des embryons. Pourtant, il n'existe pas de raison scientifique pour cela : il s'agit simplement de faire comprendre au public que ces embryons ne sont pas utilisés et qu'ils sont donc congelés. Si des embryons frais étaient utilisés, les gens auraient des craintes et penseraient que l'embryon a été fabriqué pour cette seule finalité.

Eric Meslin

Le rapport de la commission n'a jamais défendu la cryoconservation.

Un intervenant

Même si la démocratie est un bon régime, l'orientation actuelle de la science devrait favoriser l'implication du public à toute décision éthique. Comme nous l'avons vu, le projet de la diversité du génome humain, bien qu'il fût correctement construit, avait négligé l'opinion du public, c'est-à-dire des gens chez qui on allait prendre des échantillons. Selon moi, il vaut donc mieux diffuser le plus largement possible les informations sur ce projet ou sur les cellules souches, ainsi que sur la façon la plus éthique d'effectuer des recherches dans ce domaine.

Un intervenant

Ce faisant, ne risquons-nous pas de rendre nos débats plus complexes ?

Marc Peschanski

Les comités d'éthique peuvent-ils représenter le public ? Ceux-ci, qu'ils soient nationaux ou non, n'ont qu'un rôle de discussion et d'avis qui ne devrait jamais apparaître comme une prise de position auprès du public ! En France, tout ce qui est perçu comme un avis du comité d'éthique a pourtant force de loi. Son pouvoir décisionnel est immense et les représentations démocratiques semblent s'y soumettre. Nous sommes donc face à un défaut de représentation, en passant insensiblement d'une prise d'avis à une prise de décision. Par ailleurs, le comité d'éthique est lui-même embarrassé à chaque fois qu'il prend la parole. Il a donc naturellement tendance à privilégier les consensus.

Concernant les embryons et le travail sur ces embryons, il faut différencier le problème légal du problème moral. Même si les pays autorisent les IVG, les autorités religieuses ont une opinion sur cette question. Quant aux lois, elles déterminent souvent une date à partir de laquelle l'IVG n'est plus possible, c'est-à-dire à partir de laquelle l'embryon est un parasite complet pour la femme : dans ce cas, le fait de l'ôter mettrait la vie de la mère en danger. Il ne s'agit donc pas d'une question de morale, mais de science.

Un intervenant

Depuis plusieurs années, j'ai le sentiment que le fossé entre les scientifiques et leur société s'agrandit. Pour résorber cet éloignement, il est indispensable de consentir des ressources et des efforts supplémentaires en direction des enseignants du primaire et du secondaire afin de rétrécir cette faille entre la science et la société.

Cette partie de la discussion, suite à une intervention de Peter Lachmann, porte sur les lignées ou lignages de cellules, la possibilité d'un donneur universel et les questions éthiques qui y sont liées. Pran Talwar mentionne l'hypothèse de bibliothèques de cellules, et John Gearhardt indique que son université a travaillé sur la question. Marc Peschanski, en outre, pour reparler de la possibilité d'un donneur universel de cellules ES, indique que ceux qui travaillent sur les xénotransplantations commencent à obtenir des résultats probants pour des transplantations cellulaires.

Colette Brézin, chargée de mission à l'Académie des sciences

Les décisions doivent être prises démocratiquement. Toutefois, en 1981, l'abolition de la peine de mort en France n'aurait probablement pas été acceptée par l'opinion publique si un débat complètement démocratique avait été ouvert. La décision de Robert Badinter est devenue *a posteriori* une décision démocratique. Dans certains cas, il faut donc savoir rejeter le consensus !

Claude Sureau, président de l'Académie nationale de médecine

Dans le cas de l'implantation d'un embryon posthume, l'avis du comité d'éthique n'a pas été suivi dans la loi et je le regrette. Cela doit nous interroger sur la légitimité de la loi elle-même. Je considère pour ma part que la loi de 1994 est allée trop loin, qu'elle est trop précise, et qu'elle est peut-être assimilable à un viol des consciences.

Reste l'interdiction des embryons faits pour la recherche.

Christiane Bardoux

La convention d'Oviedo est un texte du Conseil de l'Europe et non de l'Union. Le groupe européen d'éthique a pris acte des différences de courants philosophiques entre les pays, mais il ne s'est pas prononcé sur la recherche sur les embryons. Il s'agit uniquement d'un avis, et non pas d'une réglementation. Comme en France, les avis du comité sont consultatifs. Les textes passent forcément devant le Parlement.

Une intervenante

S'agissant du clonage reproductif, la vraie question devrait être : pourquoi faudrait-il le faire ? Depuis l'origine de l'homme, les techniques se développent pour améliorer la qualité de la vie, la survie, l'environnement, etc. Aujourd'hui, en nous posant les mêmes questions, nous devons donc nous demander si nous avons réellement besoin de ce clonage pour supprimer par exemple certaines souffrances de l'homme.

Peter Lachmann

La démocratie n'est pas le règne d'une majorité, mais le synonyme d'un régime où l'on protège une minorité.

Stephen Winter, président du groupe génétique humaine du Conseil de l'Europe

Nous avons en partie rédigé la convention d'Oviedo. Le clonage à des fins de reproduction est interdit par ce texte, mais pas le clonage à des fins thérapeutiques. Au total, 21 des 41 États membres au Conseil de l'Europe ont ratifié ce texte, dont dix États membres de l'Union.

Peter Lachmann

Parlons plutôt de transfert somatique nucléaire (expression que personne ne comprend) et non de clonages à des fins thérapeutiques. Sinon, nous détruirons nos propres arguments car le terme de clonage suscite forcément une certaine émotion.

Une intervenante

Au-delà du scientifique, il me semble que la question de l'éthique quant à la recherche sur les cellules de souche commence à se polariser, comme l'a fait la recherche sur les embryons il y a 15 ans. Le manichéisme, ou la polarisation, semblent marqués. Mais la réalité me semble différente. La recherche est acceptée, par exemple outre-Manche, mais des contrôles et des garanties sont nécessaires et réclamés. Nous ne répondons donc pas positivement ou négativement à la question posée.

Christiane Bardoux

Un débat éthique est une recherche d'équilibre entre bénéfices éventuels et risques. Il y a 15 ans, on travaillait sur l'embryon pour des raisons de procréation. Désormais, cette recherche ouvre d'autres voies. Certains peuvent donc revoir leurs positions. En effet, l'équilibre change à chaque fois.

Conclusions des rapporteurs

JACQUES DEMAILLE

Nos questions ont porté sur deux thèmes principaux.

• Comment choisir et cultiver en masse des cellules vraiment pluripotentes et dont l'utilisation soit entourée des garanties de sécurité ?

• Comment choisir des cellules immunologiquement tolérées ?

Je vous propose de ne pas discuter ici des aspects éthiques du problème que nous avons longuement pris en compte dans la discussion. En outre, on parle aujourd'hui du délai de 14 semaines pour la recherche sur l'embryon et l'IVG, alors que le texte de 1994 prend une autre dimension. À ce titre, je ne comprends pas que le Conseil constitutionnel ait laissé passer ce point. À ce jour, le choix de cellules dont on peut tirer parti s'est considérablement agrandi avec les cellules souches embryonnaires, germinales ou les cellules souches de l'adulte, alors que les cellules hématopoïétiques et les cellules souches neuronales étaient, quant à elles, déjà utilisées. Dans ce panel, le problème est donc de choisir les cellules qui se prêteront le mieux aux critères de choix : la sécurité, la production en masse, la pluripotence et la tolérance immunologique.

Actuellement, nous nous situons dans une période de la vie scientifique internationale qui est synonyme de multiples possibilités de travaux sur l'embryon. Mais des questions restent posées, notamment quant au contrôle des cellules souches adultes afin d'éviter leur multiplication anarchique. De même, on peut se demander s'il n'est pas temps de mener une étude plus fouillée du « transcriptome[1] ». L'être humain pourrait avoir environ 1 500 facteurs de

1. *Transcriptome* : ensemble de transcrits, ou produits d'expression des gènes d'une cellule à une phase spécifique de son développement, ou, si l'on préfère, collection de ses ARN messagers. L'étude du transcriptome est désormais grandement facilitée grâce aux procédés d'hybridation robotisés sur support solide en ayant recours à des « puces » à ADN (ou « biochips »).

transcription, pour environ 35 000 gènes si nous nous basons sur des chiffres d'espèces connues. Ces facteurs détermineront quelles seront les cellules souches. Nous aurions beaucoup à apprendre si nous tentions d'entrer dans la combinatoire des effets de transcription. Nous pourrions également travailler sur le protéome[1]. Si ces recherches ne sont pas faites, nous serions dans une position proche de celle de la PMA. La PMA est entrée dans la sphère humaine, sans aucune expérimentation préalable, alors qu'elle représente environ 50 % des cas de PMA. À mon sens, cette situation est regrettable. Nous devons donc agir autrement.

On dispose aujourd'hui d'une batterie de cellules souches :
– fœtales ;
– de carcinome embryonnaire ;
– embryonic Stem Cells et Embryonic Germ Cells (ES, EG) ;
– cellules souches adultes : hématopoïétiques, neurales, cellules satellites de muscles, etc.

Elles sont définies opérationnellement par :
– La capacité d'autorenouvellement pendant toute la vie de l'individu.
– La capacité de se différencier, au minimum dans tous les types cellulaires d'un tissu donné (pluripotentes), au maximum dans tous les types cellulaires (totipotentes).

Cette capacité, fortement dépendante de l'environnement de la cellule, qui semble orienter son destin (d'où des trans-différenciations inattendues) ouvre la voie de la médecine régénérative, avec greffe de cellules nerveuses dans les maladies neurodégénératives (Parkinson), hématopoïétiques après myéloablation, musculaires, cutanées, d'où l'énorme intérêt porté maintenant aux cellules souches.

Les problèmes éthiques se posent surtout avec les cellules souches embryonnaires, dans les pays où l'embryon humain est protégé (ex. de la France), alors même que certains pays ont en même temps une législation libérale en matière d'interruption volontaire de grossesse (autorisée jusqu'à la 12e semaine).

Il est important de permettre des recherches sur l'embryon humain dans un cadre bien défini et contrôlé, car nous devons être à même de répondre aux questions suivantes :

1° – Quelles sont les différences entre les cellules souches adultes, dont la prolifération paraît parfaitement contrôlée, et les cellules ES ? La compréhension des voies et mécanismes de ce contrôle inhibiteur permettrait d'étudier les possibilités d'autorégénération.

2° – Quelle est la combinatoire des facteurs de transcription qui définit une cellule souche ou qui détermine sa différenciation

1. *Protéome* : spectre d'ensemble des protéines exprimées par une cellule à une phase de son développement. Ce spectre est généralement établi grâce à l'énergie de l'électrophorèse bidimensionnelle sur milieu gélifié.

en tel ou tel type cellulaire ? Quelles sont les protéines exprimées (intégrines, β-caterine) en réponse à l'activation de voies comme Wnt, qui pourraient servir de marqueurs pour l'identification, donc pour la purification ?

3° – Comment progresser vers les caractères hautement souhaitables de cellules souches :

3a – cultivables *en masse* de façon industrielle avec des critères de *sécurité* maximale (GLP) : seules les cellules ES et EG paraissent aujourd'hui pouvoir répondre à ces légitimes exigences ;

3b – *tolérées* par le receveur, en ayant recours :

– à des donneurs universels,

– à des cellules personnalisées (par transfert nucléaire),

– ou à des banques de cellules de différentes spécificités dans leur complexe majeur d'histocompatibilité.

3c – *sous contrôle* thérapeutique par introduction d'un gène suicide (TK) qui permet de terminer le traitement en cas de prolifération indésirable (gancyclovir).

Les sentiments qui dominent dans la communauté scientifique sont :

– La certitude que les cellules souches ouvrent une avenue thérapeutique nouvelle : *la médecine régénérative*.

– L'étonnement devant l'extraordinaire plasticité, dépendante de l'environnement, de cellules souches adultes, dans des tissus où nul n'attendait leur existence (tissu neural en particulier).

– La conviction que les connaissances du génome humain doivent bientôt nous permettre de pallier notre ignorance actuelle.

LORI ANDREWS

Les pays ont différentes cultures et donc différentes approches de ces questions, par exemple pour savoir ce qu'il est possible de faire. Même les pays qui autorisent la recherche sur l'embryon, comme le Royaume-Uni, ont des *guide lines*, puisque la recherche porte sur les quatorze premiers jours. La situation est différente aux États-Unis, en Inde, en France, etc.

Quoi qu'il en soit, nous vivons un changement politique. Les voix qui se font entendre sont de plus en plus nombreuses. Jadis, ceux qui travaillaient sur les embryons le faisaient pour des raisons de procréation. Les groupes de pression étaient rares. Maintenant, la donne est différente. Tout indique que les règles vont changer. Allons-nous aboutir, cela dit, à des règles universelles ? À Nuremberg, nous avons fixé des principes pour la recherche médicale, comme le rapport bénéfice/risque ou les expérimentations animales. Mais qu'en est-il du respect dû à l'embryon ? Nous pourrions organiser ces questions, sur le consentement éclairé, de la part des donneurs et des receveurs. Au Japon par exemple, les besoins de la recherche doivent être expliqués. Aux États-Unis, les couples devaient se prononcer sur l'usage médical des embryons une fois que leur problème de PMA serait réglé. Au départ, la recherche ne devait en outre porter sur la seule infertilité. Et quels sont les types d'embryons concernés ? Du côté du receveur du tissu donné, on devrait connaître la source du tissu, dans tous les cas. Dans certains cas, des tissus humains ont été utilisés, sans que le receveur le sache. Des procès sont d'ailleurs en cours, du fait de croyances religieuses ou éthiques.

Nous avons également parlé de sécurité, par exemple de protection des receveurs vis-à-vis des infections. Un dépistage sur les embryons donnés donnera-t-il lieu à une information des parents ? Et qui sera autorisé à faire ce type de dépistage ? En Grande-Bretagne et en France, seuls quelques instituts peuvent les réaliser. Mais la situation est différente aux États-Unis.

Le docteur Pompidou a parlé de la non-commercialisation du corps humain. Par exemple, les États-Unis et le Japon ont interdit la rémunération du donneur. Cela nous renvoie à la question de la brevetabilité et de l'accès aux technologies disponibles.

Le poids de l'opinion publique est un autre thème. La conscience du public, la transparence me semblent être des facteurs clefs. Si vous voulez passer en catimini, le dossier vous reviendra sans doute dans la figure. Nous l'avons vu avec les droits des animaux, avant que le législateur ne se prononce.

François Gros a dit que la biologie, il y a plusieurs décennies, ne croyait pas devenir un thème d'enjeux éthiques. Mais depuis cette date, un vrai travail interdisciplinaire a été mené, pour le progrès de tous.

II

COLLECTIONS D'ÉCHANTILLONS BIOLOGIQUES D'ORIGINE HUMAINE ET BASES DE DONNÉES DE SÉQUENCES GÉNÉTIQUES

Cette session est présidée par Anne Cambon-Thomsen et William Leiss. Les rapporteurs des travaux sont Ségolène Aymé et Ruth Chadwick.

Introduction

ANNE CAMBON-THOMSEN

Nous introduisons aujourd'hui la deuxième session de ce colloque, qui se déroulera, comme la séance d'hier l'a montré, dans un esprit de transdisciplinarité.

Lors de cette session, nous devrons étudier deux domaines distincts. En effet, les collections d'échantillons et l'information qui leur est associée, quelle que soit son origine, se trouvent en constante interaction. L'information à traiter, qu'elle soit biologique ou qu'elle concerne les personnes, entraîne donc un recoupement partiel de ces thématiques. De plus, nous avons affaire à des bases de données dans les deux cas. Par conséquent, après les trois exposés scientifiques de la matinée, nous aborderons une multitude de questions, notamment celle de l'utilité des bases de données.

Par rapport à d'autres colloques scientifiques, celui qui nous réunit est particulier en tant que nous devons informer les rapporteurs de nos travaux. À cette fin, nous devons donc avoir le souci de documenter ces thématiques afin qu'elles puissent être pleinement exploitées. Pour ce faire, nous poserons également d'autres questions :

— Que met-on dans ces bases de données ?
— Quels sont les échantillons ?

— Quels outils permettent de traiter l'information issue des séquences ?

— À quel moment les échantillons sont-ils utilisés ? Dans le monde, des échantillons se retrouvent au sein de banques d'échantillons alors qu'ils n'ont pas été prévus pour cet usage au départ.

— Quel est le délai de l'échantillon ?

Par ailleurs, pour tout ce qui concerne l'international, nous devrons forcément revenir sur les échanges d'échantillons dans le monde, l'accès aux connaissances dans la communauté scientifique et l'accès aux banques d'échantillons.

Enfin, nous devrons nous interroger sur le coût de ces échanges, qui constituent de véritables activités.

Le traitement de l'information et l'organisation des banques représentent donc des sujets réellement importants pour notre travail. Aujourd'hui, il faut noter que des collections sont constituées par hasard, en accumulant des échantillons. Les individus dont un échantillon se trouve dans une base de données sont donc en cause : quel est le lien entre la base et cette personne ?

Par ailleurs, nous devons revenir sur l'information, son organisation et son accès.

En définitive, les questions à poser sont nombreuses : elles concernent l'utilisation et la réutilisation des données et des échantillons, mais aussi la prise en compte de l'objectif initial compte tenu de la conservation des collections dans le temps. Autant d'interrogations qui introduisent la suite de notre session.

Apports scientifiques

Graham Cameron

De nos jours, la loi de Moore, qui affirme que la capacité de traitement informatique double tous les 18 mois, est très souvent invoquée. En biologie, la collecte d'informations connaît elle aussi une croissance exponentielle, pour toutes les macromolécules qui sont à la base de la vie.

Au départ, nous voulions créer une base de données de très grande qualité en vue d'une publication. L'organisation des informations pouvait être citée dans les revues scientifiques. L'information était donc accessible et la publication est le point culminant d'un acte de recherche. Toutefois, elle permet aussi à tout le monde d'exploiter les résultats d'une recherche. Désormais, l'ère électronique est synonyme, non plus des simples cahiers d'expériences, mais d'une utilisation intensive des portables et du *web*. Les revues scientifiques sont d'ailleurs disponibles sur Internet. Une nouvelle science semble possible, comme le montre le projet génome humain.

Les bases de données publiques sont désormais aussi importantes que les revues. En effet, les biologistes mènent leurs recherches tout autant dans ces bases que dans les revues. Autrefois, le paradigme scientifique était basé sur un processus clair à partir des hypothèses jusqu'à la publication finale. Aujourd'hui, la collection des données prend une nouvelle importance. Les scientifiques effectuent donc des recherches sur les hypothèses mêmes, sans la collecte de données. Les bases de données, par leur exploration électronique, sont issues d'une hypothèse variable. Le cheminement habituel est la publication d'articles, le moment venu, dont les résultats peuvent être exploités. Cela dit, avec les bases de données, on peut aussi effectuer des corrélations au sein de la base de données, sans comprendre scientifiquement les causes du fonctionnement.

Comme on le voit avec le rassemblement d'une trentaine de bases, la biologie travaille sur environ 1 000 bases de données.

Ces bases sont de plus en plus puissantes. Par rapport au travail « à la paillasse » (en laboratoire), on peut trouver un gène beaucoup plus rapidement sur ordinateur. L'archivage électronique doit donc être permanent, accessible et de grande qualité. C'est crucial dans les sciences de la vie. Des gens formés, comprenant le contenu, doivent assurer cet archivage, qui seul permet l'accessibilité permanente aux informations.

Certains affirment qu'Internet n'est pas suffisant. Certes, l'espace n'est pas limité et la publication sur des sites est très aisée. Reste que les archives électroniques présentent quelques inconvénients, en particulier la propagation de versions non définitives d'un résultat de recherche. Pour ma part, en tant que membre de l'EBI[1], je pense que certains organismes garantissent la qualité des informations diffusées. Nous voulons optimiser l'information, pour le meilleur accès de tous. Nous avons donc besoin de nouvelles méthodes. Par ailleurs, nous ne sommes pas opposés à l'exploitation commerciale des informations et des bases. Pour cela, nous avons mis en place des programmes de formation et des systèmes du type « *industry support* ».

En tout état de cause, les ressources de l'information sont indéniables pour l'EBI comme pour les entités équivalentes aux États-Unis et au Japon. Ces organismes ont besoin de subsides : je vous rappelle que le projet génome humain coûtera 3 milliards d'euros. De même, d'autres projets de grande ampleur coûtent au minimum un milliard d'euros. Environ 8 milliards d'euros seront dépensés pour recueillir et collecter les données. Étant donné que la masse de données à collecter augmente beaucoup plus rapidement que les budgets, nous pourrions courir le risque d'échouer dans notre mandat, dont le but est de fournir les données nécessaires pour l'information des laboratoires de recherche et pour les applications.

1. EBI : European Bioinformatics Institute.

Aspects médicaux et droits des personnes

Bartha Maria Knoppers

En préparant cette présentation, j'ai décidé de regarder l'avenir plutôt que de décrire la situation actuelle des banques d'ADN ou les relations entre les médecins, les chercheurs et les malades. Par conséquent, je devrais revenir en introduction sur la déclaration de l'UNESCO comme sur le travail conduit en application des principes de l'UNESCO (*Universal declaration on the human genome and human rights*). Toutefois, étant donné que vous connaissez ces textes et leurs conséquences, je préfère avant tout évoquer la façon dont le réseau québécois de médecine génétique a appliqué ces principes pour la recherche menée au Québec.

Principes pris en compte

LA RÉCIPROCITÉ

Conformément au premier principe de la déclaration d'Helsinki, il est nécessaire de réunir un certain niveau de compétence parmi les chercheurs (médecins, Ph. D, biologistes moléculaires, etc.). En outre, nous avons mis l'accent sur le consensus dans la réciprocité de l'information. Des options spécifiques à la génétique doivent être possibles. Par ailleurs, l'obligation de suivi intervient également dans certains cas, ce qui peut poser quelques problèmes.

LA MUTUALISATION

L'information génétique est personnelle, mais aussi familiale. Pour ses acteurs, la recherche entraîne donc l'utilisation de données qui ont une implication pour la famille (exception faite des stades préliminaires de la recherche). Par conséquent, la génétique doit trouver un juste équilibre entre les besoins des membres de la famille et l'intérêt de cette information. En outre, nous sommes confrontés dans notre province à un problème de sursollicitation. La sollicitation directe, qui est une atteinte à la vie privée, est désormais interdite. Nous devons donc trouver des solutions adaptées.

La réciprocité et la mutualisation renvoient à la solidarité au niveau de l'État : si celui-ci participe financièrement aux projets, il doit également protéger les citoyens contre toute discrimination. La génétique ne doit pas créer une nouvelle discrimination. Une protection étatique est donc nécessaire.

L'ÉQUITÉ

Le paiement en reconnaissance de la participation des citoyens à la recherche est interdit dans la plupart des pays. Pourtant, pourquoi ne pas prévoir une certaine équité, par exemple dans les programmes d'information et de recherche ?

L'UNIVERSALITÉ

La collaboration et le partage au niveau international, avec les collègues scientifiques, les familles et les malades, sont irremplaçables.

Les pratiques mises en œuvre

Au niveau pratique, nous avons par exemple rédigé un document de 10 pages sur le consentement, qui contient certaines clauses controversées. Je voudrais en prendre quelques exemples.

En 1980, les clauses de consentement existaient déjà. « Je donne mon ADN pour la recherche » était la formule la plus utilisée et la plus simple. Le tout avec seulement une signature ! Aujourd'hui, des inquiétudes sont apparues, notamment après le projet Génome humain. Les clauses doivent préciser les maladies concernées. La personne peut limiter sa participation à la recherche sur certaines maladies ou peut être recontactée dans l'avenir si un deuxième projet est lancé plusieurs années après le prélèvement du premier échantillon. Un consentement par anticipation est donc nécessaire dans certains cas.

De même, plusieurs questions se posent au niveau de la communication des résultats : les personnes doivent avoir la possibilité de contacter les chercheurs, par exemple pour connaître les résultats de ladite recherche. Une autre clause est contestée : dans un monde médical et génétique, et donc personnel et familial, si les premiers résultats s'avèrent validés dans cinq ans, il faut offrir aux participants la possibilité d'être informés par les médecins. Il est plus prudent de prévoir cette option plutôt que de se voir intenter un procès !

L'exception au secret médical trouve son origine dans certains codes, notamment civilistes. Si une personne refuse de communiquer une information génétique aux membres de la famille, le médecin aura une obligation éthique et non légale de le dire à la famille. De la même manière, on ne peut demander au patient qui est en relation de dépendance avec son médecin de recruter des membres de sa famille. Ceux-ci doivent contacter directement les chercheurs. De cette manière, le médecin le plus directement concerné ne pourra pas savoir quels membres de la famille participent aux recherches.

S'agissant de la non-discrimination, nous sommes confrontés à un risque socio-économique. Cet aspect n'est pas neutre, en particulier pour les assurances. Par ailleurs, il faut prendre en compte l'accès des tiers aux résultats. La personne est donc informée que l'équipe mettra tout en œuvre pour protéger les résultats. En outre, dans le cas d'études anonymes, la personne elle-même est avertie que les résultats seront inaccessibles.

Notre document indique aussi que les personnes n'auront pas de droits de propriété intellectuelle sur leurs ADN, même si la recherche aboutit à des résultats commercialisables. Il s'agit d'une simple notification, qui est cependant importante pour tout ce qui concerne la commercialisation.

Au Québec, nous avons également prévu des clauses sur les conflits d'intérêt. C'est la raison pour laquelle, dans un souci de transparence, nous divulguons clairement les relations des chercheurs avec les entreprises.

Enfin, pour l'universalité, nous prenons en compte la question du bénéfice direct, ce qui pose problème notamment pour les mineurs.

Quelques thèmes d'avenir

Si nous sommes disposés à multiplier les investissements en génétique, comment pouvons-nous faire face à la commercialisation ? En tant qu'avocate, je peux vous dire que les contrats signés par les chercheurs sont tellement standardisés qu'ils comportent des clauses identiques pour les plantes et les humains ! Pourtant, il est peut-être nécessaire de définir des clauses exceptionnelles pour les individus. Nous devons sans doute nous préparer à cette nouvelle étape. Par ailleurs, il convient certainement d'harmoniser les éléments essentiels de la mise en vente d'ADN, pour faire avancer la recherche et aider les chercheurs.

Lorsque le séquençage sera complété, nous disposerons d'une base scientifique pour la poursuite d'autres études ou l'élaboration d'une carte de la diversité génétique humaine. Alors que nos codes civils sont construits autour de l'individu, la génétique s'inscrit dans une tout autre logique. Nous avons donc besoin d'une nouvelle éthique pour la recherche sur les populations, afin d'éviter que le fait pour une personne d'être à l'origine d'un échantillon ne crée pas une nouvelle forme de discrimination.

Modalités d'accès et d'exploitation

Tim Hubbard

Le projet Génome humain

Au-delà du projet Génome humain, de l'accès aux bases de données et du rôle des intervenants pour faciliter les coopérations entre bases de données, la problématique de l'accès aux bases de données et des relations entre le public et le privé est certainement la plus importante.

Le génome représente 3 milliards de paires de base. Il existe entre 35 000 et 100 000 gènes, au sein desquels de nombreuses séquences se répètent. Aujourd'hui, le séquençage est essentiellement pris en charge par les pays anglo-saxons, en particulier les États-Unis et la Grande-Bretagne. Le projet Génome en tant que tel a démarré en 1999 : il est régi par ce que l'on appelle les *Bermuda Rules*.

Les données doivent être accessibles à tout moment ; elles sont rendues au domaine public.

Le génome fait donc partie du domaine public. Plusieurs changements sont intervenus depuis les premiers travaux : dorénavant, près de 95 % des gènes sont couverts. Le projet est assuré par 5 contributions majeures, sans oublier d'importantes contributions au Japon et en Chine.

Comment rendre les données disponibles

Le génome humain est énorme. Aujourd'hui, bien que nos données soient fragmentaires et qu'aucune séquence définitive ne sera disponible avant trois ans, nombreux sont ceux qui veulent utiliser les données dès maintenant. En particulier, les biologistes de la paillasse, qui s'intéressent aux gènes, et les bio-informaticiens, réclament d'autres données pour poursuivre leurs analyses.

Différents instruments ont été mis en place pour le projet Joint Sanger/EMBL. Certaines fenêtres de notre site montrent par exemple des morceaux de gène. Vous pouvez donc les visualiser, découvrir les fonctions potentielles de ce gène, ses caractéristiques, etc. Mais le fait que le génome soit si grand rend impossible la détention de toutes les informations par un seul organisme. La collaboration est donc nécessaire. Bien entendu, plus la collaboration est développée, plus l'exploitation des informations est délicate.

Au sein de notre projet, nous voulons donc insister sur l'accessibilité des données. Pour ce faire, nous coopérons avec le NBCI afin de diffuser les informations sur les identificateurs des gènes. Ensuite, les logiciels sont ouverts (utilisation du système libre Linux). La base de données centrale est donc téléchargeable et son modèle est public. La source est largement disponible. Ces méthodes sont désormais des standards qui permettent une véritable coopération mondiale.

Comment partager les informations et annotations biologiques ?

Notre système sur le *web* permet aux chercheurs de consulter les données de la base. La détermination des données externes à intégrer relèverait normalement d'une décision politique ! L'utilisateur externe a donc vocation à créer sa propre base de données, ce qui est coûteux. Il s'agit en réalité d'une solution de rechange. Le serveur central établit des liens avec ces serveurs externes, établis par des équipes à travers le monde : vous pouvez aller glaner des données sur plusieurs sites. L'accès et la liberté d'emploi sont donc bien établis. Le système est surtout développé par Lincoln Stein. Il devrait être bientôt totalement opérationnel.

D'autres questions se posent quant à l'accès informatique aux informations, notamment pour la brevetabilité. À mon sens, le brevetage du gène pourrait bloquer l'accès aux données, même si aucun argument objectif ne plaide contre les brevets. Quoi qu'il en soit, nous devons être attentifs à ce point : pour effectuer une analogie, on pourrait dire que, même si beaucoup de gens travaillent sur le bois, personne ne détient le brevet de ce matériau. Si le capital-risque est insuffisant, l'exploitation de ces données sera réduite. Par ailleurs, le dépôt trop anticipé d'un brevet obligerait certains à orienter leurs recherches dans d'autres directions. Ceux dont l'avocat est habile pourraient littéralement « boucler » un gène. Il faut donc faire preuve de prudence. Pour ce qui concerne le monopole des données, nous avons été confrontés il y a quelques mois au risque de voir des entreprises privées dominer le génome humain et ses données. Dans ce cas, ces données auraient pu être contractualisées, ce qui pourrait être dangereux.

Les institutions n'ont pas empêché les monopoles de se développer, comme le montre l'affaire Microsoft aux États-Unis. Le parallèle avec les gènes est intéressant. En tout état de cause, la recherche publique reste nécessaire. Toute recherche académique doit devenir accessible : la génération de nouvelles idées en dépend grandement. Reste que le secteur public ne peut pas tout faire, notamment en raison de contraintes budgétaires. Pourquoi donc ne pas instaurer des régulateurs de monopole ? De même, le législateur pourrait garantir l'accès aux données et superviser les règles applicables aux brevets. Les compagnies privées pourraient de ce fait subir quelques règles du jeu, même si elles peuvent légitimement prétendre gagner de l'argent à partir de leurs études.

Questions

François Gros

Mme Knoppers parlait des critères les plus appliqués dans le domaine de la collection des échantillons biologiques. En lisant certains articles de *Science,* j'ai été frappé par une proposition *a priori* étonnante : des associations caritatives s'intéressent, comme vous le savez, aux maladies génétiques et certaines considèrent que les familles devraient être associées aux recherches *via* un véritable partenariat intellectuel et moral. Dans certains cas en effet, des malades ayant subi des prélèvements à des fins d'études ont participé aux publications de ces recherches et ont suivies celles-ci avec intérêt.

Bartha Maria Knoppers

Il existe deux sortes de familles :

— celles qui recherchent des fonds pour aider la recherche, qui possèdent leurs bulletins d'information et des moyens d'information ;

— celles chez lesquelles ce type de partenariat ne sera sans doute pas possible.

Depuis 1980, le droit de la famille a évolué. À partir du dépassement de l'approche traditionnelle, avec la généalogie, la filiation et sa reconnaissance, on a commencé à reconnaître les familles reconstituées. En outre, la génétique nous a forcés à reconstruire cette notion de famille. Que faire si les membres de la famille, éparpillés dans une société mobile, ne se voient plus ? En d'autres termes, la génétique nous oblige à insister sur la communication dans certaines situations.

De la salle

Les médias ont aussi parlé de ventes de tissus par des entreprises qui assuraient des collectes d'échantillons.

Bartha Maria Knoppers

Certaines collections existaient effectivement depuis des années sans que les entreprises le sachent. Pour rentrer simplement dans leur frais, la plupart des banques avec lesquelles j'ai travaillé se basent sur une règle de coûts, notamment pour les envois d'échantillons. La vente est une autre hypothèse, qui ne respecte plus les droits des personnes. Mais que se passe-t-il lorsque la personne est décédée ? L'application des lois n'est pas rétroactive. Notre loi sur la santé précise que le membre de la famille d'une personne ayant refusé de son vivant de donner de l'ADN pourra avoir accès aux informations obtenues grâce aux dons d'autres membres de la famille.

De la salle

L'article 6.3 de la déclaration HUGO évoque la collecte, l'utilisation et la distribution des tissus humains. Quelle est votre position concernant les distributions à grande échelle ?

Bartha Maria Knoppers

Cette déclaration mentionne notamment l'idée d'un partage de bénéfice, suite à la convention sur la biodiversité en 1992. Certains pays pensaient à l'époque que leurs ressources naturelles avaient été exploitées, parfois avec leur consentement, et qu'ils devaient les racheter pour leurs propres citoyens. Pour le cas Moore en Californie (l'ADN fait-il partie de la personne ?), nous avons parlé de consentement informé. La déclaration HUGO voulait en fait définir les communautés, car on ne pouvait définir les individus. Notre approche considérait que les entreprises devraient discuter d'abord en communiquant et en consultant le public. Ensuite, il est possible d'interroger une association ou une population isolée pour définir sa participation : certaines associations veulent participer à des actions humanitaires ; d'autres réclament des ressources financières pour créer des bibliothèques ou des sites *web*. Il n'y a donc pas d'*a priori* quant au partage de bénéfice. Pour notre part, nous avons parlé de 1 à 3 % des bénéfices nets pour « réveiller » l'industrie. Cela dit, au sein de notre comité, les discussions sur ce point ont été pour le moins vives.

Hiroo Imura

Dans un grand nombre de laboratoires, les chercheurs ont déjà collecté des échantillons, avec le consentement des personnes, pour conduire des études restreintes. Mais les gènes sont de plus en plus nombreux. Un nouveau consentement des personnes est-il nécessaire si les chercheurs, compte tenu de ces nouvelles découvertes, veulent orienter leurs travaux vers d'autres recherches ? Que faut-il faire ?

Bartha Maria Knoppers

Les trois déclarations de 1996, de 1998 et de 2000 sont très précises sur certains points. Le fait de recontacter les gens pose des problèmes éthiques : par exemple, un donneur peut avoir changé de vie, être remarié, etc. Nous avons suggéré que les échantillons pourraient être utilisés, pour autant que le comité d'éthique l'autorise, si les recherches sont anonymes. Mais d'autres propositions que nous avons formulées ont été refusées.

De la salle

Vous parliez de l'existence de 35 000 gènes. Quel type d'analyse permet de faire cette estimation ?

Tim Hubbard

Nous nous sommes basés sur l'analyse des chromosomes 21 et 22 pour faire cette estimation. Tout indique que le nombre total de gènes est inférieur à ce que nous pensions. Il est probable que plusieurs gènes n'en forment en réalité qu'un seul. Par exemple, le ver possède 19 000 gènes et la mouche 13 000, alors qu'elle est beaucoup plus complexe que le ver de terre.

De la salle

Est-il possible d'effectuer des duplications de gènes ?

Tim Hubbard

Oui, il existe des pseudo-gènes. Le nombre de 35 000 est une estimation. Dans notre équipe, nous parions un dollar sur le nombre de gènes. Les estimations vont de 20 000 à 200 000 gènes. En 2003, celui qui sera le plus près du nombre réel gagnera le pari !

Anne Cambon-Thomsen

Finalement, comment trouver des règles politiques susceptibles de garantir réellement l'accès aux données ?

William Leiss

Le partage des bénéfices est également un thème important.

De la salle

Qu'en est-il du recoupement des résultats ?

Graham Cameron

Nous disposons de nombreuses bases de données, qui représentent un archivage de notre quête scientifique. Comme les autres quêtes, la nôtre comporte des incertitudes ! Vous devez donc prendre garde à ne pas croire toutes les publications que vous lisez. Cela dit, le besoin de distiller le contenu des données parfois contradictoires est réel : il permettra d'obtenir une synthèse traduisant de manière fiable nos travaux. Voilà un vrai défi pour le génome humain ! Pour l'instant, nous ne sommes pas encore parvenus à ce stade.

Tim Hubbard

Lorsque je parlais de notre modèle d'annotation, il faut savoir que le fait de dire à l'échelon central ce qui est acceptable et ce qui ne l'est pas, permet certes d'améliorer la qualité, mais cette méthode présente des inconvénients. Les utilisateurs sont finalement peut-être les mieux placés pour effectuer ces synthèses indispensables.

Table ronde

Les participants à la table ronde sont Zhu Chen, Chine ; Domenico Coviello, Italie ; Fotis Kafatos, EMBL ; Marcia Muñoz de Alba Medrano, Mexique ; Jean Rosa, France ; André Rosenthal, Allemagne ; Gilles Thomas, France ; Antonio Velásquez, Mexique.

Les débats sont animés par Jean-François Théry et Glauco Tocchini-Valentini.

Jean-François Théry

Le sujet de nos discussions concerne les collections d'échantillons biologiques d'origine humaine. Cette question a été traitée dans le rapport du Conseil d'État sur les lois bioéthiques qui a été rédigé il y a maintenant plus d'un an. Face à ces thématiques, nos interlocuteurs scientifiques nous ont semblé être dans une situation délicate. En effet, notre législation place le corps humain hors du commerce. Son statut, extrait du biologique pur, est donc à part. Par conséquent, il n'est pas question qu'un morceau du corps, quel qu'il soit, soit utilisé sans le consentement de la personne. La question du consentement doit être le premier sujet de préoccupation.

Deuxièmement, nous devons trouver les moyens d'éviter la multiplication de banques de données et de banques d'échantillons alors que des collections sont à la disposition de plusieurs chercheurs et laboratoires. Comment donc éviter aux mêmes personnes de se prêter à la constitution d'une nouvelle collection, alors même que les collections existantes auraient sans doute pu être utilisées. Cela suppose un chef d'orchestre. En France, on en trouve deux à travers nos deux ministères : une réforme sur ce point me semble nécessaire. Selon moi, le ministre de la Recherche est sans doute le mieux placé pour éviter la duplication des banques de données.

La CNIL a également un rôle à jouer : elle doit intervenir sur les fichiers, comme sur tout fichier informatique. D'autres organes sont également disponibles, comme le comité du traitement des données, créé en 1994, qui pourrait aider le ministère.

Les liens entre chercheurs et organismes de recherche est également un point sensible pour les juristes. Dès lors qu'un chercheur a consacré beaucoup de temps, parfois plusieurs années, pour monter sa banque de données, il devrait avoir une priorité, et non une appropriation exclusive, pour utiliser cette banque.

Le rapport du Conseil d'État, qui est à votre disposition, vous permettra d'approfondir ces questions et interrogations.

Fotis Kafatos

L'évolution de la biologie

Le premier sujet que je souhaite évoquer concerne l'importance des infrastructures dans les sciences de la vie. La biologie évolue rapidement. Dans le même temps, elle se transforme. Elle est devenue une « grande » science, qui appelle des ressources massives, de lourds investissements (comme en physique pour les synchrotrons) et des données centralisées. Cependant, la biologie n'est pas une copie des autres sciences : elle ne pourra pas fonctionner comme la physique ou l'astronomie.

En France, ces questions sont doublement importantes car on a longtemps privilégié les grands équipements. Le risque est donc de voir la biologie confinée dans un rôle secondaire.

De surcroît, nos matériels, comme les ordinateurs, doivent être souvent renouvelés (alors que les synchrotrons possèdent une durée de vie plus longue). Tel est le cas pour l'analyse des microcristaux, les sondeurs (qui sont de plus en plus pointus), mais aussi l'ensemble des processus de la recherche, qui doivent être réactualisés en permanence.

En sus des machines et des équipements, la biologie a en outre besoin de compétences. Parfois, nos personnels ne sont pas spécialisés (par exemple, les animaliers), mais ils jouent un rôle essentiel.

La coordination mondiale

Nous ne pouvons pas avoir un trop grand nombre d'acteurs dans le monde sans avoir également un souci de réactivité. Cela dit, le monopole n'est pas non plus acceptable. Les réseaux doivent être liés, synonymes d'un accès libre et garanti au public. L'Europe doit comprendre l'importance de cette question et accepter que les grands équipements ne tiennent pas seulement aux machines.

En outre, il est nécessaire de rééquilibrer les ressources données aux sciences. Après 1945, les gouvernements étaient généreux, surtout pour la physique, l'astronomie, l'aérospatiale, etc. Aujourd'hui, alors que nous sommes à l'aube d'un changement fondamental dans les sciences et que nous entrons dans le siècle de la biologie, je pense que le paysage doit changer. Les concepts datant de 50 ans ne sont plus opérationnels : par exemple, le projet EMBL perçoit environ un cinquantième de la somme attribuée à l'ESA. Il semble donc que la France consacre plus d'argent aux recherches sur les sciences de la vie dans l'espace que sur notre planète ! Au contraire, l'affirmation selon laquelle la biologie jouera un rôle central dans les prochaines décennies doit avoir des conséquences en termes budgétaires et de ressources.

Les relations entre les différents acteurs

Selon moi, les gouvernements doivent réglementer le commerce, ne serait-ce que pour éviter les monopoles. Cependant, les bénéfices de la biologie ne peuvent provenir que d'un investissement public et privé.

Enfin, je plaide pour un rapport plus étroit entre la science et la société : aujourd'hui, les coûts de nos découvertes changent et certaines méfiances apparaissent, comme l'illustre l'exemple de la biologie. La transparence semble donc cruciale pour nous, surtout si nous ne voulons pas détruire nos arguments. Les scientifiques ont cette responsabilité envers les citoyens, tout comme d'ailleurs les gouvernements.

Gilles Thomas

Créée en 1984 au Collège de France sous le nom de CEPH (Centre d'étude du polymorphisme humain), ayant acquis le statut de fondation depuis 1993, la Fondation Jean-Dausset a développé des outils (banques d'ADN et de clones) qui ont été déterminants dans l'établissement de la carte des chromosomes de l'homme. La collaboration de 130 laboratoires qui avaient chacun reçu de la Fondation 700 échantillons d'ADN provenant de 40 grandes familles a donné naissance à une base de données exceptionnelle, qui comprend aujourd'hui 15 000 marqueurs et 2 millions de génotypes. Ce travail a permis à la communauté scientifique nationale et internationale de mener à bien l'isolement de nombreux gènes dont les altérations sont responsables de maladies génétiques.

Il devient aujourd'hui envisageable d'identifier les variations génétiques favorisant l'apparition de pathologies fréquentes (maladies cardiovasculaires, cancer, maladies neurodégénératives, maladies inflammatoires...), qui ne sont pas des maladies génétiques au sens classique. Cette identification se heurte à l'ignorance des relations qui lient entre eux les différents allèles de sites polymorphes adjacents (déséquilibre de liaison). Ces relations sont étroitement dépendantes de l'histoire du peuplement du globe par *Homo sapiens*. Ainsi, non seulement les conditions climatiques ou sanitaires, mais également les conditions historiques de la constitution des peuples sont susceptibles d'expliquer les variations géographiques de l'incidence de certaines pathologies.

L'augmentation considérable des moyens de communication, les mouvements importants de populations estompent progressivement et irrémédiablement les différences génétiques existant entre les populations du globe. Ils font disparaître des traces essentielles de notre histoire et les pistes permettant d'identifier les mécanismes qui ont présidé, au fil des siècles, à la constitution du patrimoine génétique de l'humanité. Cette prise de conscience de la fragilité des populations humaines, ancienne pour les ethnologues, est plus récente pour les généticiens. Elle conduit à proposer des programmes visant à préserver l'étude de la diversité génétique des populations humaines.

La Fondation Jean-Dausset s'attache aujourd'hui à mettre en place des collaborations permettant de contribuer à cet objectif. Les études qu'elles permettront ont un but exclusivement cognitif. Suivant les programmes, les données nominatives sont soit inexistantes soit contrôlées par des procédures strictes garantissant l'anonymat. Néanmoins, ces travaux se heurtent parfois à la crainte d'une exploitation raciste, dévalorisante ou commerciale des résultats. Compte tenu des enjeux scientifiques, médicaux et historiques, il est cependant important de faire émerger les conditions d'acceptabilité de telles études.

Zhu Chen

Dans le domaine qui nous occupe, je voudrais me limiter à quelques questions relatives au projet Génome en Chine, qui a été entamé il y a 5 ans. Nous sommes proches de l'achèvement de la première séquence du génome : nous atteignons donc la fin du début du processus. La forme des séquences est variable, pour les formes habituelles comme pour les formes SNP. Nous pensons que ces variations de séquence jouent un rôle important, y compris pour la susceptibilité à des maladies. Par exemple, les gènes de maladies qui induisent des cancers peuvent être assimilés à des formes extrêmes de variation de forme.

Les chercheurs chinois sont bien placés pour mener ce type d'analyses. La Chine est en effet le pays le plus peuplé du monde, même si l'Inde commencer à rattraper son retard, et la population est relativement hétérogène (on trouve une population du Nord et une population du Sud très différentes).

Le principe du consentement éclairé est évidemment important. Toutefois, il faut ajouter l'importance du partage des informations et des bénéfices pour les individus. Nous soutenons le consensus de HUGO[1]. Pour la coopération internationale, je pense que nous devons inclure ceux qui prélèvent, mais aussi les organismes de terrain. La bioéthique est un domaine nouveau dans notre pays : nous devons donc apprendre auprès de pays développés, mais aussi auprès des pays en voie de développement. Il y a cinq ans, une commission d'éthique a été instaurée, soutenue par le gouvernement, et nous avons créé un formulaire de consentement au prélèvement d'échantillon, dont l'élément le plus important est la confidentialité. Le texte indique aussi que nous informerons le cas échéant la personne, par exemple si un gène déficient est découvert. En outre, la personne peut retirer son consentement à tout moment.

Nous disposons dorénavant d'une base de données, c'est-à-dire un *network for disease sample collection*. Les scientifiques impliqués ont un libre accès à ces données. S'agissant des bases de données des séquences génétiques, le conflit entre le consortium public international et les groupes privés me semble dommageable. En Chine, nous soutenons le consortium international de séquençage. Nous y avons donc adhéré, même si nos financements sont limités. Idéalement, nous aimerions aider à la découverte de 1 % du génome. Les derniers échos semblent d'ailleurs démontrer que nos travaux sont appréciés. En Chine, la recherche est mixte, soutenue à la fois par les pouvoirs publics et les entreprises privées. Mais nous sommes favorables au partage des données. Nous sommes d'ailleurs en contact avec les organismes internationaux, pour fournir rapidement les informations. La création de notre base de données a pris un peu de retard, mais nous devrions être rapidement opérationnels.

Un grand pays comme la Chine ne peut pas échapper à ces problématiques. Compte tenu de la richesse de nos débats, je regrette d'ailleurs que les décisionnaires chinois ne soient pas présents !

1. HUGO : Human Genome Organization.

Jean Rosa

J'aimerais vous présenter un modèle expérimental conçu à la suite d'un programme de recherche clinique, mais utilisé dorénavant en tant que bases de données pour la recherche génétique.

Nous travaillions à l'origine sur une maladie génétique particulière touchant un des gènes constitutifs de l'hémoglobine. Au début des années 1980, nous avons créé une unité INSERM et un centre de prise en charge en Guadeloupe afin de mener des recherches sur cette maladie. Nos premières orientations étaient très cliniques (12 % de porteurs du trait, dépistage néonatal, diagnostic, etc.). Ces travaux ont donné des banques de données cliniques, généalogiques et moléculaires grâce à l'unité INSERM. Au départ, nous n'avions pas l'intention d'effectuer une recherche génétique : le consentement éclairé était donc limité.

Pourtant, dans le domaine clinique, les progrès ont été rapides : amélioration de la qualité de vie, information, etc. Les connaissances sur la maladie ont progressé et il est apparu que, contrairement à ce que nous pensions antérieurement, elle est plurigénique et pour le moins étrange. Certains patients ont en outre des durées de vie prolongées dans certaines familles, tandis que d'autres cas sont précocement mortels. Parallèlement, les possibilités thérapeutiques semblent dépendre aussi des sujets. Nous voulions donc trouver des gènes, responsables de la non-acceptabilité du traitement par exemple et rechercher d'éventuels gènes facilitateurs. En effet, nous possédions des données bien phénotypées sur 800 familles. Toutefois, à l'origine, nous avions mal défini les conditions de consentement, comme je vous le disais.

En outre, pour ce type de recherche, trois ministères sont impliqués (Santé, Recherche et Intérieur), ce qui engendre une indéniable complexité sur le terrain.

Domenico Coviello

Je voudrais vous donner aujourd'hui mon point de vue de généticien médical. Nous avons entendu parler des séquences qui rendent les gènes disponibles, mais aussi des tests génétiques. Nous sommes donc face à une nouvelle réalité, qui nous oblige enfin à prendre en compte la demande du public. Toutefois, je m'interroge sur la responsabilité des médias. Compte tenu de nos avancées, nous savons que nous aurons à terme certaines possibilités. Reste que, depuis quelques mois, les médias n'ont pas relayé nos progrès de façon très sérieuse, ce qui a conduit les populations à des attentes irréalistes. Dans ce cadre, plusieurs thématiques me semblent cruciales, notamment le conseil génétique.

— Nous avons déjà longuement abordé les principes à respecter pour les banques ADN. Nous disposons pour cela de quelques outils, comme le consentement éclairé (inviolabilité de la personne).

— La confidentialité est également nécessaire : elle renvoie au respect de l'intimité. Une réglementation spécifique est indispensable.

— Nous devons également traiter l'inaliénabilité et la sécurité de la personne.

— Enfin, nous devons considérer la liberté de la recherche.

Les problématiques liées à ces matériels génétiques son diverses : les informations sont sensibles car on peut prédire l'évolution de maladies par exemple. Dans ce domaine, l'Italie s'est dotée d'un cadre général. Une commission nationale a proposé quelques recommandations et soulevé différents points, comme la garantie de la qualité des données. Nous travaillons actuellement sur l'accès aux données ou la possibilité de se retirer d'une étude. En particulier, nous nous demandons comment et pourquoi des personnes devraient-elles avoir accès aux informations. La même personne doit-elle être informée pour toute utilisation de l'échantillon d'ADN pour une autre étude ? Nous sommes donc confrontés aux mêmes questions que les autres pays.

Par ailleurs, nous essayons de réglementer le nombre idéal de banques de tissus dans un pays. Chaque centre doit-il disposer d'une banque d'ADN ? Ces banques doivent-elles toujours être liées à des services génétiques ou à des utilisations commerciales d'échantillons ? Ces questions restent posées. Quoi qu'il en soit, nous sommes convaincus que ces banques doivent être certifiées, au moins au niveau national.

Les questions de financement sont également à prendre en compte. Les fonds publics ne sont pas suffisants : par exemple, les entités italiennes reçoivent des fonds d'associations à but non lucratif.

Les découvertes génétiques, accompagnées des données électroniques, doivent nous conduire à surveiller le flux des données, à réglementer les banques d'ADN et à toujours prendre en compte la dignité de la personne. La Société européenne de génétique humaine a travaillé sur ces questions, en 1999 et en 2000. Les études sont à votre disposition sur le site de la société.

Antonio Velásquez

Tous les jours, dans tous les pays, des prélèvements sanguins sont effectués, qui contiennent des informations fondamentales pour un éventuel dépistage néonatal de maladies comme l'hyperthyroïdisme congénital par exemple. Je me suis longuement occupé du dépistage néonatal au Mexique. Le nombre de bébés dépistés est croissant, notamment grâce aux maternités privées.

Les bases de données génétiques et les stockages d'ADN des organismes mexicains nous permettent de cartographier les gènes et d'identifier des régions chromosomiques pour mieux comprendre certaines pathologies très répandues au Mexique, comme certaines formes de diabète. Les maladies les plus fréquentes ont une composante bien connue. Nous pensons que la combinaison de mécanismes polygéniques et de facteurs environnementaux joue un rôle dans le développement de ces maladies. C'est la raison pour laquelle il importait de recueillir des données familiales. À ce jour, nous disposons de huit banques de cellules différentes contenant les lymphocytes et l'ADN de près de 80 familles pour le diabète non insulino-dépendant de type II. Nous disposons donc d'informations sur des groupes de familles représentatives pour les maladies très répandues dans notre pays.

Au Mexique, 1 200 études sont en cours. Le diabète de type II est un problème majeur de santé publique, car il touche un diabétique sur 10 avant 40 ans chez nous. Pour l'instant, nous utilisons deux stratégies de *mapping*, dont le scanner du génome entier. L'autre méthode est le *candidate genes linkage*. Nous travaillons sur 300 échantillons pour 150 lignes de lymphocytes. En utilisant des scanners du génome entier, des mutations ont été trouvées dans deux sites nouveaux, mais elles ne sont pas encore associées au diabète de type II.

Pour l'artériosclérose, nos travaux n'en sont qu'au démarrage, mais les approches utilisées sont les mêmes. Nous sommes en relation avec 30 familles.

Tous les échantillons ont été obtenus selon les règles précises du consentement éclairé et les principes de confidentialité ont fait l'objet d'une grande attention. Parallèlement, depuis 18 mois maintenant, un groupe de travail étudie la création d'un centre national pour la médecine génomique, à partir de la formation de doctorants et de postdoctorants. Ce groupe de travail implique des décideurs, le ministère de la Santé, le Comité national pour la science, des associations et des représentants des entreprises privées.

Marcia Muñoz de Alba Medrano

Le Mexique est l'un des pays les plus importants du continent américain. Le métissage de la population y est une règle et les Blancs représentent 8 % de la population. Le pays a ratifié l'accord ALENA et il possède une certaine influence sur les autres pays d'Amérique latine et centrale. Le système de santé publique couvre environ 70 % de la population, notamment après la réforme constitutionnelle de 1982.

La loi sur les échantillons définit les tissus en mentionnant un délai de douze semaines pour les embryons. En dépit de notre situation économique et juridique, des études ont été lancées dans notre pays. Toutefois, le système juridique doit évoluer afin de préserver la confidentialité, les droits de propriété et d'autres éléments fondamentaux. En Amérique latine, cinq pays seulement possèdent une législation qui protège les informations sur la vie privée. Le Mexique ne fait pas partie de ce groupe. Il faut donc maintenant promouvoir le droit à la vie privée et à la confidentialité pour les informations sur la santé des personnes : cette étape nous conduira sur le chemin d'une certaine harmonisation juridique internationale.

Débat

Glauco Tocchini-Valentini

Je vous propose d'entamer le débat. Nous pourrions partir de ce constat : certaines initiatives que nous avons mentionnées ce matin ont besoin de ressources supranationales, comme l'archivage sur les souris mutantes, les travaux du laboratoire Jackson aux États-Unis ou de laboratoires japonais par exemple. Ces questions sont étudiées par différents laboratoires en Europe, en Italie, en Espagne, au Portugal, en Suède, etc. Les ministères ont certes libéré certaines ressources par le passé pour ces projets, mais les sources de financement se sont taries. Qui soutiendra donc les efforts supranationaux ? L'Europe communautaire sera-t-elle impliquée à ce niveau ?

Anne Cambon-Thomsen

Je vous propose de traiter trois dimensions :

— la standardisation et les liens entre organismes et infrastructures ;

— l'accessibilité, le partage et les échanges ;

— le relationnel (associations, médecins, patients, chercheurs, etc.).

Bartha Maria Knoppers

Le Canada, qui était à la traîne pour le projet génome, « recycle » ses données dans un seul ensemble, notamment pour les plantes. L'intégration d'une approche écosystème pour le végétal et l'humain me semble donc nécessaire.

De la salle

Pour le projet SNP, la science était à l'origine une discipline intellectuelle. Reste que le consentement doit être au moins effectué au niveau national. En effet, la communauté peut ne pas donner en tant que telle son consentement. Seuls les individus peuvent le faire.

François Gros

Je reviens sur la standardisation ou le rôle majeur des infrastructures, ou des acteurs majeurs de la recherche en biologie. Cet après-midi, nous parlerons de la fonction des gènes. Or il est difficile d'avoir cette connaissance sans éléments de comparaisons bioinformatiques et sans études préalables (sur les souris ou les drosophiles par exemple). Les financements pour EBI[1] et EMMA[2] sont donc cruciaux.

Anne Cambon-Thomsen

Ces activités doivent être considérées comme des activités scientifiques importantes, et non pas comme de simples outils. Il faut donc trouver les moyens adéquats.

De la salle

Les moyens pour EBI pourraient passer au niveau supranational.

Fotis Kafatos

Nous devons aussi travailler au présent, même si le cyberespace est à la mode. Nos ministres ont tendance à penser qu'il est possible de travailler sans dépenser un centime. Nous devons donc leur prouver concrètement l'importance du travail à effectuer sur le terrain.

Édouard Brézin, président du CNRS

La non-intervention financière de l'Union dans le 5e programme pour les projets EBI et EMMA, est choquante. Je voudrais cependant revenir sur un point particulier : personne ne nie l'importance croissante de la biologie, mais les moyens les plus importants doivent-ils être attribués aux infrastructures en biologie ou plutôt aux entités qui participent à une meilleure connaissance du vivant ?

1. EBI : European Bioinformatics Institute (Cambridge, Royaume-Uni).
2. EMMA : European Mouse Mutant Archives (Monterotondo, Italie).

François Gros

Je ne veux pas polémiquer. Car, en fait, c'est le même combat. Nous devons comprendre la position et le rôle d'un nombre considérable de gènes et de données. Ce qui implique à la fois le bon fonctionnement d'infrastructures appropriées et, bien entendu, l'existence d'équipes de qualité.

Glauco Tocchini-Valentini

La recherche européenne est importante. Toutefois, EBI et EMMA ne peuvent pas attendre deux ans, ni attendre le prochain programme : d'ici là, la messe sera dite !

Fotis Kafatos

Pour ma part, j'ai insisté sur le bon équilibre entre ressources privées et publiques. En tout état de cause, nous ne pouvons pas attendre deux ans, sous peine de laisser passer le train.

De la salle

Aux États-Unis, nous avons négligé la presse depuis au moins deux ans. Aujourd'hui, les entreprises privées ont occupé le terrain. Nous devons désormais consacrer du temps et de l'argent pour l'information et la formation par exemple.

De la salle

Absolument. Nous pourrions recommander l'instauration d'un programme d'éducation au niveau mondial permettant à chacun de comprendre ce qui se passe quand on donne son sang par exemple.

Jean Rosa

Un effort d'information est nécessaire, notamment pour les cliniciens qui ne sont pas généticiens, mais qui doivent adopter une nouvelle culture.

Bartha Maria Knoppers

Un site contient toutes les informations légales, éthiques et sociales, en anglais pour l'instant et dans six mois en français. Il regroupe les déclarations des commissions, des associations, des chercheurs, etc. Son adresse est : *www.humgen.umontreal.ca*

De la salle

Une action forte dans le domaine de l'éducation et de la formation me semble être une priorité à affirmer devant nos ministres. Dans le cas contraire, nous subirons encore des moratoires et nous n'avancerons pas.

De la salle

Je m'interroge sur la place de l'UNESCO vis-à-vis de cette orientation et des thèmes que nous retenons (éducation, formation, etc.).

De la salle

Dans notre pays, le niveau de l'éducation en général me semble bon, mais le niveau scientifique est nul. On ne peut pas parler par exemple de « contamination » du maïs par les OGM, comme le font certains journalistes. C'est au niveau de l'école primaire que nous devons fournir un savoir scientifique minimal à nos enfants.

De la salle

Promouvoir l'éducation du public est un double processus : nous devons nous aussi mieux comprendre les préoccupations du public. Nous parlons d'embryon et de son statut, mais le public, de son côté, parle plutôt de parenté ou de généalogie.

Conclusions des rapporteurs

Ségolène Aymé

Les collections d'échantillons biologiques et les bases de données qui sont construites à partir des résultats du projet Génome sont des instruments stratégiques de la recherche publique et privée. Elles soulèvent des questions qui portent tant sur la sécurité, la pérennité, le financement de ces ressources collectives que sur le respect des libertés individuelles et le libre accès à des données qui sont perçues comme des biens collectifs. Du fait de leur importance stratégique, elle sont l'objet de partage international et de vente.

Les collections d'échantillons et les bases de données ont leurs aspects particuliers mais doivent aussi être considérées ensemble. En effet les collections d'échantillons et l'information qui leur est associé, quelle que soit son origine, se trouvent en constante interaction car l'intérêt des unes ne va pas sans les autres. C'est à partir des collections d'échantillons biologiques que se constituent les bases de données qui jouent un rôle de plus en plus important dans l'identification de nouvelles solutions pour améliorer la santé et la qualité de vie des citoyens. Les données informatisées n'ont d'intérêt que lorsqu'elles sont mises en relation avec des données de phénotypes.

Les bases de données informatisées

En biologie actuellement, la quantité d'informations déposées dans les bases de données connaît une croissance exponentielle : cette quantité double tous les 18 mois. Accéder aux base de données est devenu un enjeu majeur pour les chercheurs dont beaucoup travaillent maintenant à partir de données produites par d'autres. Les investissements consentis en recherche n'ont de sens que si les connaissances produites sont utilisées et valorisées. Les bases de données publiques (sur les gènes, les mutations, les séquences, les protéines, les maladies) jouent désormais un rôle aussi important que les revues scientifiques et sont, contrairement aux revues scientifiques, de véritables outils de recherche. Il est désormais possible d'identifier de nouveaux gènes et d'en comprendre la fonction sans avoir travaillé en laboratoire, simplement en utilisant intelligemment l'information accessible sur les réseaux. Ce doublement de la quantité d'information tous les 18 mois oblige à mettre en œuvre des solutions technologiques de recherche et de développement. Il est donc nécessaire de soutenir une recherche en bio-informatique. L'interconnexion entre les bases de données constitue un autre grand challenge à venir. Dans l'urgence, il est raisonnable d'interconnecter les bases plutôt que de construire une base unique. D'autant que nous n'avons sans doute pas le temps de trouver un accord global. Il faut cependant favoriser les échanges entre producteurs de banques pour assurer l'interopérabilité.

L'archivage électronique doit donc être permanent et de grande qualité. Des gens formés, comprenant le contenu, doivent assurer cet archivage qui seul permet l'accessibilité permanente aux informations validées. Ils doivent travailler dans des structures disposant de moyens matériels et humains à la hauteur des enjeux. Actuellement trop de ressources sont mises sur la collecte de données et pas assez sur leur archivage et leur validation. Aujourd'hui, 1 % des ressources de la recherche génomique est destiné à la bio-informatique dont dépend l'utilisation optimale des données produites. Ce n'est ni suffisant ni raisonnable. Il faut souligner que les financements européens semblent faibles par rapport aux efforts américains alors que de grands équipements sont nécessaires.

L'accès aux bases de données et la coopération entre bases de données est certainement un sujet de préoccupation pour les chercheurs, en particulier la coopération entre base publique et base privée. Le projet Génome est régi par ce que l'on appelle les *Bermuda Rules* : les données doivent être accessibles à tout moment et doivent être dans le domaine public.

Du fait de l'immensité de l'effort de recherche à accomplir, la collaboration entre pays, entre organismes publics et privés est donc nécessaire. Il faut développer des standards qui permettent une véritable coopération mondiale et trouver un terrain d'entente avec les détenteurs de brevets pour que ceux-ci ne soient pas à l'origine d'une rétention des données primaires mais les déposent dans les bases publiques après une courte période. Il faut tout faire pour empêcher les situations de monopole. Le législateur pourrait garantir le libre accès aux données sans pour autant remettre en question les fondements de la propriété intellectuelle. Il faut rappeler que des données peuvent servir à bien d'autres applications ou développements de connaissances que ceux pour lesquels elles ont été initialement collectées. Concernant l'accès aux informations, le monopole du secteur privé n'est certainement pas acceptable. Il est urgent de passer de la compétition à la coopération. Il est certainement possible de trouver un terrain d'entente respectant les intérêts légitimes des investisseurs.

Les banques d'ADN et les collections d'échantillons

Le nombre de collections privées et publiques est très important. Le statut de ces collections est incertain et la plupart des laboratoires les abritant n'ont pas de règles écrites sur les modalités de conservation et d'utilisation. Ces collections ont une grande valeur, mais elles ne sont pas connues car la plupart des pays ne font pas obligation de les déclarer. La multiplicité des acteurs rend la situation difficile à clarifier.

Le grand nombre de ces collections fait que la qualité technologique de maintien des collections n'est pas toujours garantie, sans parler de la sécurité des échantillons. Nous manquons de standards de qualité en la matière. Les banques d'échantillons biologiques doivent être protégées contre toute utilisation non autorisée, les échantillons codés et leur sécurité physique assurée sur le long terme. Il serait donc préférable de constituer de vraies banques et de développer une réglementation les concernant. Il y a un large consensus sur le fait qu'un système de certification et/ou d'accréditation serait nécessaire.

L'accès aux échantillons et leur partage entre chercheurs est généralement vu comme un principe à défendre. Pour que cela soit effectif il faut donc que des catalogues de ressources soient disponibles et que les règles d'accès et d'utilisation soient clairement définies.

La durée de conservation des échantillons devrait être limitée et spécifiée au moment de la collecte lorsque les échantillons ne sont pas anonymes. Cette règle ne devrait être contournée que pour des raisons majeures.

Le problème de la propriété intellectuelle sur les collections d'échantillons n'est pas réglé par voie législative. L'usage veut que la collection appartienne à celui qui l'a constituée et non à ceux qui se sont prêtés à sa constitution. Le chercheur peut légitimement revendiquer une priorité et non une appropriation exclusive, pour utiliser cette collection. Cet usage est maintenant remis en question par certains depuis que l'intérêt commercial de ces collections est apparu. Puisque l'exploitation commerciale des collections est encouragée par les institutions publiques, la question d'un juste retour de bénéfices pour la communauté se trouve posée.

Les recherches menées à partir de ces échantillons sont souvent supranationales et de ce fait entraînent le transfert d'échantillons biologiques sans que les règles définissant ces transferts aient été définies. Un code international dans ce domaine est nécessaire.

Les collections sont chères à maintenir et présentent un intérêt industriel évident. Le partenariat avec les entreprises, dans un climat de transparence, est donc une voie possible pour l'avenir. L'établissement d'un code de bonne conduite des responsables de banques publiques et privées serait nécessaire pour assurer la transparence et répondre aux légitimes craintes soulevées par de nombreux acteurs. Se pose en particulier le problème du partage des bénéfices issus de l'utilisation des échantillons. Les prises de position récentes de HUGO pour le retour de bénéfices pour tous les acteurs (communautés, chercheurs, malades, familles) semblent très consensuelles.

La communauté scientifique a beaucoup réfléchi à ces questions et produit des recommandations et des documents de synthèse qui pourraient servir de base à un encadrement international des banques et collections de produits biologiques comme des bases de données, garantissant le respect des personnes, la protection des intérêt des communautés, comme la liberté de chercher.

RUTH CHADWICK

J'aborderai trois points principaux.

Nous avons examiné les thèmes de la science et de l'éthique pour les séquences et les échantillons. Nous avons vu l'existence de nouveaux paradigmes et affirmé que la biologie était dorénavant au premier plan. Au niveau éthique, nous avons par exemple entendu parler d'un nouveau cadre de référence. D'après nos discussions, ces nouveaux paradigmes, du côté de la science et du côté éthique, sont liés. Éthique et politique doivent donc concilier des intérêts parfois divergents.

Plusieurs problématiques se dessinent :

— Comment assurer la qualité, la permanence et l'accessibilité des données scientifiques à la lumière de ces nouveaux paradigmes ?

— Comment faire en sorte que les données et les bénéfices soient largement diffusés ?

— Pour les échantillons, comment protéger les intérêts des chercheurs et des populations tout en assurant la diffusion des informations et des données ?

Enfin, s'agissant des infrastructures, nous avons évoqué plusieurs points. Des entités sécurisées semblent nécessaires pour garantir de bons archivages, qui nécessitent toutefois des moyens. Ce thème fut fréquemment cité ce matin. Cela couvre les moyens en matériels mais aussi en ressources humaines car, pour citer ce seul exemple, des personnels compétents en bio-informatique sont nécessaires. L'ancienne allocation des ressources entre les différentes disciplines scientifiques doit donc être repensée.

Nous avons par ailleurs parlé du danger des brevets précoces et des monopoles. Nous avons même fait une analogie avec Microsoft.

Concernant les lignes directrices éthiques pour les collections d'échantillons, nous avons entendu des demandes d'harmonisation pour assurer une bonne réglementation internationale. À un niveau plus philosophique, nous avons invoqué des principes éthiques permettant de traiter des recherches génétiques sur des populations et des communautés et non plus sur des individus. Quoi qu'il en soit, le consentement éclairé et la confidentialité restent essentiels. À mon sens, les ressources sont nécessaires pour les infrastructures, mais aussi pour les entités de contrôle bioéthique. L'harmonisation en serait facilitée.

Si nous comprenons le rôle de la bioéthique de façon plus large, la formation et l'évaluation des sources d'information seront intégrées dans nos propositions.

III

BREVETS SUR LE GÉNOME HUMAIN — FONCTION D'UN GÈNE

Cette session est présidée par Noëlle Lenoir et Maria Freire. Les rapporteurs des travaux sont Christine Le Bihan Graf et Jose Maria Cantu.

Introduction

NOËLLE LENOIR

Pour ouvrir la séance de cet après-midi, je restreindrai mes propos aux grands enjeux actuels de la recherche, de l'économie et de l'éthique qui sont liés à la brevetabilité du vivant. En Europe, ce sujet est essentiellement lié à la directive de 1998, qui devait être transcrite en droits nationaux avant le mois de juillet 2000, même si deux pays seulement l'ont fait pour l'instant.

Après dix années de discussions houleuses (une première version de la directive avait été rejetée en 1995, notamment en raison des critiques des Verts au Parlement européen), la directive a donc été votée en 1998, bien qu'elle fît l'objet d'une attaque de la part des Pays-Bas devant la Cour européenne de justice. Il n'en reste pas moins que ce texte est intéressant, car il évoque l'ensemble des volets de la problématique de brevetabilité du vivant. Trois éléments de ce texte me semblent importants.

Un constat

Le paysage de la recherche en génétique évolue à une vitesse accélérée. Cette recherche est de plus en plus interdépendante avec les autres aspects de la société. Ainsi, une vision linéaire de la recherche elle-même n'est plus possible. En outre, au sein des activités inventives de la génétique, que doit-on reconnaître comme invention au sens des brevets ? De surcroît, les frontières de la *big science* sont désormais tombées (internationalisation, machines surpuissantes, séquenceurs, etc.) : cette disparition a été suivie de l'émergence d'un véritable *big market*. La valorisation économique et financière est partie prenante d'une nouvelle culture de la recherche. Les chercheurs doivent donc désormais s'intéresser aux notions fondamentales du droit.

Des inquiétudes

Elles me semblent liées à plusieurs facteurs : le changement de culture, l'impact de la mondialisation sur la recherche, l'importance des stratégies boursières, la prégnance de la spéculation, etc. La compétitivité de notre monde induit des enjeux cruciaux au niveau de la brevetabilité, essentiellement dans le but de rentabiliser les résultats de la recherche, mais aussi pour accroître le prestige et l'attractivité des sociétés préoccupées par leur cours de Bourse. Mais comment distinguer précisément une invention brevetable d'une simple découverte non brevetable ? Parfois, les offices de brevets ont dû naviguer entre les deux. Avec le recul qui est le nôtre maintenant, on peut être inquiet vis-à-vis du respect d'un principe constitutif de la base du droit des brevets, c'est-à-dire le principe d'équité inventé par les Anglais. Nous avons l'impression que ces règles de conduite sont parfois un peu oubliées.

L'Europe et le monde

La directive mériterait sans aucun doute une clarification, mais certainement pas une refonte totale ou la mise en chantier d'une nouvelle directive dictée par les opinions publiques. Pour l'Europe et le monde, trois problèmes exigent une sorte d'accord : l'accès aux connaissances, qui doivent être librement accessibles dans certaines conditions pour permettre des progrès en santé ; le statut et la place des individus, qui prêtent leurs concours à la recherche ; la problématique du tiers-monde.

MARIA FREIRE

Tout d'abord, je tiens à vous remercier pour ces deux journées, passionnantes et passionnées, à l'issue desquelles nous essaierons de dresser des recommandations pertinentes.

Depuis hier matin, nous avons déjà évoqué la question des brevets, mais nous allons maintenant y revenir plus particulièrement avec nos invités. Par le biais de cette problématique, nous passons en fait de la science au droit. Aux États-Unis, le bureau des brevets a adopté une position assez conservatrice sur ce sujet. Pourtant, on doit se demander si les personnes vont exercer leurs droits sur les brevets à la fois aux États-Unis et en Europe. Les brevets peuvent être très utiles pour soigner les malades, mais ils peuvent aussi donner lieu à des réactions très agressives, tout comme une batte de base-ball peut enthousiasmer un stade, mais également devenir un instrument de mort.

Définition scientifique de la fonction d'un gène

JEAN WEISSENBACH

La fonction d'un gène est simple : il s'agit du stockage d'une information biologique qui doit s'exprimer au bon moment. Mais quelle est la fonction du produit des gènes ? Le terme de *fonction* est sans doute inadapté, car parler de *fonction* d'un gène équivaut à commettre une imprécision : il existe en effet différents niveaux de compréhension et de compétences. Il convient en outre de prendre en compte les structures cellulaires, les logiques biologiques et les activités biochimiques. Les mots sont donc sans doute trop finalistes. Toutefois, ils nous permettent de retrouver les applications qui nous intéressent aujourd'hui.

La *beta tubulin* est une protéine qui possède une activité biochimique (GTP Ase), mais aussi une autre activité qui consiste à s'associer avec l'*alpha tubulin* pour former des microtubules. Ces dernières sont des éléments essentiels en tant que partie du cytosquelette qui contribuent à l'organisation des cellules.

À ce jour, un consensus essaie de définir en des termes aisément manipulables les mécanismes à l'œuvre. On trouve donc le gène avec la protéine au-dessous. En dessous, on trouve la fonction moléculaire, le composant cellulaire et un processus biologique. Les fonctions moléculaires peuvent être divisées en sous-catégories :

— les enzymes, qui catalysent une réaction chimique de façon efficace et spécifique ;

— les transporteurs, qui ont souvent une activité enzymatique et dont la fonction est de transporter une molécule chimique d'un compartiment cellulaire à un autre ;

— les ligands.

L'adenylate cyclase est un enzyme. Le *sodium driven glucose symport* est un transporteur. Les cyclines sont, quant à elles, des ligands, qui ont la capacité de lier des protéines kinases.

Le composant cellulaire est aussi important : en effet, le produit d'un gène agit sur une partie d'une cellule ou composant cellulaire.

Enfin, le processus biologique, qui, en termes biologiques, est l'aspect le plus signifiant des gènes et de leurs produits, est placé dans une logique claire : la logique du vivant (une cellule doit vivre et se reproduire). Il existe donc différents niveaux de définition :

— une protéine peut intervenir dans la signalisation cellulaire, sa croissance, sa maintenance, etc. ;

— une protéine donnée peut participer à plusieurs processus biologiques et interagir avec un autre ensemble d'organismes cellulaires.

Nous sommes donc loin du schéma des années 1940, lorsqu'on associait un gène/une protéine, et un gène/un enzyme. À l'heure actuelle, il semble clair qu'un gène peut coder plusieurs protéines, qui elles-mêmes peuvent avoir différentes activités biologiques.

Finalement, il s'avère que la fonction d'une protéine ne peut être décrite avec des termes justes, d'autant plus que nous connaissons à peine l'action des gènes et de leurs protéines. Et nos connaissances évoluent très souvent...

Au niveau des applications, pour déterminer la fonction d'une protéine, nous faisons désormais beaucoup de biologie à l'envers : à partir de la séquence et par processus de comparaisons, il est par exemple possible de dire que telle protéine ressemble à telle autre. Mais le travail expérimental reste indispensable. Or il n'est pas possible de l'effectuer si les brevets sont déposés très tôt ! Nous le voyons parfaitement avec les protéines kinases, dont certaines sont brevetées. Nous sommes donc, en la matière, dans une situation inconfortable : les brevets existent alors que les fonctions biologiques de ces éléments ne sont pas encore connues.

Problématique juridique

JOSEPH STRAUS

Le Comité Max-Planck, dont je fais partie, et dont la composition est très variée, a travaillé sur le sujet qui nous occupe aujourd'hui. Je voudrais cet après-midi évoquer l'impact des brevets sur le travail des chercheurs, les différences entre pays, la position de HUGO et la réponse des États-Unis et de l'Europe.

À mon sens, la position des chercheurs peut être abordée à partir de deux points de vue :

— en tant qu'utilisateurs du système de brevets, car ils sont des inventeurs potentiels à condition de disposer d'assez d'argent pour défendre les inventions ;

— en tant qu'utilisateurs des inventions de tiers.

À cet égard, on doit se poser plusieurs questions :

— Peut-on accepter des exceptions pour certains chercheurs ?

— Peut-on trouver de nouvelles fonctions pour telle ou telle invention ?

— Des licences sont-elles obligatoires ?

À ce jour, 2 500 brevets ont déjà été délivrés et environ 10 000 sont actuellement traités aux États-Unis.

Comme le montrent les chiffres, la recherche fondamentale sur fonds publics est un pilier de la biotechnologie. Pour ce qui concerne la distribution de ces informations, on peut constater que les États-Unis détiennent 62 % de ces brevets en génétique humaine ; le Royaume-Uni en possède 6,4 % ; le Japon en détient 4,8 %. Cependant, les chiffres relatifs à la propriété des brevets montrent que le Royaume-Uni a perdu une certaine part de brevets tandis que le Japon en a gagné.

Quelles que soient ses propriétés, l'ADN est une substance naturelle. En Europe, les questions de brevetabilité ne doivent pas oublier la législation. Pour les TRIPS, les brevets doivent être disponibles pour toute invention, dans tous domaines de technologie. Selon l'article 2.27, les membres peuvent être exclus si des inventions brevetables violent l'ordre public. L'ADN est donc un produit biochimique naturel, mais la ligne entre le brevetable et le non-brevetable a été dessinée en Allemagne il y a un certain temps. Si l'inventeur parle de production synthétique et d'utilité du produit, c'est justement une invention. Cela a été intégré en Europe avant la loi sur la génétique. La brevetabilité est établie en cas de nouveauté, d'inventivité (car ce qui est brevetable aujourd'hui ne le sera pas forcément demain) et d'applicabilité industrielle, pour éviter la spéculation. Par ailleurs, on ne peut pas breveter plus que ce que l'invention couvre.

HUGO ne s'est jamais opposé à des brevets relatifs à des séquences pleines. Nous en avons nombre d'exemples et quelques brevets représentent la base de la biologie moderne. En 1991, certains ont commencé à breveter les inventions, notamment après des coopérations entre le public et le privé. Mais la donne s'est complexifiée car une deuxième génération d'inventions, voire une troisième, est apparue. En octobre 1998, le premier brevet pour EST[1] a été accordé aux États-Unis. HUGO a toujours soutenu la publication et la disponibilité rapides des données. Nous retrouvons ici les *Bermuda rules*. Toutefois, les déclarations de Bill Clinton et de Tony Blair pourraient amener certains chercheurs à aller voir du côté du Brésil ou d'autres pays. Les investissements seraient alors affectés dans ces pays et non en Europe.

Pour conclure, sachez que le bureau des brevets aux États-Unis était disposé à délivrer des brevets sur les EST. Grâce aux efforts des uns et des autres, ce bureau a compris qu'une évolution était nécessaire. Il doit définir ce que représente véritablement chaque demande de brevet. Il n'est pas suffisant par exemple de parler de la pertinence de telle utilité. L'approche n'est donc pas législative. Le bureau des brevets est souverain pour décider si telle application est convenable ou non.

En Europe, nous avons donc adopté la directive en 1998. À ce jour, nous disposons même d'un ensemble de règlements car les 15 États membres ont décidé que la directive doit être transformée. Je précise qu'une affaire est en cours devant la Cour de justice européenne. Mais, compte tenu des évolutions en cours, et en dépit de dix années de discussion, un législateur comme le législateur européen ne pourra jamais tout régler.

1. EST : Expressed Sequence Tag — fragment caractéristique d'un gène permettant en quelque sorte d'étiqueter celui-ci.

L'importance de la précaution par brevets dans les industries pharmaceutiques et biotechnologiques

WILLIAM TYRRELL

Je voudrais vous donner la vision particulière de l'industrie au sujet de la brevetabilité des gènes. En préambule, je vous rappelle qu'en définitive, l'industrie pharmaceutique fabrique des médicaments et des produits qui sauvent nos vies. Nous ne devons pas l'oublier.

Les sociétés de l'industrie pharmaceutique pensent-elles uniquement à leurs bénéfices ?

Selon moi, l'établissement d'une forte protection de la propriété industrielle est crucial, y compris pour les malades. En effet, dans certains cas, seule une protection par brevets permettra de couvrir les frais de Recherche et Développement. C'est surtout vrai pour les fabricants de médicaments génériques. Les brevets fournissent de fait un encouragement pour l'innovation. Aujourd'hui, avec un peu de chance, deux nouvelles molécules sont découvertes par an, alors que les majors de l'industrie pharmaceutique peuvent dépenser jusqu'à 2 milliards de dollars sur la même période. Il est donc primordial d'amortir les investissements.

En somme, même si nous dépensons de lourds investissements, des produits potentiels sont souvent abandonnés au cours du processus de R & D et les découvertes sont rares : il faut parfois 12 ans pour obtenir une AMM, soit presque la moitié de la durée du brevet. L'industrie a donc besoin d'une sorte d'expansion des périodes des brevets pour minimiser ses risques.

Les stratégies des brevets

Aujourd'hui, le GATT lui-même pourrait se pencher sur la question de l'allongement des délais des brevets de médicaments. Les stratégies des brevets ont évolué : alors qu'ils ont longtemps porté sur le produit final (le médicament), ils portent désormais sur des produits intermédiaires, en amont, notamment en raison des évolutions de la R & D elle-même. De nos jours, la Recherche et Développement des grandes sociétés industrielles est poussée par la génomique et la génétique. Par conséquent, l'augmentation du nombre d'inventions au début du processus de recherche induit des demandes de brevets en amont. Toutefois, il ne faut pas oublier que le brevetage n'équivaut pas à la publication des informations.

L'incidence des gènes sur la santé sera-t-elle l'élément déterminant demain ?

Aujourd'hui, les liens entre gènes et maladies deviennent de plus en plus nets : certaines pathologies résultent à 100 % de facteurs génétiques, comme la mucoviscidose ou la maladie de Huntingdon. Dans nos entreprises, les recherches reposent donc sur les gènes.

La génomique permet, à partir de combinatoires, d'aboutir à des réactions sur les protéines cibles. Si tel est le cas, nous retrouvons les techniques classiques de chimie, qui permettent d'optimiser la découverte.

Si nous arrivons à soutenir notre niveau actuel de R & D, la recherche sur l'ADN pourrait déboucher sur la guérison de maladies actuellement incurables, comme Alzheimer. L'industrie croit donc qu'il est juste que les véritables inventions soient protégées par des brevets pour stimuler les investissements dans la recherche. Cette protection s'applique selon nous aux gènes.

Par ailleurs, l'inventeur doit tirer les bénéfices d'un éventuel brevet après une invention. Pour l'industrie, qui accepte le débat sur ces questions, les gènes isolés sont véritablement nouveaux. On voit d'ailleurs que personne ne tente de breveter des gènes trouvés *in situ.* Bien évidemment, les autres critères de brevetabilité doivent être remplis, comme l'inventivité. Toutes ces questions nous renvoient à la directive européenne. Selon nous, après 10 ans de débat avant 1998, l'article 5.2 comporte toutes les indications nécessaires. Il est évident que les pays n'auront pas retranscrit la directive dans leur droit national avant le 30 juillet 2000. Ce retard est incontestablement regrettable pour un pays comme la France.

En conclusion, je tiens à préciser que le fait de breveter un gène isolé, ne revient pas à breveter la vie ! En outre, les brevets ne confèrent aucune propriété. Et il n'est pas immoral de stimuler la recherche sur des médicaments pouvant sauver des vies. Interdire les brevets ne servirait à rien. Nous avons simplement besoin d'une politique de licences bien ordonnée. Nous plaidons donc pour des brevets pour la vie. Dans ce contexte, notre slogan est *patent for life* et non pas *no patent on life* comme le disent les opposants à la directive européenne. Dominique Vandergheynst, le rédacteur de la directive, n'a d'ailleurs pas écrit autre chose.

NOËLLE LENOIR

Je tiens tout de même à rassurer Bill Tyrrell : d'une part, personne ici ne s'interroge sur le caractère éthique de la rémunération des chercheurs et des laboratoires ; d'autre part, nous nous réjouissons tous de voir les grandes entreprises être si européennes ; enfin, je rappelle qu'une directive non transposée a pratiquement les mêmes conséquences sur les États membres qu'une directive transposée. Par conséquent, après le 30 juillet 2000, la situation sera globalement la même pour tous les pays européens.

Table ronde

Les participants à la table ronde sont : Samir Kumar Brahmachari, Inde ; Renbaio Chen, Chine ; John Foerster, Canada ; Leila Macedo Oda, Brésil ; Alberto Piazza, Italie ; Koichi Sumikura, Japon.

Les débats sont animés par Michel Vivant et Helga Kolb.

Michel Vivant

Le brevet n'est pas un obstacle à la connaissance, mais il permet au contraire sa diffusion. Par ailleurs, un brevet sur le génome n'est pas un brevet sur la vie. Toutefois, un brevet attribué sur une fonction précise d'un gène suscite des questions essentielles, qui ne sont pas forcément nouvelles, mais qui nous obligent à dépasser la simple cuisine juridique. En effet, nos choix de société dépendront de la fonction que nous définirons et de notre définition du brevetable.

Par conséquent, derrière nos débats, la question ultime quant aux finalités est de savoir ce nous souhaitons réserver aux chercheurs et aux équipes, mais aussi ce que nous entendons laisser dans le domaine public. Le droit n'est jamais que ce que nous en faisons. Ce n'est donc pas un élément donné. Il nous appartient de faire les choix que nous estimons pertinents.

Samir Kumar Brahmachari

L'Inde est un pays très atypique, qui compte aujourd'hui un milliard d'habitants, 3 000 communautés et 80 000 unités identitaires. À l'origine, nous ne voulions pas partager nos séquences car nos ressources sont limitées. Nous souhaitions effectuer l'ensemble de l'analyse fonctionnelle.

Notre réseau d'activité, créé à partir de la collaboration entre les hôpitaux, nous permet aujourd'hui de disposer de données qui possèdent une certaine valeur. La question de la brevetabilité se pose donc aussi pour nous.

Selon nous, toute séquence génomique dérivée d'une source naturelle ne doit pas donner lieu à un brevet. Toutefois, si la fonction d'une séquence fait apparaître une utilité et si une cible médicamenteuse est trouvée, un brevet pourrait être utile. Comme le dit un de nos textes, le matériel génétique humain doit être inclus dans la convention sur la diversité biologique. Cela dit, notre pays présente une spécificité : tout brevet déposé doit démontrer la source du matériel et des informations associées.

Renbaio Chen

J'aimerais vous parler brièvement du droit sur les brevets en Chine et des demandes actuelles de brevets pour des gènes dans notre pays.

Le droit sur les brevets en Chine

Après l'adoption de la loi en 1984, la loi amendée en 1992 est entrée en vigueur le 1er janvier 1993. Le chapitre II de nos textes précise les critères des brevets : nouveauté, invention et applications ou applicabilité.

— S'agissant des catégories concernées par un éventuel brevetage, l'article 25 précise qu'aucun brevet ne sera accordé pour différentes catégories comme les « découvertes scientifiques », les règles pour les activités mentales, les espèces animales et végétales, des substances obtenues par transformation nucléaire, etc.

— L'article 45 traite de la durée des brevets, qui est fixée à 20 ans comme en Inde.

Les brevets sur les gènes en Chine

Jusqu'à présent, nous n'avons pas mené d'études nationales sur ce sujet. À Shanghai, 500 demandes ont été formulées, dont :

— 115 demandes pour l'institut d'hématologie de la ville ;

— 100 demandes du centre de recherche national sur le génome humain ;

— 213 demandes de la part d'une entreprise privée.

Pour 2000, nous prévoyons 200 demandes pour le centre de recherche sur le génome et 1 000 demandes pour l'Institut de génétique de l'université et l'entreprise privée.

Le nombre de demandes en Chine est donc faible comparé aux chiffres occidentaux. Nous en sommes cependant au début du processus, qui s'avère tout à fait prometteur. Nous nous trouvons donc devant une fenêtre d'opportunité pour notre pays, synonyme de la garantie d'une bonne orientation pour les prochaines années.

Prochaines échéances

Les prochaines études devraient porter sur différents points comme l'implication de l'OMS et des Nations unies grâce à leur comité bioéthique.

Les commissions doivent réfléchir aux implications éthiques, juridiques et économiques des brevets. À mon sens, l'OMS et l'UNESCO devraient présenter leurs avis aux gouvernements. Nous plaidons en outre pour des durées adaptées, notamment des durées plus courtes sur les gènes. Les brevets sur les gènes sont sans doute un encouragement pour les chercheurs, mais ils ne doivent pas devenir un encouragement aux monopoles d'entreprises privées.

John Foerster

En tant que clinicien, mon implication auprès des malades et de différents organismes m'ont amené à m'intéresser aux problématiques dont nous parlons aujourd'hui.

La participation des patients est un point crucial, dont nous avons déjà parlé. Les individus doivent être volontaires et informés. L'utilisation de leurs tissus doit en outre être claire. L'OMS et HUGO ont parlé de bénéfices pour le donneur en cas de réalisations concrètes, par exemple grâce à un pourcentage des bénéfices attribué à des fins humanitaires. Au Canada, le consentement du groupe est aussi important que celui des personnes : c'est notamment la raison pour laquelle nous tenons compte des sensibilités des minorités.

Pour ce qui concerne les séquences naturelles d'ADN, comme nombre de mes collègues canadiens, je partage l'avis du docteur Brahmachari. Cela dit, des entreprises privées tentent aujourd'hui de déposer des gènes avant qu'ils soient inclus dans des bases de données. De surcroît, des séquences sont souvent brevetées. On pourrait également évoquer certaines pratiques détestables comme celle qui consiste à déposer un brevet en toute discrétion, ce qui est fréquent aux États-Unis, avant d'attendre qu'une autre équipe ait longuement travaillé sur la séquence déposée pour lui demander des sous. À ce sujet, le magazine *Forbes* a récemment écrit que le bureau des brevets américain était une véritable loterie !

Il y a quelque temps, l'un de nos chercheurs a breveté une invention extrêmement importante et bien meilleure que tout ce qui existait, qui lui a permis de s'acheter une voiture et une maison. Ensuite, des chercheurs sont très souvent venus me voir dans mon bureau pour me demander comment faire pareil. Nous assistons à une véritable ruée vers les brevets. Un responsable d'équipe a par exemple interdit les recherches qui n'ont aucune chance d'aboutir à des priorités. Autant de points qui appellent une grande vigilance de notre part.

Leila Macedo Oda

Je souhaite vous parler des textes et du statut de l'ADN au Brésil.

La loi sur la biosécurité couvre toutes les techniques de l'ADN. Ce texte, voté en 1995, a débouché sur de nombreux règlements.

— En particulier, l'article 8 interdit la manipulation génétique de cellules humaines comme l'intervention *in vivo* sur du matériel génétique humain (sauf pour le cas de traitement de défauts génétiques). Nos corpus juridiques comportent donc une composante bioéthique.

— L'un des décrets qui fait suite à la loi, le décret du 20 décembre 1995, stipule le cadre dans lequel nous pouvons fonctionner. La commission d'éthique (CTN Bio) a la responsabilité de proposer selon ce texte un code éthique pour la manipulation génétique.

Aujourd'hui, cinq ans après le vote de ce texte, nous sommes enfin en mesure de légiférer dans ce cadre.

— L'acte institutionnel n° 8, établi par la commission nationale, concerne la manipulation générique et le clonage des êtres humains. La manipulation des cellules totipotentes est interdite. De même, il est interdit d'effectuer des expériences de clonage, comme ailleurs dans le monde.

— L'acte institutionnel n° 9 porte sur l'intervention génétique sur l'être humain. Seules les cellules somatiques sont ici considérées comme des matériels.

— La résolution 196 du *National Health Council* de 1996, et la loi du 14 mai 1996 traitent aussi de ces questions. Par exemple, la loi de mai 1996 parle des droits et des devoirs en matière de propriété intellectuelle. Notre dispositif est proche du mécanisme chinois. L'article 8 de cette loi affirme que le matériel biologique qui comporte des éléments génique n'est pas brevetable. La loi distingue simplement les micro-organismes.

Alberto Piazza

En tant que membre du comité d'éthique de mon pays, j'indique tout de suite que notre rôle change souvent au gré des changements de gouvernements. Toutefois, nous sommes indépendants et nommés pour quatre ans.

Actuellement, plusieurs conflits existent.

— En Italie, nous entendons mettre quelques bémols sur la sélection des plantes. Cependant, le gouvernement n'a pas demandé au comité d'éthique de rendre un avis. La majorité d'entre nous était opposée à la Directive européenne sur les manipulations transgéniques animales. Le comité était donc contre cette manipulation, mais, pour des raisons politiques, les pouvoirs publics y étaient favorables.

— Selon certains, le bureau des brevets européen n'aurait pas dû accorder un certain brevet à l'université d'Edimbourg[1]. Dans ce genre de dispute, on voit qu'on a formulé nos plaintes à partir des problèmes d'embryon. C'est une grande préoccupation pour le comité, comme pour l'opinion publique italienne d'ailleurs. Mais nous manquons encore d'informations pour ce type de protocoles.

L'origine des brevets est vénitienne et date de 1444, date à laquelle un document historique donne des informations détaillées sur la loi des brevets (contenus, détermination des limites spatio-temporelles des inventions, etc.). Cela montre la perspicacité de la ville de Venise et de ses dirigeants de l'époque. Toutefois, le premier brevet pour les animaux transgéniques est plus récent : il date du 3 décembre 1996. Je voulais vous rassurer ! Dans ce document de 1996, certaines formulations, voire certains termes, sont comparables à ceux du document de 1444 : tout comme à cette époque, il revenait en 1996 aux dirigeants de définir ce qui est moral et ce qui ne l'est pas.

S'agissant du génome humain, je tiens à rappeler qu'il s'agit d'un concept ambigu. Le génome reconstitué provient en effet d'une multitude de personnes et non d'un individu. Nous parlons donc d'un symbole et non d'une réalité.

Enfin, je crois que le partage de bénéfices est un défi majeur pour nous. Répondre à la question du partage du savoir n'est pas chose aisée, mais nous devons être volontaires en la matière.

Koichi Sumikura

Comme différents intervenants l'ont dit, le gène doit être correctement protégé, mais pas surprotégé. Il est nécessaire de garantir et de stimuler les efforts des entreprises, sous peine de les voir abandonner la R & D.

1. Allusion au brevet accordé à l'occasion du clonage de la brebis « Dolly ».

Toutefois, une société peut aussi bénéficier de ses découvertes. Comme Bill Tyrrell le rappelait, les brevets permettent les guérisons. C'est pourquoi le Japon a prévu une clause spéciale en cas de brevet. Nous parlons de *due diligence clause* ou de *benchmark clause in licensing contract*. Comme d'autres, nous distinguons les règles applicables selon les fonctions des gènes.

— Pour les fonctions de gènes suggérées par homologie, nous parlons d'utilité. Mais est-ce une vraie garantie, si vous trouvez un seul acide aminé par exemple ?

— Nous parlons aussi de *non-obviousness* ou bénéfice non évident pour un gène. En la matière, les situations japonaises et européennes ne sont pas comparables aux évolutions constatées aux États-Unis.

Ces pratiques datent des principes retenus en 1995. Désormais, nous prévoyons certaines évolutions pour la protection des séquences de gènes.

Débat

Alain Gallochat, ministère de la Recherche

Devant les arguments utilisés par certains opposants à la brevetabilité des gènes humains, il faut rappeler certains points fondamentaux.

— Un brevet sur un gène n'est pas synonyme d'appropriation du vivant.

— De la même manière, un brevet n'a jamais empêché la diffusion de l'information scientifique, bien au contraire.

— Un brevet n'empêche pas les scientifiques de travailler à partir d'une invention brevetée. Il est même possible de breveter des inventions et des applications réalisées à partir d'un gène breveté et reproduit.

Certains considèrent qu'il serait anormal qu'un titulaire de brevet puisse s'opposer à des recherches. Ils doivent savoir qu'un arsenal juridique, qui présente un intérêt particulier pour la santé publique par exemple, permet de contourner un brevet dominant.

Jean Lunel

Étant donné que les industries possèdent des compétences sur ces sujets, elles peuvent légitimement être consultées. Je tiens à dire que nous sommes à votre entière disposition.

De la salle

La création d'un office de surveillance de l'application de la directive en Europe pourrait permettre de calmer les angoisses de l'opinion publique. Certains sont en effet inquiets car aux États-Unis des demandes massives de brevets ont été faites sans qu'aucun critère ne soit rempli. Et personne ne s'en était ému dans ce pays !

Michel Vivant

Une directive est un texte contraignant. Les discussions préalables auraient donc pu être utiles, d'autant que l'Union a connu 10 années de débat. De plus, au-delà du suivi de l'application de la directive, il faut se pencher sur le droit des brevets. Enfin, Alain Gallochat a bien montré la nécessité de clarifier l'objet même du brevet.

Helga Kolb

Selon moi, la situation de l'Europe ne sera pas comparable à celle des États-Unis. Ici, les gens n'aiment pas beaucoup multiplier les demandes aux bureaux des brevets et les vérifications sont beaucoup plus fréquentes.

Lori Andrews

Pourtant, certains pays européens me semblent vouloir emprunter le chemin américain pour retirer de l'industrie d'importantes plus-values. Aux États-Unis, une société qui détient un brevet sur un gène peut empêcher un médecin de travailler ou de faire des recherches sur les gènes de ses patients. Le dépôt de brevets peut donc aller à l'encontre de l'exercice de la médecine. En outre, certains propriétaires de brevets interdisent des tests néonataux en se réfugiant derrière les arguments attachés à l'interdiction de l'avortement. Enfin, certains tests de dépistage sont très chers. Des gens qui ont donné leur tissu pour permettre la recherche ne peuvent même plus se les payer.

Noëlle Lenoir

No patent, no cure n'est pas une formule valable dans tous les cas. La législation sur les brevets doit être améliorée pour tenir compte des évolutions liées à la génétique. Comment concilier la nécessité de rentabiliser les investissements lourds de la recherche et l'esprit d'une législation qui date d'une part du siècle précédent et qui exclut d'autre part de la brevetabilité… le traitement ou le diagnostic ? Enfin, comme le font les États-Unis, l'Union pourrait financer des stages de formation à destination des juges, qui seront appelés à prendre des décisions et à rendre des arbitrages dont l'impact sera considérable.

Maria Freire

La question des brevets nous interroge aussi sur nos dispositifs juridiques. On veut encourager la recherche fondamentale, mais le chercheur qui utilise un brevet à titre privé travaille dans une entreprise privée et non plus dans une structure de recherche.

Joseph Straus

Nous aurions dû tirer des leçons de l'histoire. Lors des premiers brevets sur la cortisone, certains pensaient à l'émergence inéluctable de monopoles. Or cela ne s'est pas fait car des sociétés ont inventé d'autres types de cortisone. Certaines positions sont donc difficilement compréhensibles, comme je le notais dans un article pour un magazine médical allemand. N'oublions donc pas l'histoire et ne réinventons pas la roue !

Samir Kumar Brahmachari

Nous sommes sans doute d'accord. Les ressources appartiennent à tout le monde. L'Inde compte de nombreuses grandes familles. Il faudra pourtant des milliers de familles pour certaines pathologies comme l'arthrose. Enfin, la devise *no patent, no cure* n'a aucun sens pour moi.

Conclusions des rapporteurs

CHRISTINE LE BIHAN-GRAF

Il est extrêmement difficile de résumer cette cession en vingt minutes, d'autant plus qu'une synthèse est forcément réductrice.

Cet après-midi, nous avons d'abord rappelé les enjeux stratégiques, éthiques, économiques, d'innovation et de partage liés aux connaissances des problématiques de brevetabilité. Cette multiplicité des enjeux, accompagnée de la complexité de la génétique, a suscité des difficultés car nous disposons d'un unique outil : le brevet. Cet outil est ambivalent.

— C'est un instrument de progrès, qui protège les inventeurs, mais il s'agit aussi d'un facteur de blocage qui a un coût d'achat et de défense. À terme, ce coût risque de peser sur la recherche fondamentale et ses crédits, de défavoriser les petits laboratoires et de rendre certains médicaments plus chers.

— De plus, le brevet est un outil juridique imparfait. En effet, le droit des brevets n'a pas été fait pour régler des problèmes d'éthique. D'autre part, les critères qui permettent de fonder la brevetabilité, dont les critères sont souvent proches dans le monde (innovation, invention et applicabilité industrielle), s'appliquent difficilement à la génétique. À certains égards, la Directive européenne illustre certaines de ses imperfections, comme nous l'avons vu. Ce texte, par exemple, ne réaffirme pas nettement la séparation entre découverte et invention, ce qui pourrait nuire à la recherche fondamentale.

Jose Maria Cantu

Plusieurs pays en voie de développement ont participé à notre rencontre. En août 1999, l'organisme du génome humain a défini ses stratégies pour l'avenir. On ne parle pas ici seulement de séquençages mais aussi de santé humaine. Reste que la thématique de la brevetabilité est devenue de plus en plus complexe, notamment dans nos pays.

— Dans les pays en voie de développement, une certaine proportion de brevets déposés appartient en réalité à des fonds privés des compagnies pharmaceutiques, qui sont plus élevés que les fonds publics.

— En tout état de cause, l'écart entre le nombre de brevets dans les PVD et les pays développés se creuse. Dans certains cas, les non-résidents prennent dans leur main l'avenir des pays en voie de développement. Au prochain siècle, la grande lutte pourrait donc se dérouler entre le marché global et mondial de la santé et l'OMS.

Conclusions

FRANÇOIS GROS

Monsieur le ministre, vous avez demandé au comité d'organisation (dont de nombreux membres sont présents ici ce soir) de mettre sur pied un colloque consacré aux aspects scientifiques, éthiques et juridiques de certaines des questions les plus brûlantes des sciences de la vie. Il s'agit en fait d'une réunion préparatoire à celle du Groupe Carnegie élargie à la participation de certains des grands pays à économie émergente : Chine, Brésil, Inde et Mexique.

Votre souhait et votre appel ont été entendus (53 intervenants, une centaine de participants, des débats extrêmement nourris et des conclusions dont certaines ont pris la forme de recommandations). Je veux d'ailleurs profiter de cette allusion pour souligner et saluer l'extraordinaire assiduité de tous les participants.

Premier constat

Il existe une véritable prise de conscience de l'importance des questions posées par et pour la *société*. Déjà le conseiller pour la Science et la Technologie du Japon qui présidait le colloque de Tokyo fin 1998, avait demandé que soient prises en compte les dimensions bioéthiques en prévision des débats du Groupe Carnegie.

C'est que les enjeux liés aux développements récents des sciences de la vie et à leurs applications effectives ou potentielles, ne sont pas seulement importants pour les progrès de la connaissance mais qu'ils touchent à la médecine de demain, au développement des biotechnologies dans leurs traditions proprement économiques et s'inscrivent également dans l'optique des équilibres d'échange entre les pays du Nord et du Sud. Ils ont trait au délicat problème des brevets du vivant et, par voie de conséquence, pourraient conduire à des conceptions nouvelles sur les mécanismes mêmes de la brevetabilité, par exemple en ce qui concerne le « délai de grâce ». Ils concernent, de manière plus profonde encore, divers aspects *de la reproduction humaine, des greffes, des thérapies*, de *la conception des médicaments*. Par là même, ils interpellent fortement l'éthique et le droit et posent, de façon quasi emblématique, la question plus générale du statut des sciences modernes dans un monde en pleine mutation qui semble hésiter entre le désir de préserver les diversités culturelles et une certaine forme de mondialisation, notamment par le biais des techniques modernes de communication. Le professeur Dausset n'appelait-il pas de ses vœux une forme de législation internationale sur certaines applications de la science ?

J'essaierai, dans le très court laps de temps qui m'est imparti, de dégager quelques-uns des messages clés en insistant d'emblée sur le fait qu'ils ne représentent sûrement pas un consensus, qu'ils ne sauraient être exhaustifs et qu'ils doivent être plutôt considérés comme des amorces de cristallisation d'idées.

Le domaine des cellules souches est en pleine expansion scientifique. Non seulement, les équipes de Wisconsin et de Johns Hopkins ont réussi à caractériser des cellules souches embryonnaires humaines provenant, soit d'embryons précoces, soit de fœtus issus d'interruption de grossesse, mais une véritable révolution est observée en biologie cellulaire. Les cellules souches connues de longue date dans différents tissus (moelle, épithélium intestinal, peau, etc.) ont des capacités de régénération inattendues car elles peuvent, lors des greffes, produire des tissus *différents* de ceux dont elles sont originaires. Le cas le plus prometteur est lié à la découverte de cellules souches *neurales* qui, non seulement reproduisent neurones et cellules du cerveau mais peuvent, chez l'animal tout au moins, engendrer la reproduction d'une multitude de tissus d'origine embryonnaire très différents les uns des autres. On trouve même des cellules souches dans l'œil !

Les potentialités thérapeutiques pourraient être immenses, d'autant que, par exemple, les maladies neurodégénératives, comme le Parkinson, s'il est connu qu'elles peuvent bénéficier depuis quelques années des greffes provenant de cellules embryonnaires de fœtus, utilisent des quantités énormes de cellules à greffer et, de fait, le nombre de fœtus est insuffisant.

Cent vingt-huit millions de personnes souffrent de maladies chroniques dans le monde et parmi les maladies qui pourraient bénéficier des greffes cellulaires, figure notamment le diabète, maladie extrêmement répandue.

LES PROBLÈMES ÉTHIQUES SONT TRÈS NOMBREUX

Dans de nombreux pays, la recherche sur l'embryon étant prohibée par la loi, les recherches sur les cellules embryonnaires humaines sont interdites et ces pays envisagent souvent de modifier leur législation. Dans d'autres, le financement public des recherches sur les cellules souches embryonnaires humaines n'est pas autorisé mais ces recherches peuvent se poursuivre en secteur privé. Aux États-Unis, il y a des différences marquées d'un État à l'autre.

Sur le plan industriel, certaines compagnies comme Geron ont obtenu, ou sont sur le point d'obtenir, des licences sur les diverses formes d'obtention des cellules souches humaines. Non seulement, la culture de ces cellules devrait permettre de constituer des banques de cellules potentiellement greffables, mais ces cultures permettraient aussi de tester les effets de nombreux médicaments, avant de passer aux essais sur l'animal. Les problèmes de compatibilité immunologique pourraient être pris en compte par des techniques appropriées de transfert nucléaire rejoignant le clonage thérapeutique, alors que le clonage reproductif proprement dit semble être banni, à peu près partout, sinon par tous les scientifiques ou médecins.

La nécessité de bien informer les citoyens sur ces questions est un vœu exprimé par tous. Le problème est de savoir quelle est l'instance la plus appropriée pour ce faire et à partir de quelle phase dans la vie du citoyen. Beaucoup préconisent même de commencer à l'école primaire.

Deuxième constat

La seconde session a été consacrée aux collections d'échantillons biologiques et aux bases de données de séquences génétiques.

Le premier thème, celui des échantillons biologiques (qui se ramène souvent à des échantillons d'ADN mais qui peut concerner également des prélèvements de tissus) soulève des questions principalement au plan de l'éthique et aussi, d'une certaine manière, en termes de propriété industrielle. Ce thème n'est pas nouveau aux yeux du comité d'éthique et les règles qui régissent l'établissement de ces collections revêtent un caractère sensiblement consensuel.

On a beaucoup insisté sur l'importance du *consentement individuel*, sur la *confidentialité*, sur la *nécessité d'une communication réciproque*, tout en faisant remarquer que l'information génétique issue de l'analyse des échantillons n'est pas seulement personnelle, mais le plus souvent familiale et qu'elle peut revêtir une valeur universelle puisque les données obtenues concernent l'humanité.

Ce qui mérite d'être souligné en cette situation, c'est qu'elle interpelle les relations du médecin, du chercheur et du patient, lesquelles doivent aboutir à ce que ce dernier ne soit pas considéré comme simple sujet mais comme un partenaire au bénéfice d'une cause générale. Ces collections sont très nombreuses, souvent dispersées, non déclarées et mériteraient d'être mieux coordonnées.

Quant aux bases de données de séquences, elles revêtent une dimension quantitative croissante et considérable. L'information stockée double tous les 18 mois, chaque jour de 1 à 2kb d'informations de séquences sont déposées dans des bases de données publiques et ce rythme ira en augmentant à présent que l'on s'intéresse de plus en plus aux variations génétiques chez l'homme (au polymorphisme).

Sur un autre plan se trouve ainsi posé le problème du financement de ces bases de données (ou celui d'archives génétiques issues de l'étude des souris recombinantes), problème qui revêt aujourd'hui une certaine acuité en Europe : 1 % seulement du financement de la recherche en génomique est dévolu aux bases de données.

Pour beaucoup d'intervenants l'accès aux données de séquences devrait être libre et gratuit, le problème de l'accessibilité ne devant pas être confondu avec l'incitation à déposer les données de séquences dès leur obtention dans des bases de grande accessibilité, problème lié de près à celui de la brevetabilité du génome.

Troisième constat

S'agissant de la brevetabilité du génome, les débats ont été nombreux et nourris et ils sont particulièrement alimentés en Europe dans la perspective de la mise en application des directives de la Commission européenne. Il apparaît que ce problème est indissociable du type de définition que l'on entend prendre en compte, dans les différents pays, concernant un gène et sa fonction. Les applications industrielles doivent être fondées sur des études sérieuses et, à mon avis, approfondies de ces fonctions. Au niveau ministériel, il y aurait donc sans doute intérêt à expliciter ces problématiques, en demandant à un groupe d'études de se pencher plus clairement que cela a été réalisé jusqu'ici sur les diverses acceptions du mot gène et sur les conséquences qui peuvent en découler pour les demandes de brevets.

Didier Sicard

Lors de ce colloque, nous avons vu qu'une vision culturelle, angoissée, peut s'opposer à une vision claire et volontariste dont le slogan est : *no patent, no cure*. Ce discours peut justifier l'utilisation de l'homme comme fin, dans une logique kantienne, quitte à passer sur le corps de certains symboles. Pour ma part, je souhaite conclure par quelques remarques.

Le mot embryon fait peur. On parle donc de cellules souches primordiales. Cela a des conséquences dans notre société. D'abord, les ovocytes des femmes du monde entier ne sont pas forcément à la disposition de l'humanité.

En matière de brevetabilité, nous avons rendu récemment un avis qui ouvre un débat. Je vois que nous sommes déjà loin dans la réflexion puisque 10 000 gènes sont en cours d'étude pour une brevetabilité. L'industrie pharmaceutique actuelle est dirigée par la génétique, voire la génomique. Les évolutions sont donc rapides, au point que l'invention semble précéder la découverte. Or, je crois que le brevet exclut cette ambiguïté. Le brevet est un réducteur de complexité. Le simplisme des juristes ne peut rendre compte de la réalité ici. Dès lors, la brevetabilité peut avoir des inconvénients car des stratégies d'occupation sont déjà apparues. Ce sont des stratégies de forteresse. Pour certains, les financements peuvent dépendre des possibilités de brevet !

Pour ma part, je suis obligé de constater, en tant que professeur de médecine, que la science fondamentale est désertée.

Il est évident que les chercheurs ont une éthique. Toutefois, les consentements me paraissent désormais plus confus qu'éclairés. Le comité a donc eu le sentiment de se placer dans une vision économique. Les licences d'utilisation, en pratique, sont tellement rares que je les vois mal être utilisées. Au fond, notre avis rappelle quelques principes : le libre accès à la connaissance, la non-discrimination pour les malades, etc.

Conclusion générale

Roger-Gérard Schwartzenberg

Monsieur le Secrétaire Perpétuel, Monsieur le président, Mesdames et Messieurs, étant placé entre deux éminents scientifiques, il m'est difficile de prendre position scientifique ou juridique sur les sujets que vous avez évoqué puisque que je n'ai aucune compétence scientifique et seulement quelques souvenirs de droit ! Pourtant, l'urgence de ces problématique dans le monde actuel exigent une prise de position.

Je voudrais avant tout remercier François Gros, qui a assuré la préparation de ce colloque, ainsi que Jean Dausset et le Président de Bordeaux 1.

Comme vous le savez, le G8 Recherche, élargi à quatre pays, va se réunir pour que les ministres réfléchissent ensemble aux problèmes de l'actualité scientifique et de la recherche. Je pense notamment aux cellules souches embryonnaires et à l'éventuelle brevetabilité du génome humain. Nous avons souhaité que les ministres voient leurs réflexions personnelles précédées des études des brillants scientifiques que vous êtes. Le lien entre votre colloque et la réunion du G8 est donc immédiat, d'autant que nous attendons votre avis et vos commentaires.

Grâce à ce processus, nous poursuivons un triple objectif :

— confronter les analystes des juristes et des biologistes, pour conjuguer science et conscience ;

— rapprocher expertise scientifique et décision publique ;

— mettre ensemble les représentants de 12 nations pour dégager à terme des principes éthiques communs.

Le progrès rapide des sciences du vivant nous confronte tous et partout aux mêmes interrogations et aux mêmes exigences éthiques. Les découvertes sur le génome humain, demain les inventions, devraient certes avoir des effets positifs pour la mise au point de nouvelles thérapeutiques, mais font craindre des manipulations de la substance vivante ou une commercialisation du vivant. Un encadrement éthique semble donc nécessaire. Le monde est ici concerné car il doit faire face à une problématique commune.

Les cellules souches

S'agissant des cellules souches, qui ouvrent des perspectives pour de nouvelles maladies et les interventions thérapeutiques de demain, il est encore trop tôt pour apprécier les capacités des cellules souches adultes. Mais cette voie pose moins de problèmes éthiques qu'une recherche sur les cellules souches embryonnaires. Il faut donc l'emprunter.

Pour les autres cellules, la loi française interdit la recherche sur l'embryon. La position française, qui date de 1994, n'est pas celle de la Grande-Bretagne, de la Suède ou des États-Unis. Un débat est donc ouvert, qui sera amené à passer devant le parlement. Le comité national d'éthique, dans un de ses avis, s'est prononcé pour la modification du régime déterminé en 1994. La commission consultative des Droits de l'homme a fait de même. Le respect de l'être humain dès le début de la vie et le droit des personnes gravement atteintes à bénéficier des progrès de la science et de la médecine sont en l'occurrence les deux principes qui s'opposent. En novembre 1999, le Conseil d'État a proposé d'aménager le texte de 1994, sans remettre en cause la conception selon laquelle l'embryon est un individu en puissance et ne peut de ce fait être utilisé comme instrument. Le Conseil d'État propose donc une autorisation des recherches sur embryons, selon trois grandes conditions. Les ministères de la Recherche et de la Justice, étudient ces avis et rapports. Le moment venu, comme je le disais, nous irons devant le parlement. Vos analyses, bien évidemment, nous aiderons à trancher.

Les brevets sur le génome humain

Concernant les brevets sur le génome humain, une réflexion multiple est nécessaire. Je salue d'abord les chercheurs impliqués dans le décodage du génome : une annonce devrait d'ailleurs être faite par le *Human Genom Project* très prochainement. Ce projet semble aboutir plus vite que prévu, grâce à une coopération internationale exemplaire. Au cours des dernières années, le centre d'Evry, qui représente le 7e organisme mondial, a été très actif. Un débat est en cours au sujet de ces brevets, notamment vis-à-vis de la transposition de la directive de 1998. Pour avancer, il faudra sans doute lister les points de convergence avant de s'interroger sur les divergences persistantes.

Selon moi, les points de consensus sont au nombre de trois.

— Les données brutes du séquençage humain doivent être librement accessibles, pour les scientifiques du monde entier. Sur ce point, le consensus est large à défaut d'être total.

— La simple découverte n'est pas brevetable, comme le rappelle au demeurant la directive dans son 16e considérant.

— Pour ce qui concerne la brevetabilité des séquences d'ADN dont la fonction a été déterminée et pour lesquelles les conditions d'application ont été précisées, elle suppose sans doute de réviser les critères d'inventivité : l'annotation de niveau 1 n'est pas brevetable, mais la question reste posée pour les niveaux 2 (sur la fonction d'un gène) et 3 (mise au point d'un médicament par exemple). Parfois, la frontière entre les deux est ténue. Et la fonction d'un gène est-elle brevetable ? Ici, le 23e considérant de la directive et l'article 5 sont instructifs. Nous sommes, comme le sont les Académies ou le comité d'éthique, attachés à trois grands principes : la non-commercialisation du corps, le libre accès à la connaissance et le partage de ces connaissances. Le brevet va-t-il à l'encontre de ces principes ? Un brevet n'est ni une appropriation matérielle ni une confiscation des connaissances scientifiques. Un brevet est-il un obstacle au libre accès à la connaissance ? Le brevet doit être publié, ce qui assure la diffusion de l'invention. Le dépôt de brevets sur de véritables inventions biotechnologiques, à partir des gènes ne semble donc pas aller à l'encontre des principes cités. En outre, les brevets protégent l'activité des chercheurs.

Mesdames et Messieurs, je conclurai en rappelant que Louis Pasteur, qui déposa nombre de brevets dans plusieurs pays, et des brevets importants, disait que la science n'a pas de patrie. Ce n'était pourtant pas un anarchiste. Ce grand homme pensait simplement que la connaissance est une et dépasse les frontières, souvent héritées du passé. Votre réunion en témoigne. Je suis donc heureux de vous rencontrer ce soir. Merci encore une fois de votre présence.

Le XIXe siècle sera certainement celui de la science, encore plus que le notre ou le XIXe. Nous voulons je crois, ensemble, que cette science soit humaine, qu'elle puisse permette l'apparition d'un nouvel humanisme, et de faire vivre et progresser la science au service de l'homme.

ANNEXE I

Structure de la politique bioéthique au Japon

Premier ministre
Conseil pour la Science et la Technologie (CST)
(Conseil consultatif auprès du Premier ministre)
Comité de bioéthique
Sous-comité pour les techniques de clonage
Sous-comité pour la recherche sur l'embryon humain
Sous-comité pour la recherche sur le génome humain

Conditions pour l'emploi de cellules souches embryonnaires humaines (cellules ES)

Pour pouvoir être utilisés, les embryons humains doivent :

— être en surnombre après traitement pour la stérilité (la création d'un embryon expressément pour en extraire des cellules souches est interdite) ;

— ne pas dépasser 14 jours suivant la fécondation ;

— être congelés ;

— avoir été donnés gratuitement ;

— être en conformité avec la réglementation concernant le consentement éclairé ;

— la nécessité de créer une nouvelle lignée de cellules souches embryonnaires doit être démontrée ;

— on utilisera un nombre minimum d'embryons.

Conditions auxquelles un établissement cultivant des cellules ES doit se conformer :

— L'établissement doit être qualifié et équipé en personnel, installations, moyens financiers, etc.

— Être suivi par un CCPPRB comprenant des experts indépendants.

— Respecter des règles éthiques et techniques.

• L'embryon humain ne peut être manipulé que par un médecin ou sous sa responsabilité.

• Le processus doit être porté à la connaissance du public.

L'établissement doit jouer un rôle d'utilité publique pour :

— diffuser les cellules souches à un coût raisonnable à d'autres établissements dont l'activité de recherche est agréée ;

— s'organiser en conséquence (banque de données, etc.) ;

— conserver trace des utilisations et diffusions ;

— en tenir les pouvoirs publics informés ;

— accepter des visites d'inspection sans préavis, etc.

L'établissement doit protéger l'identité et les données personnelles des donneurs (ne pas utiliser d'identifiant).

Conditions auxquelles doit se conformer un établissement médical faisant don d'embryons humains :

Il doit :

• avoir l'expérience et les qualifications nécessaires pour travailler sur les embryons humains ;

• faire examiner le protocole par un CCPPRB ;

• protéger les données personnelles du donneur (faire disparaître tout identifiant avant de transférer les embryons).

Conditions régissant l'utilisation de cellules ES humaines :

Utilisation restreinte en ce qui concerne l'objectif poursuivi :

— recherche biologique fondamentale pour éclaircir les mécanismes humains du développement, de la différenciation et de la régénération ;

— recherches médicales pour mettre au point de nouveaux traitements thérapeutiques ou créer de nouveaux médicaments.

Les essais cliniques sont interdits en l'absence d'une réglementation clinique.

Avant d'utiliser des cellules ES, il faudra faire toute la recherche nécessaire sur des cellules ES d'origine animale (autres mammifères) et sur des cellules ES somatiques humaines.

Interdictions :

— recherches ayant pour résultat ou contribuant à la naissance d'un être humain (transfert de noyau, etc.) ;

— implantation de cellules ES dans un embryon ou un fœtus humain ;

— développement de progéniture en provenance d'embryons d'origine animale implantés de cellules ES.

Les établissements non agréés pour produire des cellules ES ne peuvent en fournir à d'autres établissements.

Procédure de surveillance

• Le protocole de recherche doit être examiné par l'établissement lui-même et par les pouvoirs publics (système d'examen à deux niveaux).

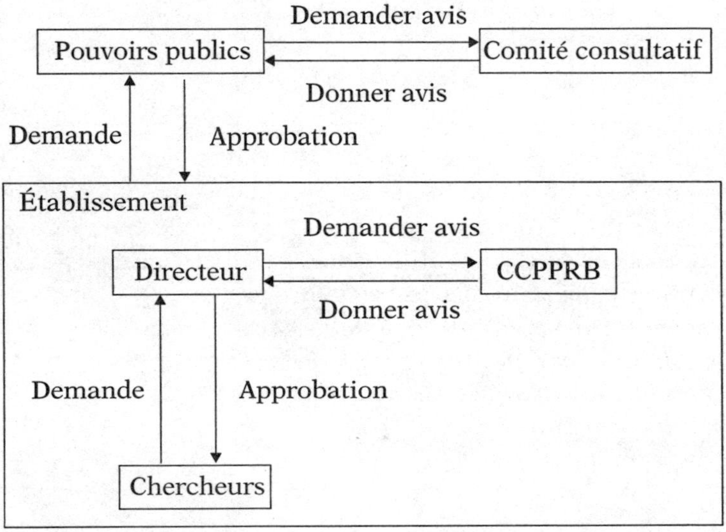

Commentaires du public concernant le projet de politique

• Environ 90 commentaires ont été reçus après diffusion du projet.

• En général, le projet rencontre l'approbation, mais certaines critiques ont été formulées, notamment en ce qui concerne les points suivants :

• absence de politique précise sur la recherche embryonnaire en général ;

• absence de cadre général pour l'assistance médicale à la procréation ;

• craintes en ce qui concerne l'efficacité du projet (par exemple en l'absence de sanctions pénales) ;

• rejet en bloc de la recherche embryonnaire ;

• préoccupations concernant d'éventuels effets négatifs pour la recherche sur les cellules ES par suite de restrictions excessives.

Un sondage d'opinion a révélé des divergences quant à la définition du début de la vie humaine :

• dès la fécondation	30 %
• lorsque le fœtus ressemble à un être humain	17 %
• lorsque le fœtus peut vivre en dehors de l'utérus	15 %
• à la naissance	8 %

Progrès biotechnologiques — Difficultés et perspectives

Docteur Alain Pompidou

Notre époque est caractérisée par des percées technologiques, une pression économique, une poussée démocratique.

Comment arriver à concilier le progrès scientifique et technique avec des contraintes économiques et sociétales, voire spirituelles, elles-mêmes difficilement conciliables ?

La percée des connaissances dans le domaine des sciences du vivant illustre les difficultés liées à la gestion de la complexité, représente un enjeu majeur pour l'être humain confronté à de nouvelles perspectives susceptibles d'améliorer la condition humaine, pose le problème des modalités de l'exercice de la liberté de choix des individus et des groupes sociaux dans le contexte socioculturel et spirituel qui leur est propre.

Un tel contexte est particulièrement bien illustré par deux exemples concrets : le débat à nouveau suscité par la brevetabilité du génome et les conséquences de l'utilisation des cellules souches embryonnaires.

En matière de brevetabilite du génome

La directive européenne adoptée en 1998 après avoir subi un premier échec en 1995 mérite non pas d'être remise en chantier mais devrait donner lieu à une *note d'interprétation* sur un point essentiel : il s'agit de garantir le libre accès à la connaissance des gènes et de leurs éléments constitutifs.

Les acquis scientifiques et techniques liés au séquençage du génome des êtres vivants, les progrès dans les comparaisons informatiques visant à inférer des champs d'application industriels précis mais non nécessairement démontrés, menacent l'autonomie du gène en tant qu'élément naturel préexistant à l'activité humaine et appartenant donc au champ de la découverte.

La connaissance d'un gène ne peut en aucun cas être assimilée à un produit inventé : elle n'est donc pas brevetable.

Je rejoins les recommandations du Comité consultatif national d'éthique qui indique que « l'utilisation du gène comme celle de toutes connaissances, ne peut être limitée par l'existence de brevets qui entendraient, au nom de la propriété industrielle, protéger l'exclusivité de cette connaissance. [...] Les inventions laissant libre l'accès à cette connaissance peuvent faire l'objet de brevet ».

Se trouvent ainsi respectés les principes de non-commercialisation du corps humain : libre accès à la connaissance, partage de la connaissance, tout en assurant la reconnaissance de la valeur ajoutée liée à l'intelligence sur laquelle se fonde le principe du brevet.

Celui-ci assure une exclusivité d'exploitation à l'inventeur, pendant une période limitée dans le temps et pourvu que soient réunis les critères de nouveauté, d'inventivité et d'application industrielle.

C'est sur ce dernier point que les techniques de modélisation et d'informatique ont conduit à des dérives dans la protection des séquences génétiques dans la mesure où le critère de « description suffisante » *(sufficient disclosure)* pouvait se trouver rempli sans validation préalable des revendications et donc des applications industrielles.

Un gène donnant lieu à brevet d'invention reste une découverte *libre* pour la mise au point d'autres inventions non revendiquées ou insuffisamment documentées.

Cependant, le principe de liberté de la connaissance mérite une précision.

L'exercice de la connaissance doit rester libre et ouvert dans le cadre des investigations destinées à permettre une découverte.

En revanche, l'accès à la connaissance doit rester *limité* dans le cadre de la réalisation d'une invention liée à l'exercice de l'intelligence et donnant lieu à protection de l'inventeur à travers la déposition d'un brevet.

Au même titre que la découverte, l'invention qui a pris forme fait désormais partie de l'existant à ceci près que l'invention *est* et doit rester évolutive et transformable, d'où l'impérieuse nécessité de s'interdire d'exercer un monopole sur les séquences génétiques ayant donné lieu à brevets d'application.

Ainsi, la connaissance du génome humain et de ses éléments ne peut en aucun cas donner lieu à une appropriation, c'est-à-dire à une « mainmise » de l'être humain sur ses propres composants. Elle doit, selon les termes du Comité consultatif national d'éthique français, « rester ouverte à la communauté des chercheurs et rester disponible pour l'humanité dans son ensemble ».

Ceci a été exprimé dans la Déclaration universelle sur le génome humain de l'UNESCO qui a pu aboutir grâce à la détermination de Mme Noëlle Lenoir. La France l'a soutenue jusqu'à son adoption et la prise en considération par les Nations unies.

Cependant, le statut propre au génome humain pose encore des problèmes non résolus et notamment les modalités d'accès aux gènes à partir des prélèvements effectués sur les êtres humains.

Il s'agit des modalités du consentement, de l'information préalable et du conseil génétique.

Il s'agit également des réglementations visant la conservation, l'étiquetage et la gestion des gènes dans les banques de données génétiques.

Le comité d'éthique du programme de recherche sur le génome humain HUGO, dont j'ai assuré la vice-présidence pendant six ans, s'est largement penché sur ces difficultés. Ses recommandations bénéficient largement des efforts engagés par sa présidente actuelle, le professeur Bartha Maria Knoppers.

Ces recommandations ne sont pas encore toutes suivies d'effets, tant s'en faut.

L'utilisation des cellules souches embryonnaires

Dans ce domaine, il importe de distinguer :

— les cellules du blastomère qui peuvent donner naissance à un embryon implantable dans la muqueuse maternelle, considérées par certains comme « totipotentes ». Elles permettent le clonage reproductif ;

— et les cellules prélevées au niveau du bouton embryonnaire du blastocyste considérées généralement comme des cellules pluripotentes. Elles peuvent théoriquement donner naissance à des amas de cellules embryonnaires mais celles-ci n'ont, *a priori*, aucune chance de réussir leur implantation dans la mesure où elles se sont déjà différenciées des cellules de la couronne cytotrophoblastique dévolues à l'implantation utérine.

Ces cellules du bouton embryonnaire peuvent être soumises à une différenciation spécifique en vue de la préparation des lignées cellulaires ou tissulaires utilisées à des fins thérapeutiques pour le traitement des maladies neurodégénératives, métaboliques, hématologiques ou pour la préparation de lambeaux cutanés destinés aux traitements de maladies de peau majeures ou des grands brûlés.

De telles perspectives thérapeutiques devraient, à mon sens, autoriser l'expérimentation sur les cellules souches embryonnaires dans la mesure où celle-ci est parfaitement encadrée.

Rien n'exclut que, dans un proche avenir, le prélèvement des cellules du bouton embryonnaire soit sans conséquence pour l'évolution ultérieure de l'embryon, conférant alors à celui-ci le statut de « donneur de cellules » comme cela est déjà le cas chez l'être humain après la naissance.

Il est à remarquer que les travaux sur les cellules souches embryonnaires conduisent à contrôler l'expression des gènes dans le sens d'une induction de différenciation cellulaire et qu'en aucun cas ces travaux ne permettent le clonage reproductif.

C'est dans la mesure où les recherches nécessitent une dérépression du génome qu'apparaissent les risques liés au clonage reproductif qui comporte des dérives inacceptables entretenues, notamment, par le fantasme de la survie et de l'expression de l'identité génétique après la mort.

De telles dérives justifient amplement l'interdiction des recherches dans le domaine du clonage à des fins de reproduction.

Les possibilités offertes par l'accès aux séquences génétiques et au contrôle de l'expression des gènes doivent conduire à distinguer sur le plan de la perception collective :

— Le gène : facteur de transmission des caractères héréditaires. il suscite une prise de conscience intimement liée à la capacité de procréation de l'être humain. Il comporte une connotation forte de « survivance » de l'individu et de l'espèce humaine à travers sa descendance. Ce gène doit être protégé rigoureusement et totalement : son utilisation doit être interdite à des fins de procréation.

— En revanche, le gène, simple élément de la machinerie cellulaire, représente un instrument au service de la qualité de la vie mais aussi de l'économie. Son appropriation représente cependant les risques de dérives déjà évoqués en matière d'évolution, d'approfondissement et de partage des connaissances. Les modalités de brevetabilité des produits de ce gène doivent être correctement encadrées.

Le génome humain présente une caractéristique tout à fait exceptionnelle dans la hiérarchisation des constituants du vivant dans la mesure où il contrôle les caractères génétiques propres à l'individu et donc l'expression de l'inné.

Sur le plan génétique, il importe de remarquer que l'embryon est un être unique, puisqu'il est issu de l'appariement des patrimoines génétiques du père et de la mère, eux-mêmes remaniés au cours de la méïose dans les cellules germinales parentales.

Aujourd'hui, du fait des progrès de la biologie moléculaire et des méthodes de l'Assistance médicale à la procréation, le génome, comme l'embryon humain, en dépit de leur unicité caractéristique chez l'individu, sont devenus accessibles et donc vulnérables.

Conclusion

La question qui se pose à nous désormais est de savoir quels sont les droits que nous sommes autorisés à exercer sur les composants de notre propre substance biologique ; quels sont les devoirs que nous devons respecter par rapport aux constituants qui assurent l'identité génétique de l'individu et la pérennité de l'espèce ; quelles sont les modalités qui permettent d'assurer le progrès des connaissances tout en assurant la protection de la propriété intellectuelle liée à l'exercice de l'intelligence.

Il importe, dans ce contexte, de tenter de sortir de la dialectique moralisatrice du bien et du mal, de se situer au-delà de l'approche manichéenne entre matériel et sacré, entre diabolisation et sacralisation.

Il importe pour cela de mettre deux questions en débat.

Peut-on accepter la prédétermination de l'homme par l'homme ?

Si oui, la voie est ouverte au clonage reproductif et à la reproduction asexuée.

L'identification des limites ne sera pas simple. En effet, si le fantasme ancestral de se survivre après la mort a peu de chance d'entrer dans la réalité, quelle réponse le médecin pourra-t-il faire à des couples qui auraient la possibilité d'accéder au clonage somatique ? Peut-on accepter l'instrumentalisation des éléments du corps humain et son corollaire qui est leur commercialisation dès les premiers stades de son développement jusqu'à sa mort ?

Là encore, les limites ne sont pas simples dans la mesure où l'objectif est d'assurer une protection efficace de l'accès à la connaissance et du partage du savoir indispensable aux progrès de la science tout en reconnaissant la nécessité de la protection par la législation sur les brevets.

L'histoire nous a appris que, pendant des siècles, les morts ont été protégés par respect de la représentation du vécu de l'homme.

Ce tabou est aujourd'hui dépassé en raison des progrès accomplis en matière de transplantation d'organes notamment.

La question qui se pose désormais est celle de la forme de respect qui est due à l'être humain en devenir.

Ceci soulève le problème de l'interdiction ou de l'élaboration des modalités de l'expérimentation sur l'embryon.

Une telle réflexion ne nous dispense pas d'aborder le cas pratique du statut de *l'homme en action* confronté à l'adversité et notamment aux maladies.

Il importe de distinguer la lutte contre l'adversité, c'est-à-dire la lutte pour la vie et l'exercice d'un pouvoir d'appropriation conduisant à l'assujettissement, c'est-à-dire à la perte de la liberté.

C'est à ce niveau que se constitue le débat éthique qui dépasse largement le champ de la morale professionnelle et même celui de la morale personnelle.

Il est destiné à alimenter une morale de l'action et une pensée du risque qui se situent désormais au niveau planétaire et qui sont fondées sur la « géoéthique ».

Il fait appel à une confrontation internationale entre :

— le monde de la science et de la technique, représenté par les chercheurs et les experts,

— l'univers des décideurs politiques (administrations, élus, responsables gouvernementaux),

— une opinion publique dont les précédents doivent assurer une information correcte en vue de l'engager à participer au débat démocratique.

C'est aujourd'hui le rôle des comités d'éthique nationaux et internationaux, des offices parlementaires nationaux et européens, des conseils économiques et sociaux, d'alerter les consciences.

C'est ainsi qu'il sera possible de faire mûrir les mentalités dans les contextes socioculturels qui leur sont propres.

Il s'agit là d'un travail pluridisciplinaire de confrontation et de concertation afin d'aboutir à un accord en tenant compte des différentes caractéristiques ou traits de caractère de la nature humaine.

L'humilité vise à reconnaître ce qui préexiste, à l'accepter mais aussi l'identifier à travers les découvertes. Les grands découvreurs ont généralement su rester humbles.

La fierté : il s'agit de reconnaître ce qui existe grâce à nous : l'invention.

L'inventeur a souvent été tenté par l'exercice du pouvoir. À la société de lui accorder la récompense méritée, ni plus, ni moins.

Quant à *l'orgueil*, il conduit à nous approprier ce qui ne nous appartient pas : il y a dans l'orgueil une forme d'usurpation.

L'orgueil est particulièrement dangereux s'il menace notre capacité de connaissance par des appropriations usurpées.

Il me semble que la leçon qui nous est donnée par l'accélération des progrès dans le domaine des sciences du vivant, c'est d'être attentifs à ne pas s'enorgueillir.

C'est sans doute le meilleur moyen de ne pas être tentés de nous approprier indûment ce qui ne nous appartient pas et notamment notre propre substance et celle de notre descendance.

Notre capacité à connaître et donc à évoluer en dépend.

La question est de savoir quelle image nous voulons donner de nous-mêmes dans le monde d'aujourd'hui.

Filiations cellulaires inattendues entre sang et autres tissus de l'organisme : des cellules souches totipotentes persistent-elles chez l'adulte ?

Bruno Péault

Les barrières existant, en termes de filiations cellulaires, entre les différents tissus de l'organisme adulte sont peut-être moins étanches qu'on ne le croyait jusqu'à présent. La moelle osseuse hématopoïétique contient les cellules souches de différents tissus mésodermiques comme l'os, le cartilage et même le muscle strié. Inversement des cellules musculaires peuvent restaurer l'hématopoïèse de souris irradiées. Il est encore plus étonnant qu'aient été décrites une régénération hépatocytaire médiée par des cellules de la moelle osseuse, et des cellules souches neurales à multiples potentialités ecto-, endo- et mésodermiques. Il demeure à confirmer que de tels « sauts ontogénétiques » entre les dérivés des feuillets embryonnaires fondamentaux sont possibles et à en préciser les mécanismes avant de déterminer si l'organisme développé contient encore des cellules souches totipotentes, ou des cellules différenciées douées de capacités de reprogrammation insoupçonnées.

L'existence de cellules souches à l'origine de toutes les cellules sanguines a été très tôt suggérée par l'observation du développement embryonnaire, puis démontrée chez l'animal adulte dont la moelle osseuse peut pallier chez un receveur de la même espèce l'hématotoxicité des radiations ionisantes [1]. Les vingt dernières années ont vu progresser considérablement la caractérisation fonctionnelle des cellules souches sanguines, qui a permis en retour leur identification directe sur des critères physiques et, surtout, moléculaires. Progressivement a aussi été reconnue l'existence de cellules souches spécialisées dans de nombreux autres tissus, y compris dans le système nerveux central, même si les cellules souches de l'hématopoïèse demeurent encore, et de loin, les mieux caractérisées. Au moins les différents lignages tissulaires, tôt ségrégés au cours du développement, demeuraient-ils clairement distincts en termes de filiations cellulaires. Pourtant on a récemment, et à plusieurs reprises, observé dans l'organisme développé des relations ontogénétiques inattendues entre le système sanguin et des tissus aussi distincts que le foie, le cerveau et le muscle.

Nous nous proposons de rappeler ici ces données mais nous évoquerons tout d'abord le compartiment cellulaire dont la parenté avec la lignée hématopoïétique est la mieux reconnue, celui des cellules endothéliales vasculaires.

Cellules souches angio-hématogènes

En 1932, Paul Murray [2] désigne sous le terme d'*hémangioblastes* les amas de cellules mésodermiques qui, dans l'aire extraembryonnaire, donnent naissance aux premiers vaisseaux contenant les premières cellules hématopoïétiques, adhérant en foyers à l'endothélium. On appellerait plutôt aujourd'hui ces amas *îlots sanguins* mais le terme d'hémangioblaste a demeuré — et a même connu récemment un regain de popularité — pour désigner une cellule unique à l'origine des cellules hématopoïétiques et endothéliales. L'existence de telles cellules souches angio-hématopoïétiques au cours du développement embryonnaire précoce est donc une notion ancienne [3]. Cellules endothéliales et cellules hématopoïétiques expriment effectivement, depuis les stades très précoces du développement, des marqueurs communs tels que MB1/QH1 chez l'oiseau [4, 5], CD31 chez l'homme [6] ou CD34 chez la souris [7] et chez l'homme [8]. Les deux lignages sont absents chez les embryons dans lesquels le gène codant Flk-1, le récepteur 2 du VEGF, a été inactivé [9], et fortement réduits dans le sac vitellin après recombinaison homologue du gène du TGF β1 [10]. On sait par ailleurs que la surexpression de *scl/tal1* chez l'embryon de poisson mène à une production accrue de cellules hématopoïétiques *et* vasculaires [11]. Toutes ces observations suggèrent, mais ne prouvent pas, l'origine embryonnaire commune des compartiments hématopoïétique et endothélial. Une démonstration plus directe de l'existence de cellules souches angio-hématogènes a été faite dans le modèle des cellules souches embryonnaires de souris (cellules ES), qui sont des cellules multipotentielles du blastocyste immortalisées en culture. Ainsi les corps embryonnaires, qui représentent la descendance immédiate des cellules ES, incluent-ils des cellules donnant naissance à la fois, à l'échelon unicellulaire, aux cellules de l'hématopoïèse primitive et définitive [12] et à des cellules de type endothélial [13]. De tels *hémangioblastes* produits à partir de cellules ES répondent au VEGF et expriment son récepteur Flk-1 [14]. Eichman et al. [15] ont effectivement trié au moment de la gastrulation de l'embryon d'oiseau une population de cellules mésodermiques Flk-1$^+$ donnant naissance à une descendance de cellules hématopoïétiques *ou* endothéliales selon les conditions de culture utilisées.

Les souches communes des lignées vasculaire et sanguine seraient donc, comme attendu, des cellules mésodermiques très primitives. Pour certains auteurs cependant ces hémangioblastes embryonnaires seraient, au moins pour certains d'entre eux, déjà engagés dans le lignage endothélial dont ils exprimeraient le marqueur VE-cadherine [16]. Hamaguchi et ses collaborateurs [17] ont eux montré que les cellules exprimant le récepteur Tie-2 triées de la région de l'aorte embryonnaire peuvent se différencier, en culture clonale, en cellules endothéliales *et* hématopoïétiques. On est ainsi revenu à la notion d'*endothélium hématogène*, énoncée dès le début du XXe siècle [3] (Sabin, en 1920, désignait d'ailleurs par le terme d'*angioblastes*, et non d'hémangioblastes, ces cellules souches angio-hématopoïétiques), selon laquelle certaines cellules endothéliales embryonnaires peuvent se diviser et redonner naissance à des cellules hématopoïétiques. Dans un modèle de différenciation endothéliale des cellules ES de souris, l'expression de l'intégrine α4 marquerait la transition d'une population de cellules endothéliales Flk-1$^+$ vers une descendance de cellules sanguines [18]. Lorsque l'on injecte la molécule AcLDL *(acetylated low-density lipoprotein)* dans la circulation de l'embryon d'oiseau afin d'en marquer toute la surface interne des vaisseaux sanguins on voit ensuite se développer une population de cellules hématopoïétiques AcLDL$^+$, ce qui suggère le pouvoir hématogène de l'endothélium vasculaire embryonnaire [19]. Des conclusions en partie distinctes ont été tirées de l'étude récente de la région AGM (Aorte-Gonades-Mesonephros) humaine [8] dans laquelle les cellules souches de l'hématopoïèse définitive émergeraient d'abord à partir d'une population de cellules CD34$^-$ Flk-1$^+$ distincte du compartiment endothélial [20 et résultats non publiés]. L'existence d'un progéniteur endothélial intermédiaire demeure néanmoins, dans ce cas également, possible.

Alors que la recherche d'hémangioblastes a été jusqu'à présent restreinte aux stades les plus précoces de l'ontogenèse on doit relever la description récente d'une sous-population de cellules hématopoïétiques humaines CD34$^+$ exprimant également le récepteur Flk-1. Ces cellules Flk-1$^+$, qui représentent moins de 0,5 % des cellules CD34$^+$, sont rencontrées dans le sang de cordon ombilical mais aussi dans la moelle osseuse et le sang de l'adulte [21]. Considérablement enrichies en cellules hématopoïétiques très primitives (LTC-IC, SRC), ces cellules pourraient représenter une population d'hémangioblastes persistant chez l'adulte.

Il a donc fallu attendre plus de 70 ans pour que la notion intuitive de cellule souche angio-hématopoïétique déduite des observations des embryologistes du début du XXe siècle commence à être étayée expérimentalement. Les démonstrations récentes sont néanmoins fondées sur l'utilisation du modèle quelque peu artificiel des cellules ES et il demeure à établir de façon non équivoque que de telles cellules souches émergent au cours du développement normal, et éventuellement persistent jusqu'à la vie adulte.

Filiations cellulaires réciproques inédites entre moelle osseuse et autres tissus d'origine mésodermique

Les travaux pionniers de Friedenstein, à partir des années 1970, ont été largement repris et confirmés au cours de la dernière décennie et il est maintenant admis que des cellules indifférenciées appartenant au stroma de la moelle osseuse hématopoïétique sont capables *in vitro* de former différents compartiments cellulaires mésodermiques : ostéoblastes, chondrocytes, adipocytes, y compris ceux que l'on ne rencontre pas normalement dans la moelle tels que myoblastes et myotubes [22]. Ainsi est née la notion de « cellule souche mésenchymateuse » persistant chez l'adulte et greffable par voie intraveineuse dans différents tissus [23]. L'injection dans la circulation de moelle osseuse totale mène même à la régénération des fibres musculaires striées lésées expérimentalement par un traitement chimique [24]. Curieusement, cette régénération est observée aussi bien après injection des cellules médullaires adhérentes que de la fraction non adhérente des cellules hématopoïétiques, dans laquelle la présence de cellules « mésenchymateuses » n'est pas attendue [24]. Effectivement, l'injection intraveineuse de cellules souches hématopoïétiques médullaires Sca-1$^+$, c-kit$^+$, CD43$^+$, CD45$^+$, Lin$^-$, CD34$^-$ chez la souris *mdx* mène à une régénération musculaire partielle, par des myotubes exprimant la dystrophine, même si cet effet n'est observé qu'après au moins 8 semaines et injection d'une quantité élevée de cellules souches [25].

Inversement, des cellules mononucléées totales de muscle strié injectées chez la souris irradiée létalement y reconstituent l'hématopoïèse de 10 à 14 fois plus efficacement que ne le fait la moelle osseuse, en termes de quantité de cellules sanguines produites [26]. Les cellules musculaires responsables de cette reconstitution de l'hématopoïèse ne sont pas connues mais pourraient appartenir à une population de cellules Sca-1$^+$, c-kit$^+$, affichant une rétention limitée du colorant vital Hoechst 33342 mais n'exprimant pas CD45 [26].

On peut donc interpréter tous ces résultats dans le sens de l'existence et de la persistance chez l'animal adulte d'une population de cellules souches très primitives de différents compartiments d'origine mésodermique, incluant le lignage hématopoïétique. Le rôle physiologique normal qu'auraient de tels progéniteurs par rapport aux cellules souches spécifiques des différents tissus demeure à établir. On peut se rappeler qu'en 1992, Huang et Terstappen [27] avaient décrit le développement simultané, à partir d'un progéniteur isolé de la moelle osseuse fœtale humaine de 15 semaines (stade auquel celle-ci est déjà largement différenciée), de cellules hématopoïétiques et de cellules stromales adhérentes. Ces résultats n'avaient pu alors être reproduits mais en 1995 Ralf Huss et ses collaborateurs [28] ont observé la production de progéniteurs hématopoïétiques *in vitro* par une lignée de cellules stromales médullaires de chien, bien que ces résultats eux-mêmes n'aient pas été confirmés.

La distribution anatomique naturelle dans les tissus du fœtus et de l'adulte de telles cellules souches mésodermiques ancestrales demeure à établir. Des résultats expérimentaux récents suggèrent néanmoins que la paroi de certains vaisseaux pourrait héberger de tels progéniteurs. H. Fleming (Portland, OR) a rapporté au congrès 1999 de l'ISEH que la transplantation, sous la capsule rénale d'une souris hôte irradiée létalement, de gros vaisseaux cardiaques disséqués d'un animal donneur mène à une reconstitution hématopoïétique [29]. Les vaisseaux greffés avaient été soigneusement débarrassés de toute cellule sanguine circulante ; en revanche l'analyse histologique des greffons développés a suggéré la prolifération de cellules hématopoïétiques à partir de la paroi vasculaire, rappelant les agrégats de cellules souches observés dans l'aorte embryonnaire [8]. Dans l'adventice des sinusoïdes de la moelle osseuse, les péricytes, qui expriment l'actine du muscle lisse, représentent des progéniteurs des cellules stromales de l'hématopoïèse [30]. Les propriétés ostéochondrogéniques des péricytes des vaisseaux de la rétine de bœuf sont, par ailleurs, connues [31]. Dès 1961, J. Trueta avait émis l'hypothèse d'une filiation, au cours de l'ostéogenèse, entre cellules endothéliales vasculaires et, respectivement, ostéoblastes et ostéoclastes pour le développement et la résorption osseux [32]. On a aussi récemment suggéré que la paroi de l'aorte dorsale embryonnaire, qui montre *in vitro* un potentiel myogénique [33], pouvait participer à la formation des cellules satellites du muscle. La paroi vasculaire pourrait donc constituer un réservoir de cellules souches mésodermiques multipotentielles qui seraient distribuées dans les tissus au cours de leur développement, de leur renouvellement et de leur réparation [34 et G. Cossu, communication personnelle].

De l'épithélium hépatique dérivé du mésoderme, et des cellules hématopoïétiques d'origine ectodermique ?

Les régénérations cellulaires croisées observées entre muscle et moelle, et la présence dans cette dernière de cellules souches osseuses, cartilagineuses ou vasculaires sont certes intrigantes mais demeurent « acceptables » pour l'embryologiste puisqu'elles restent confinées à la descendance du feuillet embryonnaire mésodermique. Plus hérétique peut apparaître la conclusion d'une étude dans laquelle une injection de moelle osseuse a contribué à la régénération des hépatocytes et des canaux biliaires préalablement lésés par le tétrachlorure de carbone [35]. Ces compartiments cellulaires sont en effet purement épithéliaux et leur origine embryonnaire dans un diverticule de l'endoderme duodénal est bien connue ; or l'on ne connaît aucune contribution de l'endoderme à l'histogenèse de la moelle osseuse. Les données les plus récentes suggèrent pourtant que ces observations reflètent effectivement une transition méso-endodermique. E. Lagasse (StemCells Inc.) vient en effet de rapporter au congrès annuel de la Society for Experimental Biology, tenu au mois d'avril à San Diego, la régénération d'hépatocytes fonctionnels à partir non plus de moelle osseuse totale mais de seulement une cinquantaine de *cellules souches hématopoïétiques* très primitives triées à partir de la moelle. Ces cellules souches que l'on croyait vouées de façon irrémédiable à la production de cellules sanguines peuvent-elles donc adopter un programme de différenciation radicalement différent, ou incluent-elles des éléments beaucoup plus primitifs, situés bien en deçà de l'origine de l'hématopoïèse ? Également étonnante est la description d'une contribution à l'hématopoïèse de cellules souches neurales injectées dans la circulation de souris irradiées. Ces cellules souches neurales cultivées à partir du cerveau embryonnaire antérieur ou de son dérivé chez l'adulte, et qui donnent naissance *in vitro* à une triple descendance de neurones, d'astrocytes et d'oligodendrocytes auraient produit chez le receveur des progéniteurs clonogéniques macrophagiques et granulo-macrophagiques et des cellules lymphoïdes différenciées [36]. On sait qu'une transition entre ectoderme et tissus « mésodermiques » a lieu aux stades précoces de l'embryogenèse, puisque la crête neurale céphalique donne naissance notamment à l'ossature de la face [37]. La réorientation vers l'hématopoïèse de cellules neurectodermiques chez l'adulte est, en revanche, une observation très troublante.

Pourtant d'autres exemples existent, dans l'autre direction, de relations ontogénétiques entre cellules des systèmes sanguin et nerveux. La moelle osseuse de souris adultes traitées par le 5-FU, injectée dans des souris hôtes conditionnées par irradiation à 4,5 Gy, y a comme attendu donné naissance à une population de cellules microgliales, qui appartiennent à la lignée monocytaire, mais aussi, de façon surprenante, à une descendance de cellules exprimant le marqueur astroglial GFAP *(glial fibrillary acidic protein)*, représentant de 0,5 à 2 % des cellules dérivées du donneur [38]. Une génération d'astrocytes $GFAP^+$ a aussi été observée après injection intracérébrale stéréotaxique chez la souris de cellules stromales de moelle osseuse sélectionnées par adhérence au plastique [39].

Conclusions

C'est autour du système hématopoïétique, dont la manipulation expérimentale *in vivo* est particulièrement bien maîtrisée, que l'on révèle actuellement des capacités de régénération intertissulaires qui n'avaient pas été suspectées précédemment. Une communauté d'origine comme celle qui rassemble vraisemblablement cellules sanguines et endothéliales en un seul lignage embryonnaire avait été suggérée depuis longtemps et est en passe d'être démontrée expérimentalement. En revanche l'existence de progéniteurs mésodermiques divers au sein du stroma de la moelle osseuse et, même, parmi les cellules souches hématopoïétiques qui y résident demeure une donnée très originale et intéressante, qui peut susciter des espoirs dans le domaine des thérapies génique et cellulaire [40]. Simultanément se déroulent d'actives recherches sur les cellules souches plus « classiquement » spécialisées dans le développement et la réparation des différents tissus de l'organisme, par exemple les épithélia [41] et le système nerveux [42]. On envisage par ailleurs de contrôler l'émergence de différents lignages cellulaires à partir de cellules ES humaines et d'ouvrir ainsi des perspectives de « clonage thérapeutique » [43]. Nombreux sont donc les scénarios actuellement envisagés de thérapie utilisant des cellules progénitrices. Néanmoins, l'hypothèse de l'existence chez l'adulte de filiations cellulaires entre des tissus d'origines embryonnaires distinctes, ecto-, endo- ou mésodermique, a rencontré un scepticisme attendu, notamment de la part des biologistes du développement. La production de cellules hématopoïétiques à partir de cellules souches neurales n'a pu être encore obtenue par les différents laboratoires qui tentent de reproduire ces expériences. Il n'est pas clairement démontré que les cellules utilisées originellement par Bjornson et al. provenaient d'un progéniteur neural unique, et non de deux cellules distinctes mais physiquement étroitement associées. Pourtant, on vient juste de suggérer un potentiel encore beaucoup plus vaste de cellules souches neurales isolées du cerveau de souris adulte. Injectées dans la cavité amniotique d'embryons de poulet ou agrégées dans des morulas de souris ces cellules ont en effet contribué au développement de multiples tissus d'origine ectodermique mais aussi mésodermique (rein, cœur, muscle) et endodermique (épithélium respiratoire et digestif, foie) [44].

La plupart des auteurs qui défendent l'existence, même chez l'adulte, de cellules souches à très vaste potentiel de différenciation au sein du compartiment mésodermique, ou même hors de ses limites, évoquent généralement une grande *plasticité* de certaines cellules matures et de leurs progéniteurs immédiats, qui pourraient dans certaines conditions *se dédifférencier* et se *transdifférencier*. Une autre possibilité est que de rares cellules souches embryonnaires totipotentielles persistent dans les tissus jusqu'aux stades adultes. L'existence de tels éléments, vierges de tout engagement dans l'un ou dans l'autre lignage cellulaire, pourrait expliquer l'ensemble des observations que nous venons de résumer. On peut néanmoins s'étonner qu'un tel potentiel n'ait pas été perçu précédemment. Il est en effet important de rappeler ici que, pour spectaculaires et passionnantes que soient ces observations récentes, le rôle que pourraient avoir de telles cellules souches originelles dans la maintenance de l'organisme développé normal demeure totalement obscur. En effet, ces potentialités précédemment inimaginables ont été révélées dans des conditions expérimentales extrêmes où l'organisme était soumis à des conditionnements particulièrement draconiens, ou encore dans des montages expérimentaux entièrement artificiels (chimères d'agrégation).

Les cellules à l'origine de ces restaurations tissulaires insoupçonnées ne devraient pas résister longtemps aux techniques d'analyse et de tri mises actuellement en jeu pour les identifier. On devrait alors déterminer si de telles capacités de régénération ont pour origine le maintien chez l'adulte de cellules souches ancestrales, ou la surprenante plasticité de cellules plus différenciées.

BIBLIOGRAPHIE

1. LORENZ E and CONGDON CC, « Modification of lethal irradiation injury in mice by injection of homologous or heterologous bone », *J Nat Cancer Instit* 1954 ; 14 : 955-961.

2. MURRAY PDF, « The development in vitro of blood of the early chick embryo », *Proc R Soc London* [B] 1932 ; 111 : 497-521.

3. SABIN FR, « Studies on the origin of blood vessels and of red blood corpuscles as seen in the living blastoderm of chicks during the second day of incubation », *Carnegie Inst Wash Pub* n° 272. *Contrib Embryol* 1920 ; 9 : 214-262.

4. PÉAULT B, THIERY JP, LE DOUARIN NM, « Surface marker for hemopoietic and endothelial cell lineages in quail that is defined by a monoclonal antibody », *Proc Natl Acad Sci USA*, 1983 ; 80 : 2976-2980.

5. PARDANAUD L, ALTMANN C, KITOS P, DIETERLEN-LIÈVRE F, and BUCK CA, « Vasculogenesis in the early quail blastodisc as studied with a monoclonal antibody recognizing endothelial cells », *Development* 1987 ; 100 : 339- 349.

6. WATT SM, WILLIAMSON J, GENEVIER H, FAWCETT J, SIMMONS DL, HATZFELD A, NESBITT SA, COOMBE DR, « The heparin binding PECAM-1 adhesion molecule is expressed by $CD34^+$ hematopoietic precursor cells with early myeloid and B-lymphoid cell phenotypes », *Blood* 1993 ; 82 : 2649.

7. YOUNG PE, BAUMHUETER S, and LASKY LA, « The sialumucin CD34 is expressed on hematopoietic cells and blood vessels during murine development », *Blood* 1995 ; 85 : 96-105.

8. TAVIAN M, HALLAIS MF and PÉAULT B, « Emergence of intraembryonic hematopoietic precursors in the pre-liver human embryo », *Development* 1999 ; 126 : 793-803.

9. SHALABY F, HO J, STANFORD WL, FISHER KD, SCHUCH AC, SCHWARTZ L, BERNSTEIN A, ROSSANT J, « A requirement for Flk-1 in primitive and definitive hematopoiesis and vasculogenesis », *Cell* 1997 ; 89 : 981-990.

10. DICKSON MC, MARTIN JS, COUSINS FM, KULKARNI AB, KARLSSON S, AKHURST RJ, « DEFECTIVE haematopoiesis and vasculogenesis in transforming growth factor-beta 1 knock out mice », *Development* 1995 ; 121 : 1845-1854.

11. GERING M, RODAWAY ARF, GÖTTGENS B, PATIENT RK, and GREEN AR, « The SCL gene specificies haemangioblast development from early mesoderm », *EMBO J* 1998 ; 17 : 4029-4045.

12. KENNEDY M, FIRPO M, CHOI K, WALL C, ROBERTSON S, KABRUN N, KELLER G, « A common precursor for primitive erythropoiesis and definitive haematopoiesis », *Nature* 1997 ; 386 : 488-493.

13. CHOI K, KENNEDY M, KASAROV A, PAPADIMITRIOU JC, KELLER G, « A common precursor for hematopoietic and endothelial cells », *Development* 1998 ; 125 : 725-732.

14. NISHIKAWA SI, NISHIKAWA S, KAWAMOTO H, YOSHIDA H, KIZUMOTO M, KATAOKA H, and KATSURA Y, « In vitro generation of lymphohematopoietic cells from endothelial cells purified from murine embryos », *Immunity* 1998 ; 8 : 761-769.

15. EICHMANN A, CORBEL C, NATAF V, VAIGOT P, BRÉANT C, LE DOUARIN NM, « Ligand-dependent development of the endothelial and hemopoietic lineages from embryonnic mesodermal cells expressing vascular endothelial growth factor receptor 2 », *Proc Natl Acad Sci USA* 1997 ; 94 : 5141-5146.

16. NISHIKAWA SI, NISHIKAWA S, HIRASHIMA M, MATSUYOSHI N, and KODAMA H, « Progressive lineage analysis by cell sorting and culture identifies FLK1 + VE-cadherine+ cells at a diverging point of endothelial and hemopoietic lineages », *Development* 1998 ; 125 : 1747-1757.

17. HAMAGUCHI I, HUANG XL, TAKAKURA N, TADA JI, YAMAGUCHI Y, KODAMA H, and SUDA T, « In vitro hematopoietic and endothelial cell development from cells expressing TEK receptor in murine Aorta-Gonad-Mesonephros region », *Blood* 1999 ; 93 : 1549-1556.

18. OGAWA M, KIZUMOTO M, NISHIKAWA S, FUJIMOTO T, KODAMA H, and NISHIKAWA SI, « Expression of α4-integrin defines the earliest precursor of hematopoietic cell lineage diverged from endothelial cells », *Blood* 1998 ; 93 : 1168-1177.

19. JAFFREDO T, GAUTIER R, EICHMANN A, and Dieterlen-Lièvre F, « Intraaortic hemopoietic cells are derived from endothelial cells during ontogeny », *Development* 1998 ; 125 : 4575-4583.

20. CORTÉS F, DEBACKER C, PÉAULT B and LABASTIE MC, « Differential expression of KDR/Flk-1 and CD34 defines distinct stages of endothelial and hematopoietic development in early human embryos », *Mech Dev* 1999 ; 83 : 161-164.

21. ZIEGLER BL, VALTIERI M, ALMEIDA PORADA G, DE MARIA R, MÜLLER R, MASELLA B, GABBIANELLI M, CASELLA I, PELOSI E, BOCK T, ZANJANI ED, PESCHLE C, « KRD receptor : a key marker defining hematopoietic stem cells », *Science* 1999 ; 285 : 1553-1558.

22. PROCKOP DJ, « Marrow stromal cells as stem cells for non-hematopoietic tissues », *Science* 1997 ; 276 : 71-74.

23. PEREIRA RF, HALFORD KW, O'HARA MD, LEEPER DB, SOKOLOV BP, POLLARD MD, BAGASRA O and PROCKOP DJ, « Cultured adherent cells from marrow can serve as long-lasting precursor cells for bone, cartilage, and lung in irradiated mice », *Proc Natl Acad Sci USA* 1995 ; 92 : 4857-4861.

24. FERRARI G, CUSELLA-DE ANGELIS G, COLETTA M, PAOLUCCI E, STORNAIUOLO A, COSSU G, MAVILIO F, « Muscle regeneration by bone marrow-derived myogenic progenitors », *Science* 1998 ; 279 : 1528-1530.

25. GUSSONI E, SONEOKA Y, STRICKLAND CD, BUZNEY EA, KHAN MK, FLINT AF, KUNKEL LM, MULLIGAN RC, « Dystrophin expression in the *mdx* mouse restored by stem cell transplantation », *Nature* 1999 ; 401 : 390-394.

26. JACKSON KA, MI T, and GOODELL MA, « Hematopoietic potential of stem cells isolated from murine skeletal muscle », *PNAS* 1999 ; 96 : 14482-14486.

27. HUANG S, TERSTAPPEN LWMM, « Formation of haematopoietic microenvironment and haematopoietic stem cells from single human bone marrow stem cells », *Nature* 1992 ; 360 : 745-749.

28. HUSS R, HONG DS, MCSWEENEY PA, HOY CA, DEEG HJ, « Differentiation of canine marrow cells with hematopoietic characteristics from an adherent stromal cell precursor », *Proc Natl Acad Sci USA* 1995 ; 92-748-752.

29. FLEMING WH, MULCAHY JM, MONTFORT MJ, « Transplantation of adult vascular tissue protects mice from lethal irradiation », ISEH '99, 28th annual scientific meeting, July 10-14, 1999, Monte Carlo, Monaco (abstract).

30. RÉMY-MARTIN JP, MARANDIN A, CHALLIER B, BERNARD G, DESCHASEAUX M, HERVÉ P, WEI Y, TSUJI T, AUERBACH R, DENNIS JE, MOORE KA, GREENBERGER JS, CHARBORD P, « Vascular smooth muscle differentiation of murine stroma. A sequential model », *Exp Hematol* 1999 ; 27 : 1782-1795.

31. DOHERTY MJ, ASHTON BA, WALSH S, BERESFORD JN, GRANT ME and CANFIEL AE, « Vascular pericytes express osteogenic potential in vitro and in vivo », *J Bone Miner Res* 1998 ; 13 : 828-838.

32. TRUETA J, « The role of the vessels in osteogenesis », *J Bone and Joint Surgery* 1963 ; 45 B : 402-418.

33. DE ANGELIS L, BERGHELLA L, COLETTA M, LATTANZI L, ZANCHI M, CUSELLA-DE ANGELIS MG, COSSU G, « Skeletal myogenic progenitors originating from embryonic dorsal aorta coexpress myogenic markers and contribute to postnatal muscle growth and regeneration », *J Cell Biol* 1999 ; 147 : 869-878.

34. BIANCO P and COSSU G, « *Uno, nessuno e centomila* : Searching for the identity of mesodermal progenitors », *Exp Cell Res* 1999 ; 251 : 257-263.

35. PETERSEN BE, BOWEN WC, PATRENE KD, MARS WM, SULLIVAN AK, MURASE N, BOGGS SS, GREENBERGER JS, GOFF JP, « Bone marrow as a potential source of hepatic oval cells », *Science* 1999 ; 284 : 1168-1170.

36. BJORNSON CRR, RIETZE RL, REYNOLDS BA, MAGLI MC, VESCOVI AL, « Turning brain into blood : A hematopoietic fate adopted by adult neural stem cells in vivo », *Science* 1999 ; 283 : 534-537.

37. LE DOUARIN N and KALCHEIM C, « The neural crest », *in Developmental and cell biology series*, Cambridge University Press, 1999, 2nd édition : 60-152.

38. EGLITIS MA and MEZEY E, « Hematopoietic cells differentiate into both microglia and macroglia in the brains of adult mice », *Proc Natl Acad Sci USA* 1997 ; 94 : 4080-4085.

39. KOPEN GC, PROCKOP DJ, and PHINNEY DG, « Marrow stromal cells migrate throughout forebrain and cerebellum, and they differentiate into astrocytes after injection into neonatal mouse brains », *Proc Natl Acad Sci USA* 1999 ; 96 : 10711-10716.

40. GERSON SL, « Mesenchymal stem cells : No longer second class marrow citizens », *Nature Med* 1999 ; 5 : 262-264.

41. SLACK JMW, « Stem cells in epithelial tissues », *Science* 2000 ; 287 : 1431-1433.

42. GAGE FH, « Mammalian neural stem cells », *Science* 2000 ; 287 : 1433-1438.

43. WATT FM and HOGAN BLM, « Out of Eden : Stem cells and their niches », *Science* 2000 ; 287 : 1427-1430.

44. CLARKE DL, JOHANSSON CB, WILBERTZ J, VERESS B, NILSSON E, KARLSTRÖM H, LENDAHL U, FRISÉN J, *Science* 2000 ; 288 : 1660-1663.

ANNEXE II

Les bases de données génétiques des créations intellectuelles sous sujétion bioéthique

NATHALIE MALLET-POUJOL[1]

Introduction

« Faire l'inventaire des cent mille mots du dictionnaire biologique de l'humanité[2]. »

Paginer ce dictionnaire en « balisant » et cartographiant le génome. Remplir de mots les pages de ce dictionnaire par le séquençage systématique des gènes, au moyen d'un alphabet de quatre lettres, A, T, C, G. Enfin, comprendre ces mots en décryptant le génome.

Telle est la perception du programme mondial[3] de recherche sur le génome que peut avoir le juriste, appréhension dérisoire d'un défi scientifique sans précédent…

Pourtant, « dictionnaire », « cartographie[4] », livre de l'homme[5], les mots ont une résonance privilégiée en droit de la propriété intellectuelle. Ce « livre de l'homme » a un support informatique : les bases de données sont au cœur du projet.

1. Chargée de recherche au CNRS, université Montpellier-I, mai 1998.
2. D. Cohen, *Les gènes de l'espoir, À la découverte du génome humain*, Robert Laffont, 1993, p. 64.
3. Sur le programme génome, voir *Le Journal du CNRS*, janvier 1998, Dossier génome, p. 13-20.
4. Sur le principe même de cartographie du génome humain, voir *Vers un anti-destin ? Patrimoine génétique et droits de l'humanité*, ouvrage collectif sous la direction de F. Gros et G. Hubert, Éditions Odile Jacob, 1992.
5. CCNE (Comité consultatif national d'éthique pour les sciences de la vie et de la santé), Éthique et recherche biomédicale, Rapport 1991, La Documentation française, 1993, p. 55.

« Un génome[1] humain est la succession de près de quatre milliards de fois les quatre bases (A, T, G et C) qui constituent le programme génétique conféré à chaque individu à sa naissance[2]. » Les informations résultant de l'analyse du génome sont stockées dans de multiples bases de données qui sont de natures très diverses[3].

On peut ainsi évoquer :

— les banques[4] de données relatives aux échantillons biologiques, c'est-à-dire contenant des informations nominatives sur l'origine des donneurs, les références des tubes et les séquences d'ADN identifiées,

— les banques de données sur les séquences génomiques qui sont anonymes et issues de séquençage[5] de fragments d'ADN,

— les banques de données spécifiques mettant en relation des informations génétiques et des commentaires et/ou des corrélats provenant d'autres variables.

Généthon a, par exemple, créé une infrastructure informatique « capable d'analyser et de stocker la masse considérable de données produites » par les programmes Cartographie physique[6], Cartographie génétique[7] et Genexpress. « Les résultats concernant les diffé-

---

1. Le génome se définit comme « l'ensemble des gènes des chromosomes qui contiennent des informations génétiques ». Un gène est une « séquence élémentaire d'ADN, ensemble de nucléotides, située en un point précis d'un chromosome et responsable des caractères héréditaires de l'individu. L'espèce humaine compte environ 40 000 gènes », *in* Rapport Lenoir, N. Lenoir, *Aux frontières de la vie : une éthique biomédicale à la française*, La Documentation française, 1991, Tome 1. Lexique p. 210.

2. *Éthique biomédicale à la française*, La Documentation française, 1991. Tome 1. Lexique p. 210.

3. Il convient de les distinguer des collections d'échantillons biologiques qui sont composées de tubes stockés dans des « armoires » et que l'on appelle souvent banques d'ADN. « Certaines banques de données sont des catalogues informatisés de collections. Elles permettent d'accéder directement à des spécimens qui sont des réservoirs de diversité génétique pour les espèces d'intérêt économique (agronomie, industries des biotechnologies, santé, etc.). À l'opposé d'autres banques sont des répertoires de séquences primaires d'acides nucléiques dont la vocation est de contenir tout ce qui est publié. Voir *Rapport du GREG* (Groupement de recherches et d'études sur les génomes) sur les banques de données en génétique, mai 1994 ; sur la méthodologie de création de ces bases de données, notamment la forme sous laquelle stocker ces données, voir D. Erickson, « Le déchiffrage du génome, » *in Pour la science*, Dossier hors série sur la génétique humaine, M1930, avril 1994, p. 45.

4. Les termes de base ou de banque de données seront indifféremment employés dans cet article. Les différentes terminologies n'ont pas d'incidence juridique. La directive communautaire a opté pour l'expression base de données. Voir Directive 96/9/CE du Parlement européen et du Conseil du 11 mars 1996 concernant la protection juridique des bases de données, JOCE, L 77/20 du 27 mars 1996.

5. Le séquençage consiste à « lire toutes les bases dans l'ordre, de la première à la trois milliardième », énoncer la succession des bases A, T, C, G du génome, tandis que le décryptage consiste à en « comprendre la signification », D. Cohen, *op. cit.*, p. 60-61.

6. La carte physique est dressée en « ordonnant ces quelques trois mille tronçons de bases bout à bout », c'est-à-dire en ordonnant physiquement des morceaux d'ADN, D. Cohen, *op. cit.*, p. 79. La carte physique n'est pas nominative puisqu'elle est élaborée à partir de plusieurs génomes humains.

7. La carte génétique donne « le positionnement approximatif de quelques milliers de points de repère sur le génome (de mille à un million suivant la finesse de la carte) ». La carte génétique suppose un retour sur l'individu dans la mesure où elle est liée à une maladie.

rentes carte (marqueurs ordonnés pour la carte génétique, contigs de YAC pour la carte physique, séquences codantes pour la carte des transcrits) sont stockés dans des bases spécifiques[1]. »

Ainsi, certaines banques de données ne comprendront que les milliers de séquences génomiques. Ces séquences se présentent sous la forme d'une succession et d'une combinaison de bases ATCG. D'autres vont stocker les séquences assorties de commentaires et/ou les travaux des différentes équipes de chercheurs travaillant sur le sujet. On peut également trouver des programmes affichant divers types de segments du génome, au moyen de représentations sommaires tels des triangles et rectangles grisés[2].

La recherche sur le génome est « totalement dépendante de l'outil informatique qui est peut-être déjà son étape limitante[3] », peut-on lire dans les revues spécialisées en génétique.

« Ces données pléthoriques resteront cependant muettes si les biologistes ne peuvent les consulter, les comparer aux autres connaissances génétiques, les interpréter, les tester, et les analyser en détail. Les informaticiens qui ont la charge de classer ces informations dans des banques de données doivent résoudre deux problèmes : sous quelle forme stocker les informations ? Comment les gérer et les consulter ? Tel un oracle, le génome humain ne livrera ses secrets que si on l'interroge astucieusement[4]. » Les banques de données sont donc un des éléments centraux de la recherche sur le génome et cristallisent une part du débat sur le statut du génome, avec ses enjeux scientifiques mais aussi industriels et commerciaux[5].

Paradoxalement le statut des bases de données génétiques, en termes de création intellectuelle n'a pas de grande spécificité. L'acte de création d'une base de données vaut acte de création d'un patrimoine reconnu par le droit. En tant que tel ce patrimoine sera protégé contre toute atteinte, avec une gradation dans la protection selon que le droit d'auteur aura ou non vocation à s'appliquer[6].

---

1. Plaquette de présentation du Généthon, p. 13.
2. Nos explications sont bien courtes et réductrices. Elles ont seulement pour finalité de montrer la variété des bases de données, dans leur structure et dans les matériaux qui les composent, ce qui peut induire une variété de régimes juridiques.
3. *Lettre du GREG*, n° 2, septembre 1994, p. 2.
4. D. Erickson, « Le déchiffrage du génome », *op. cit.*, p. 44.
5. Voir *Sciences et Avenir*, M 2667, mars 1994, « Le marché des gènes », p. 22-35.
6. Voir notamment 1) *Banques de données et droit d'auteur*, Actes du colloque organisé par MRPI et l'université de Paris-Dauphine, 27 novembre 1986, Librairies techniques, 1987 ; A. Lucas, *Le Droit de l'informatique*, collection Thémis Droit, PUF, 1987, n° 255 et s ; N. Mallet-Poujol, *La Commercialisation des banques de données*, CNRS Éditions 1993, n° 566 et s. ; M. Vivant, C. Le Stanc, L. Rapp, M. Guibal, *Lamy Droit de l'Informatique* (sous la direction de M. Vivant), Informatique, Télématique, Réseaux, Éditions Lamy S.A, mise à jour annuelle ; auxquels s'ajoutent tous les ouvrages de propriété littéraire et artistique.

Dès lors qu'une certaine originalité[1] sera reconnue à la base de données, le droit d'auteur la protégera. Cette protection est indifférente au statut du génome. Elle vise à consacrer le travail de collecte et d'organisation des données dans la base et confère au producteur la maîtrise de son exploitation, c'est-à-dire de son interrogation et de la reproduction du fonds documentaire qu'il a constitué. Il est protégé contre tout reproduction non autorisée de tout ou partie de la banque de données.

En outre, avec la directive concernant la protection juridique des bases de données, figure aux côtés de la protection par le droit d'auteur une protection *sui generis* accordant au « fabricant » d'une base de données la faculté « d'interdire l'extraction et/ou la réutilisation de la totalité ou d'une partie substantielle, évaluée de façon qualitative ou quantitative, du contenu de celle-ci, lorsque l'obtention, la vérification ou la présentation de ce contenu attestent un investissement substantiel du point de vue qualitatif ou quantitatif[2] ». Ce texte est sur le point d'être transposé en droit français, principalement par l'insertion dans le Code de la propriété intellectuelle d'un Titre IV, intitulé « Droit des producteurs de bases de données » et intégrant le droit *sui generis* prévu par la directive.

On mentionnera également l'arsenal de protection dite « non privative », qu'offre le droit de contrats (permettant au producteur de limiter et organiser contractuellement l'accès à sa banque et le droit de la responsabilité civile (notamment l'action en concurrence déloyale), susceptible d'en prévenir et sanctionner les utilisations parasitaires. Enfin le droit pénal offre ses secours avec la loi du 5 janvier 1988[3] (devenue articles 323-1 C. pén. et s.) réprimant la fraude informatique, de nature à réprimer certaines atteintes aux systèmes de traitements automatisé de données.

Bref, du point de vue de la protection des bases de données, le terrain est assez « balisé » juridiquement.

Pourtant ce qui trouble nos certitudes est toute la réflexion bioéthique qui doit être menée autour du matériau génétique mémorisé par ces bases.

Nous avons évoqué le terme de patrimoine constitué par la banque de données, dans son acception civiliste[4]. Ce concept est très riche car il porte en lui l'idée d'une universalité de droit, ensemble des biens et des obligations d'une personne, patrimoine créé et

---

1. La directive base de données précitée a opté pour le critère de l'originalité « au sens de la création intellectuelle de l'auteur » (considérant n° 16) posant que seront protégées comme telles par le droit d'auteur les bases de données qui, « par le choix ou la disposition des matières, constituent une création intellectuelle propre à leur auteur » (article 3.1).
2. Article 7 de la Directive du 11 mars 1996 précitée.
3. Loi n° 88-19 du 5 janvier 1988 relative à la fraude informatique, *JO* du 6 janv. 1988.
4. V.J. Carbonnier, *Droit civil*, Tome 3. *Les biens*, Collection Thémis Droit privé, PUF, 1992, p. 14 et s.

patrimoine à conserver. Mais ce terme a des résonances[1] dans d'autres branches du droit (droit des personnes, droit public international). Cette pluralité de sens est très forte et nous nous proposons de l'explorer à la lumière de la réflexion menée sur le sujet en droit français.

D'autres « patrimoines » affectent la liberté de création et d'exploitation de ce patrimoine constitué par la base de données.

La libre création est bridée par le droit des individus : la base de données est dépositaire d'une juxtaposition de « patrimoines » personnels.

La libre exploitation est bridée par le droit de la collectivité : la base de données est dépositaire de tout un « patrimoine » commun[2].

La base de données dépositaire d'un patrimoine personnel

Nous avons vu combien le concept de bases de données génétiques recouvrait de réalités différentes. Si la cartographie physique conduit à un traitement anonyme des données, nombre de banques de données vont receler des informations nominatives, pour assurer les enquêtes de cohortes, par exemple, ou parce que les données seront tellement denses qu'elles seront indirectement nominatives. C'est le patrimoine génétique de l'individu qui est étudié.

Selon la CNIL, les données génétiques au sens de la loi du 6 janvier 1978[3] sont soit des « données nominatives par la mention de l'identité de la personne ou de numéros renvoyant à l'identité ou encore d'une agrégation de données permettant de localiser la personne », soit des « données concernant le génotype d'un individu[4] ». Plus que jamais nous sommes au cœur de la problématique classique Informatique et Libertés. La nature du matériau engrangé dans la base impose, en effet, au producteur un certain nombre de formalités auprès de la CNIL, préalables à la création du traitement

1. Sur les diverses acceptions du concept de patrimoine, voir C. Labrusse-Riou, « L'enjeu des qualifications : la survie juridique de la personne », Revue *Droits*, n° 13, « Biologie, personne et droit », PUF 1991, p. 28 ; F. Bellivier et L. Boudouard-Brunet, « Les ressources génétiques et les concepts juridiques de patrimoine », *in Le Droit saisi par la biologie*, sous la direction de C. Labrusse-Riou, LGDJ, 1996, p. 179.
2. Nos réflexions concernent, bien entendu, principalement les bases de données génétiques humaines. Le concept de patrimoine personnel est certes sans objet pour les banques de données génétiques en agronomie, par exemple. La question du patrimoine collectif conserve en revanche toujours sa pertinence, en ce qu'elle intéresse l'appropriation du savoir.
3. Loi n° 78-17 du 6 janvier 1978 relative à l'informatique, aux fichiers et aux libertés, *JO* du 7 janv. 1979 et rectificatif au *JO* du 25 janv. 1978.
4. CNIL, (Commission nationale de l'informatique et des libertés), 12e rapport d'activité 1991, La Documentation française, 1992, p. 92.

automatisé ainsi que le respect, des modalités de collecte et de traitement des données (loyauté, information, sécurité, etc.).

Cependant deux questions ont leur particularisme avec les banques de données génétiques, la question du consentement de la personne concernée et du respect de la finalité du traitement automatisé.

Un accord à solliciter

Le consentement de la personne concernée a été au centre des discussions de la loi du 1er juillet 1994 relative aux fichiers de recherche dans le domaine de la santé[1]. Elle se double, pour les banques de données génétiques, d'une question qui intervient en amont, celle de l'opportunité même de la création de fichiers.

L'OPPORTUNITÉ DE LA COLLECTE

Cette question paraît bien paradoxale alors que l'on s'attache à déchiffrer le génome humain et que la banque de données est un des outils principaux d'analyse. Elle a un lien direct avec celle de l'opportunité même d'une recherche génétique[2]. « Convient-il d'imposer aux individus le déchiffrage de leur génome ? Cela va-t-il violer l'intimité[3] ? », telles sont les incertitudes évoquées par M. Sgaramella. Allant encore plus loin, on s'interrogera sur la finalité de cette recherche et sur la quête de connaissance[4] dont elle témoigne. Pour M.A. Hermitte, « une cartographie du génome humain ne peut être établie qu'avec beaucoup de prudence, sans précipitation, en se fondant sur une approche des grandes maladies, et non sur un souci de connaissance pure ou sur des espoirs de retombées potentielles[5]. Une approche de la question a été menée avec la « deuxième » loi bioéthique[6] qui dispose en son article 22 que « l'examen des caractéristiques génétiques d'une personne ou son identification par empreintes génétiques lorsqu'elle

1. Loi n° 94-548 du 1er juillet 1994 relative au traitement de données nominatives ayant pour fin la recherche dans le domaine de la santé et modifiant la loi n° 78-17 du 6 janvier 1978 relative à l'informatique, aux fichiers et aux libertés, *JO* du 2 juillet 1994.
2. Voir la suggestion de moratoires dans certains domaines de recherche ; sur la liberté de la recherche, V.B. Edelman, *in* « Génétique et Liberté », Revue *Droits* n° 13, « Biologie, personne et droit », 1993, p. 38.
3. Voir Sgaramella, *in Vers un anti-destin ? op. cit.*, p. 88.
4. Voir J-F. Mattéi, *in Vers un anti-destin ? op. cit.*, p. 85.
5. M.A. Hermitte, *in Vers un anti-destin ? op. cit.*, p. 528.
6. Loi n° 94-654 du 29 juillet 1994 relative au don et à l'utilisation des éléments et produits du corps humain, à l'assistance médicale à la procréation et au diagnostic prénatal, *JO* du 30 juillet 1994, p. 11060.

n'est pas réalisée dans le cadre d'une procédure judiciaire, ne peut être entrepris qu'à des fins médicales ou de recherche scientifique et qu'après avoir recueilli son consentement[1].

Ce débat de politique scientifique pourra paraître moins âpre, en l'espèce, car circonscrit à la question des données nominatives. Dans la mesure où le caractère personnel des données fait courir un risque d'atteinte à la vie privée de l'individu, la mémorisation informatique de telles données, sous une forme nominative, est-elle nécessaire et pertinente ? La CNIL a évoqué cette question à propos des banques de données de recherche génétique sur le glaucome. Après avoir, en 1987, émis un avis défavorable[2] sur un projet de recherche réalisé par l'INED, elle a, en 1991, estimé « opportun d'engager une réflexion sur les banques de données génétiques et les conséquences de leur utilisation au regard de la vie privée et des libertés individuelles[3] ». Il est clair que cette réflexion relève de l'éthique mais l'expérience et la démarche Informatique et Libertés sont précieuses pour l'approche des traitements informatiques, par la richesse de la réflexion sur les données à mémoriser en fonction de la finalité de la recherche (conduisant à la suppression de données non pertinentes) et sur les procédures d'anonymisation.

LE CONSENTEMENT À LA COLLECTE

Les modalités de collecte des données sont un des fondements de toute législation protégeant les données personnelles et, parmi elles, les conditions d'information et de consentement de la personne concernée. Avec les banques de données génétiques nous nous trouvons au carrefour de plusieurs textes qui se superposent et qu'il conviendra d'appliquer tour à tour. La première disposition vise les recherches génétiques, la seconde vise les traitements automatisés de données nominatives.

La recherche génétique a été encadrée par les lois bioéthiques de 1994 et le consentement de la personne concernée a été un des éléments clés du dispositif. Ainsi, l'article 16-10 du code civil[4] dispose que « l'étude génétique des caractéristiques d'une personne ne peut être entreprise qu'à des fins médicales ou de recherche scientifique. Le consentement de la personne doit être recueilli préalablement à la réalisation de l'étude ». De même, l'arti-

1. Article L 145-15, al.1 du Code de la santé publique (CSP).
2. CNIL, 8e rapport d'activité 1987, p. 107 puis avis favorable le 6 juillet 1993, Voir CNIL, 14e rapport d'activité 1993, p. 201, Voir également l'avis défavorable du CCNE (Comité consultatif national d'éthique pour les sciences de la vie et de la santé) du 19 janvier 1993, *in* Rapport CCNE, *Éthique et recherche biomédicale*, 1992-1993, La Documentation française, 1994, p. 71.
3. CNIL, 12e rapport d'activité, 1991, *op. cit.*, p. 92.
4. Loi n° 94-653 du 29 juillet 1994 relative au respect du corps humain, *JO* du 30 juill. 1994, art. 5.

cle L 145-15 du Code de la santé publique[1] dispose que l'examen des caractéristiques génétiques d'une personne ou son identification par empreinte génétique ne peut être entrepris « qu'après avoir recueilli son consentement. » Toutefois, « à titre exceptionnel, lorsque cette étude est entreprise à des fins médicales le consentement de la personne peut ne pas être recueilli, dans son intérêt et dans le respect de sa confiance. Sous les mêmes réserves, le consentement peut également ne pas être recueilli lorsque l'identification d'une personne par ses empreintes génétiques est recherchée à des fins médicales ».

Ainsi, en principe, un premier consentement est requis, visant à autoriser l'étude biologique dès lors qu'elle constitue une « étude génétique des caractéristiques d'une personne » ou « l'identification d'une personne par ses empreintes génétiques[2] ». Un deuxième consentement sera, le cas échéant, exigé à l'occasion du traitement automatisé des données.

1. Loi n° 94-654 du 29 juillet 1994, art. 22.
2. Voir N-J. Mazen, « Tests et empreintes génétiques : du flou juridique au pouvoir scientifique », *Les Petites Affiches*, n° 149, 14 décembre 1994, p. 70.

Collections d'échantillons biologiques d'origine humaine et bases de données de séquences génétiques

Anne Cambon-Thomsen

Quelques données actuelles, enjeux, questions et points de discussion

Médecins, chercheurs en biologie et industriels des entreprises pharmaceutiques et biotechnologiques sont concernés par les questions que soulèvent les banques d'échantillons biologiques humains et les bases de séquences. L'essor considérable des nouveaux outils et savoir-faire concernant les technologies de l'ADN et leur couplage avec l'informatique s'appuie sur les collections d'échantillons biologiques humains, dites biothèques ou biobanques, moins médiatisées et d'organisation plus confuse que les bases moléculaires de séquences, mais présentes en arrière-fond de façon fondamentale. Si les projets de décryptage du génome humain visent en premier lieu à établir séquence et carte des gènes humains sans tenir compte de leur variabilité au sein de l'espèce (polymorphisme, existence de variants), de nombreuses étapes de l'utilisation des informations et de l'élucidation des fonctions passent par l'exploration de cette variation dans des situations normales et pathologiques. Ce sont ces étapes qui requièrent l'utilisation de banques d'échantillons d'individus issus de diverses populations ou atteints de diverses pathologies.

Les bases de séquences

Elles sont toujours informatisées et ne sont pas toujours associées à des données sur des individus. Elles peuvent être orientées sur différents types de séquences : marqueurs, séquences génomiques, séquences complètes ou partielles de gènes exprimés, informations sur les tissus dans lesquels les gènes s'expriment, différentes mutations ou formes d'un même gène, aussi bien que fournir des données cartographiques sur l'emplacement des gènes et marqueurs dans le génome. Elles peuvent être générales comme les grandes bases de type GDB ou spécialisées comme les banques de mutations d'un gène donné ou les banques sur un type de gènes comme par exemple la banque imunogénétique IMGT, the international ImMunoGeneTics database (http://imgt.cines.fr:8104).

Le numéro d'accession de chaque séquence dans les banques renvoie à l'équipe qui a fourni cette séquence, souvent avec une référence bibliographique et éventuellement, par là, à l'individu donneur. Les banques de séquences sont valorisées et rendues plus utiles et plus utilisables par divers outils qui leur sont associés et qui impliquent tous la bio-informatique : annotation des séquences, disposition de moteurs de recherche et de logiciels spécifiques, d'interfaces notamment graphiques, d'intégration des divers types de cartes (génétiques, physiques, EST...), liens vers d'autres types d'informations structurales, fonctionnelles ou bibliographiques. La validation des données, l'intégration des différents types de données des différentes banques, les conditions de leur accessibilité, aussi bien par le secteur privé que public, la valorisation et la protection des outils développés autour des bases de séquences et qui conditionnent leur utilisation sont des questions importantes, pour une activité nécessairement internationale. La réglementation sur les bases de données s'y applique, mais il n'est pas facile de réglementer de façon adaptée les bases de données sur le patrimoine commun de l'humanité.

Les échantillons biologiques

Issus du corps humain, ils peuvent tous être sources d'acides nucléiques, le plus souvent ADN, même si le prélèvement initial n'était pas effectué dans le but d'études génétiques. La réunion d'échantillons biologiques provenant d'individus ou de familles, associés à des données généalogiques, cliniques, biologiques... qui peuvent être informatisées ou non constituent des collections. Une classification correspondant aux situations rencontrées en pratique en génétique peut être faite selon le degré du caractère identifiant des échantillons et des données associées (anonymes, anonymisés, traçables ou identifiants), selon le contexte et l'utilisation qui a motivé le prélèvement ou le don (recherche, contexte clinique de diagnostic ou de thérapeutique, contexte judiciaire), selon qu'il s'agit d'une collection déjà constituée ou prospective. Une collection est souvent constituée de manière opportune et se développe au fil du temps. L'utilisation peut se préciser ultérieurement ou évoluer plusieurs années après la collecte des échantillons. Dans de telles situations, c'est à l'usage que surgissent les questions, en particulier éthiques. En effet les collections soulèvent des questions éthiques et juridiques. Une collection constituée dans un but diagnostique ou thérapeutique et pouvant être utilisée par la suite dans une optique de recherche est une situation fréquente. La frontière entre ce qui relève encore de l'activité clinique et ce qui est de la recherche est souvent ténue et tout échantillon humain contient du matériel génétique. La loi française ne définit formellement que les collections se rapportant à des recherches en génétique : « Une collection désigne la réunion à des fins de recherche génétique, de prélèvements biologiques effectués sur un groupe de personnes identifiées et sélectionnées en fonction des caractéristiques cliniques biologiques d'un ou plusieurs membres du groupe, ainsi que les dérivés de ces prélèvements[1]. » Les distinctions opérées dans le droit français entre les différentes collections sont complexes à traduire dans la réalité des laboratoires. La multiplicité des procédures et la difficulté à s'y retrouver en pratique (instance auprès de qui déclarer la collection par exemple) ne facilitent pas les choses.

Consentement éclairé

La question du *consentement éclairé* est centrale et n'est pas simple, car si une conception étroite du consentement en génétique (un test donné au sens strict) empêche une utilisation des échantillons qui pourrait être bénéfique au plan scientifique sans nuire aux personnes, ou amène à re-contacter des personnes qui en retirent plus d'angoisse que de bénéfice, il est sûr qu'un consentement large et trop imprécis en génétique ne correspond pas à une infor-

1. Article L-1131-4 du Code de la santé publique modifié par la loi 96-452 du 28 mai 1996 (précédemment numéroté : L 145-16-1).

mation effective et n'instaure pas une protection efficace. La soumission à une instance éthique indépendante des diverses utilisations envisagées, avec un avis au cas par cas sur la nécessité de redemander un consentement aux personnes qui auraient consenti à des utilisations multiples de leur prélèvement pourrait être une modalité raisonnable. Une grille-consensus au niveau international sur les éléments que devraient comporter l'information et le consentement dans le cas de conservation d'échantillons aiderait grandement à progresser ; sont notamment importants à y aborder, la durée de la conservation et le devenir des prélèvements à l'issue de la période indiquée, les échanges prévus dans un cadre national et international, les modes d'accès aux échantillons, aux données issues des travaux, la transmission ou non de résultats selon le protocole et le choix de la personne, la possibilité ou non d'utilisation des échantillons par des sociétés privées... Les consentements permettant des choix multiples de contextes et conditions d'utilisation des échantillons, comme cela a été proposé au Canada, paraissent intéressants à développer.

Protection vis-à-vis de l'utilisation des données

La rigoureuse *protection vis-à-vis de l'utilisation des données* individuelles mais aussi de populations, dans un sens discriminatoire est difficile à organiser, mais c'est effectivement plus l'utilisation des données qu'il convient de bien encadrer que la simple protection de leur confidentialité.

Intérêt scientifique et économique

Les biobanques présentent un *intérêt scientifique et économique* majeur, par exemple pour le développement de la pharmacogénomique. Des moyens humains et matériels sont nécessaires pour assurer une bonne organisation, gestion et conservation, or l'activité de collection n'a qu'exceptionnellement, en France et dans d'autres pays européens, un financement spécifique du fait notamment d'une constitution progressive et en marge d'autres activités ; elle est non reconnue ou non présentée comme une activité en soi, sauf dans de très grandes banques. Le recours par le secteur public à des prestations de service de conservation est limité par l'absence ou l'insuffisance de budget identifié.

L'accès par des sociétés privées à des banques de matériel biologique

Cet aspect est important notamment pour les développements de pharmacogénomique. Selon la taille des entreprises et l'importance stratégique pour elles de l'accès à des collections d'échantillons deux attitudes caractéristiques existent : soit la constitution *de novo* de collections au sein de l'entreprise et souvent dans divers pays en tenant compte des facilités ouvertes par les législations ou par l'absence de législation, soit la recherche d'accès aux collections existantes constituées dans le secteur public notamment par des équipes de cliniciens ou par le biais du secteur associatif (associations de malades, etc.).

Ceci repose la question des relations public/privé pour ces collections, notamment des contrats d'exclusivité, qui ne peuvent être laissées au hasard des situations particulières ; outre celle des moyens financiers nécessaires pour des collections de qualité conservées à long terme qui doivent être trouvés aussi dans le secteur public si l'on ne veut pas aboutir à une marchandisation systématique des collections existantes ou à leur transformation en « activité fantôme » au fonctionnement obscur et met en lumière la nécessité de règles internationales pour les échanges dans ce domaine afin que la protection des personnes dans les divers pays, notamment les pays en développement en ce qui concerne l'utilisation et les échanges des échantillons soit autre chose qu'un rêve. Des échantillons de patients participant à des essais thérapeutiques dans le cadre d'essais multicentriques internationaux peuvent se retrouver utilisés pour l'étude de caractéristiques génétiques sans l'aval des patients, des profits peuvent être générés sans même que les donneurs en soient conscients ou informés.

Du point de vue réglementaire

Des pays comme la France (Tableau I) se sont dotés de lois qui encadrent la constitution, l'utilisation et les échanges de collections. Des textes à valeur supranationale en posent les principes fondamentaux. En l'absence de loi ou en complément, existent des recommandations émanant de comités d'éthique ou d'organisations professionnelles nationales et internationales (Tableau II). Tous affirment la primauté de la personne humaine sur la recherche et les intérêts de la société. La nécessité de concilier les progrès scientifiques, les impératifs économiques ainsi que le respect du corps humain, la protection et la dignité de l'individu induit des controverses et des situations complexes qui de fait retardent la mise en place en pratique des modalités précises de constitution, gestion et utilisation des collections, au moins en France. À côté des projets internationaux fortement médiatisés, s'intéressant à un pays comme « DeCode » en Islande ou à des populations variées comme le « Human Genome Diversity Project » existe *une multitude de biobanques de tailles et d'objectifs divers* dont l'organisation et l'utilisation sont mal connues. Cette variabilité des situations doit être prise en compte pour l'édiction des règles.

Quelles sont les pratiques et les enjeux liés aux collections ?

Deux projets en cours financés par la Commission européenne traitent de ces questions et permettront peut-être d'y voir plus clair dans l'état des lieux. Le but du projet EUROGAPP[1] en ce qui concerne les banques d'ADN est de formuler la position des milieux scientifiques et médicaux concernés et de préciser les enjeux sociaux, éthiques et légaux. Le second projet, EUROGENBANK[2], se fixe l'objectif d'examiner dans neuf pays, sur le plan éthique, juridique et économique, les conditions de constitution et de fonctionnement des différents types de collections de matériel biologique et/ou de données génétiques. Devant le flou actuel sur les banques existantes, de telles initiatives qui permettront de préciser l'état des lieux devraient être menées de façon plus systématique.

Relations médecins-chercheurs-patients face aux banques d'échantillons biologiques humains

Une autre conséquence de la banalisation des biobanques se dessine. Le médecin est conduit à tenir différents nouveaux rôles : il peut avoir la responsabilité d'une collection, participer à un projet ayant recours à une collection, être interpellé par des patients concernés directement ou à travers un proche dans la constitution d'une collection, faire appel à des personnes non malades. Quant

1. Coordonné par S. Aymé Inserm SC 11, Villejuif.
2. « Banking of genetic material and data in Europe : legal, ethical and economical issues » (Eurogenbank), programme BIOTECH (numéro BIO4-CT98-0570), coordonné par le Pr JC Galloux, université de Versailles-Saint-Quentin, et auquel participe l'auteur.

au patient, il peut tenir un rôle non pas seulement en tant que « demandeur » de soins mais aussi en tant que « fournisseur » d'échantillons biologiques utilisés et conservés pour la recherche et éventuellement en vue d'exploitation. Par conséquent, la symbolique de la relation médecin-malade, modifiée par l'émergence de positionnements nouveaux peut induire l'instauration d'un autre mode de relation.

Remerciements et commentaires

Les travaux sur lesquels s'appuie ce texte ont été menés en partie dans le cadre du projet Eurogenbank du programme européen Biotech N°BIO4-CT98-0570. Une partie de ce texte reprend une Tribune actuellement sous presse dans *La Revue du praticien* (DUBREUIL C., DUCHIER J., CAMBON-THOMSEN A., *Médecins, chercheurs et patients face aux banques d'échantillons biologiques humains*). Enfin les prises de position et avis n'engagent que l'auteur de ce texte.

QUELQUES RÉFÉRENCES

1. BUTLER D, SMAGLIK P. CELERA, « Genome licensing terms spark concerns over "monopoly" », *Nature* 2000 ; 403 : 231.

2. KNOPPERS BM, HIRTLE M, LORMEAU S, LABERGE CM, LAFLAMME M, « Control of DNA samples and information », *Genomics* 1998 ; 50 : 385-401.

3. MOUTEL G, DE MONTGOLFIER S, CORVIOLE K, GAILLARD M, DURLACH V, LEUTENEGGER M, et al., « Gestion des biothèques : analyse des enjeux éthiques », *Presse Med* 1999 ; 28 : 135-139.

4. DUGUET A, THOMAS A, RIAL E, DUCHIER J, CAMBON-THOMSEN A, « Les échanges d'échantillons biologiques en Europe, dans la recherche en génétique : aspects éthiques et juridiques, précautions à prendre », *Rev Méd Légale Droit Méd* 2000 ; sous presse.

5. LENOIR N, MATHIEU B, « *Les Normes internationales de la bioéthique*, Paris, PUF, 1998, 127 p.

6. CHADWICK R, « The Islandic database-do modern time need modern sagas ? », *BMJ* 1999 ; 319 : 441-444.

7. HGDP, M*odel ethical protocol for collecting DNA samples,* Stanford USA : Human Genome Diversity Project-Morrison Institute ; 1999 ; http://www.stanford.edu/group/morrison/hgdp/protocol.html

8. CAMBON-THOMSEN A, DE LARRE DE LA DORIE A, « L'éthique du consentement », *Biofutur* 1999 ; 1888:28-30.

9. MIANSONI C, « La réglementation des banques de matériels biologiques d'origine humaine », *Inserm Actualités* 1999 ; 165 : 12-13.

10. MISRAHI R, *La Signification de l'éthique*, Paris, Synthélabo, 1995, 185 p.

Tableau 1. — Textes réglementaires principaux, rapports et avis concernant les activités liées aux collections d'échantillons humains — France

Loi dite « Huriet-Sérusclat » *J.O.* du 22 décembre 1988	**Loi 88-1138 du 20 décembre 1988 modifiée** relative à la protection des personnes qui se prêtent à des recherches biomédicales modifiant le Code de la santé publique — Livre II *bis*	http://www.cnrs.fr/SDV/loibio.html
Lois dites de « bioéthique » *J.O.* du 30 juillet 1994	**Loi 94-653 du 29 juillet 1994** relative au respect du corps humain modifiant le Code civil Livre I titre 1 chapitre III **Loi 94-654 du 29 juillet 1994** relative au don et à l'utilisation des éléments et produits du corps humain, à l'assistance médicale à la procréation et au diagnostic prénatal modifiant le Code de santé publique Livre II *bis*	http://www.cnrs.fr/SDV/loirespectcorps. html http://www.cnrs.fr/SDV/loidoncorps.html
Articles R 673-10-1 à 10-15 du Code de la santé publique organisant la sécurité et les conditions des échanges biologiques *J.O.* du 18 avril 1996	**Décret 96-327 du 16 avril 1996** relatif à l'importation et à l'exportation d'organes, de tissus et de cellules du corps humain, à l'exception des gamètes modifiant le Code de la santé publique Livres VI et VII	http://ordmed.org/csp98/R673-10-5.html
Article L-1131-4 du Code de la santé publique modifié (précédemment numéroté : L 145-16-1), définit les collections et prévoit leur déclaration à l'autorité administrative *J.O.* des 29 mai et 6 juillet 1996	**Loi 96-452 du 28 mai 1996** portant diverses mesures d'ordre sanitaire, social et statutaire, décret non encore publié	http://ordmed.org/csp98/L145-16-1.html
Loi dite « Informatique et Liberté » 78-17 du 6 janvier 1978 modifiée en 1994 chap V *bis* *J.O.* du 2 juillet 1994	**Loi 94-548 du 1er juillet 1994** relative au traitement de données nominatives ayant pour fin la recherche dans le domaine de la santé et modifiant la loi relative à l'informatique, aux fichiers et aux libertés	http://www.cnil. fr

Rapport A. Claeys et C. Huriet sur les lois de bioéthique Assemblée nationale n° 1407 Sénat N° 232 22 février 1999	**Rapport sur l'Application de la loi du 29 juillet 1994** relative au don et à l'utilisation des éléments du corps humain, à l'assistance médicale à la procréation et au diagnostic prénatal	http://www.assemblée-nationale.fr/2/oecst/bioethique/r1407-01.html
Rapport du Conseil d'État remis au Premier ministre 25 novembre 1999	**Rapport** en vue de leur révision : Les lois de bioéthique : cinq ans après	http://www.ladocfrancaise.gouv.fr/
Avis du Comité consultatif national d'éthique pour les sciences de la vie et de la santé (CCNE) **Avis n° 025** sur l'application des tests génétiques aux études individuelles, études familiales et études de population. 24 juin 1991 **Avis n° 046** sur Génétique et Médecine : de la prédiction à la prévention. 30 octobre 1995 **Avis n° 058** sur le consentement éclairé et information des personnes qui se prêtent à des actes de soin ou de recherche. 12 juin 1998 **Avis n° 060** sur le réexamen des lois de bioéthique : Problèmes éthiques posés par la constitution et l'utilisation de collections d'échantillons biologiques en génétique humaine. 25 juin 1998		http://www.ccne-ethique.org/

Tableau 2. – Quelques textes réglementaires et recommandations encadrant les activités liées aux collections d'échantillons humains — Europe et niveau international

Code de Nuremberg Avril 1947	Extrait du texte du jugement du Tribunal militaire américain de Nuremberg, cas K. Brandt	Réseau d'information et de diffusion des connaissances en éthique médicale : http://www.inserm.fr/ethique/Ethique.nsf
Déclaration d'Helsinki Juin 1964	Recommandations de la 18e Association médicale mondiale à propos de la recherche biomédicale portant sur des sujets humains	http://www.inserm.fr/ethique/Ethique.nsf
Convention d'Oviedo 4 avril 1997	Convention européenne sur les droits de l'homme et la biomédecine	http://www.coe.fr/fr/txtjur/164fr.html Conseil de l'Europe
Déclaration universelle sur le génome humain et les droits de l'homme 3 décembre 1997	Déclaration de l'UNESCO (Organisation des Nations unies pour l'Éducation, la Science et la Culture)	http://www.unesco.org/ibc/fr/genome/projet/index.html
Avis du Groupe européen d'éthique des sciences et des nouvelles technologies 21 juillet 1998	**Avis n° 11** sur les aspects éthiques des banques de tissus humains	http://www.europa.eu.int/comm/secretariat general/sgc/ethics/fr/avis. htm Commission européenne
DNA Banking and DNA Analysis : Points to Consider 7 octobre 1987	Ad Hoc Committee on DNA Technology, American Society of Human Genetics	http://www.faseb.org/genetics/ashg/policy/pol-02.html
Statement on the Principled Conduct of Genetics Research 21 mars 1996	HUGO (Human Genome Organisation) Ethical, Legal, and Social Issues Committee	http://www.gene.ucl.ac.uk/hugo/conduct.html
Statement on DNA Sampling : Control and Access Février 1998	HUGO Ethics Committee	http://www.gene.ucl.ac.uk/hugo/sampling.html
Research Involving human biological materials : ethical issues and policy guidance Août 1999	National Bioethics Advisory Commission (NBAC) USA	http://www.bioethics.gov

Note sur les bases de données et de matériel biologique

JEAN-CHRISTOPHE GALLOUX

Une attention plus particulière doit être portée aux points suivants

Les droits intellectuels sur les bases de données et de matériel biologique

La directive du 11 mars 1996 sur la protection des bases de données a vocation à s'appliquer aux bases de données et de matériels biologiques.

Ceci suscite plusieurs difficultés :

— La question de la titularité des droits sur ces bases ou banques, lorsqu'elles se trouvent alimentées dans le cadre d'une coopération internationale, par une multiplicité d'acteurs.

— La question de l'exportation de ces bases ou leur interrogation vers ou par des pays qui ne connaissent pas de protection similaire.

Les droits sur les échantillons ou les données génétiques

Tous les pays ne connaissent pas la même protection des données personnelles, notamment médicales ou génétiques. C'est le cas des États-Unis. En conséquence, l'échange de données de ce type est rendu plus délicat voire même impossible (le droit communautaire issu de la directive communautaire de 1995 sur la protection des données personnelles y fait obstacle). Il ne saurait être question de s'aligner sur les pays dont la protection est moindre : il convient donc d'inviter les principaux partenaires de l'Europe à adopter un cadre juridique comparable à celui mis en place au sein de l'Union.

Même au sein de l'Union européenne, les lois diffèrent sur les questions d'importation ou d'exportation des échantillons biologiques (physiques) ; c'est ainsi que la France a récemment mis en place un régime d'autorisation administrative, inconnu ailleurs. Une harmonisation s'impose.

Le consentement des personnes à la mise en banque de leur matériel biologique ou de leurs données

Il conviendrait de requérir le consentement express des donneurs et d'une façon générale des patients sur le corps desquels des échantillons sont prélevés pour l'activité spécifique de mise en banque de ces échantillons.

Les textes internationaux, notamment la convention du Conseil de l'Europe sur la biomédecine prescrivent le consentement des personnes aux usages successifs des échantillons prélevés. Reste à savoir si un consentement initial « tous usages » peut être concevable.

Le droit d'accès aux connaissances des génomes

La qualification du génome humain « patrimoine commun de l'Humanité dans un sens symbolique » (déclaration de l'UNESCO) doit se traduire par le *principe du libre accès à* ces connaissances.

— Libre accès ne signifie pas accès gratuit mais accès non discriminatoire et à des coûts raisonnables, dans un délai raisonnable à compter des découvertes.

— Libre accès ne signifie pas liberté d'exploitation des données à titre industriel ou commercial mais possibilité de continuer les recherches sur ces données.

C'est le sens de la déclaration Clinton-Blair du printemps dernier : en ce sens, ce principe de liberté d'accès ne contredit pas la prise de droits de propriété intellectuelle.

Il est dommage que ce principe n'ait pas été formellement inscrit dans la déclaration de l'UNESCO : le rédacteur de ces lignes l'avait suggéré au milieu des années 1990 à son Exc. Gross-Espiell, alors en charge de sa rédaction, mais les esprits n'étaient pas encore mûrs. C'est aujourd'hui le cas.

Le modèle de ce mécanisme pourrait être le principe XII de la résolution 41-65 de l'ONU du 3 décembre 1986, qui en matière de télédétection affirme que les chercheurs de tous les pays peuvent avoir accès aux données recueillies par les satellites, sur une base non discriminatoire et à des conditions de prix raisonnables.

Ceci impose une meilleure coopération internationale et que les pratiques d'exclusivité mises en place par certains organismes soient limitées, notamment par l'application des règles du droit de la concurrence.

Information génétique[1]

TIM HUBBARD

Comme vous le signalez à juste titre (« In-gène-u » *(In-geneuous)* du 18 mars) il serait urgent d'engager une réforme du droit des brevets pour définir plus clairement les limites en ce qui concerne les découvertes génétiques. Le moteur de la révolution génétique est le projet du génome humain, financé par les pouvoirs publics et les ONG humanitaires, qui a déjà réalisé le séquençage et la cartographie des deux tiers du génome, et en décrit 10 % de plus chaque mois. Contrairement aux intérêts privés, l'action publique affiche quotidiennement et gratuitement les données qu'elle obtient sur internet pour que les chercheurs du monde entier puissent en faire usage librement et sans restrictions. Elle propose également une analyse des données brutes tout à fait comparable aux réalisations du privé.

Ces accès libre a permis aux chercheurs, universitaires ou industriels, une identification plus rapide des gènes associés à toute une série de maladies. De telles découvertes peuvent conduire à la naissance d'une vaste et nouvelle industrie biotechnologique destinée à mettre au point des thérapeutiques nouvelles. Toutefois, si les brevets protégeant ces découvertes devaient s'étendre à d'autres applications faisant intervenir les mêmes gènes, un grand nombre de nouveaux traitements prometteurs risqueraient de ne pas voir le jour, faute de susciter la volonté d'investissement nécessaire à leur aboutissement, et nous en subirions tous les conséquences.

C'est une question importante de savoir s'il serait bon ou mauvais pour la société dans son ensemble qu'une entreprise commerciale puisse contrôler l'accès aux connaissances fondamentales et

1. Lettre publiée dans *The Economist* du 15-21 avril 2000.

éventuellement en limiter la diffusion. Le droit des brevets ne nous éclaire pas sur ce point, et pourtant les scientifiques et les économistes trouveraient généralement à s'entendre. La pratique traditionnelle chez les chercheurs est d'afficher les séquences d'ADN dans des bases de données publiques, reconnaissant ainsi que la possibilité d'accès conditionne le progrès. Quant aux économistes, ils se méfient des monopoles depuis bien longtemps, car ils en connaissent les éventuels effets pervers.

Annotation ouverte : une solution démocratique au problème du séquençage du génome[1]

TIM HUBBARD
EWAN BIRNEY

Une lettre de Jean-Michel Claverie[2] évoque les problèmes que pose l'annotation complète des séquences du génome humain, sachant qu'une première version en sera disponible dans quelques mois. Nous partageons son point de vue sur un grand nombre de points, mais nous ne le suivons pas lorsqu'il déplore l'insuffisance de capacité bio-informatique pour faire une analyse de base utile. Depuis quelques mois, les laboratoires Sanger, en coopération avec l'Institut européen de bio-informatique du laboratoire européen de biologie moléculaire, mettent au point un système d'analyse automatique. Les résultats de la première version de Ensembl sont disponibles sur le site http://www.ensembl.org/. Le système suit déjà en temps réel la production quotidienne de séquences du génome humain. Il est basé sur une confirmation des prévisions *ab initio* par homologie et produit une annotation fonctionnelle avec Pfam[3]. Jusqu'à présent 17 045 fragments génétiques sont annotés à partir des 1 405 539 258 bases déjà traitées.

Nos propres travaux sur une analyse semi-manuelle de la séquence du chromosome 22 humain, nous font penser comme J.-M. Claverie que tout système d'analyse automatique a ses limites. Toutefois, un important sous-ensemble de gènes peut déjà faire l'objet de prévisions exactes, ce qui sera très utile pour se frayer un chemin dans cet immense volume de données. Un atout majeur du système est sa capacité à ne pas perdre des gènes de vue malgré la révision des séquences, ce qui sera très utile à mesure que se terminera le séquençage du génome au cours des deux prochaines années.

1. Article publié dans *Nature* du 24 février 2000.
2. Claverie, J-M, *Nature* 403, 12 (2000).
3. Bateman et al., *Nucleic Acids Research* 28, 263-266 (2000).

Les chiffres d'accès à Ensembl affectés aux gènes deviennent des identifiants définitifs s'appliquant toujours aux mêmes gènes pendant toute la durée de l'opération.

Comment dépasser le stade de l'annotation automatique de base ? J.-M. Claverie signale la confusion extrême qui résulterait de tentatives d'annotations faisant double emploi, chacune utilisant des normes différentes et des façons particulières de présenter les données. Il a également raison de dire qu'aucune équipe n'est en mesure d'annoter le génome entier à elle seule tout en faisant un travail de qualité constante. On pourrait régler le problème en confiant l'ensemble de ce travail d'annotation du génome à une entité monolithique qui y consacrerait 300 personnes-année. Une meilleure méthode consisterait à utiliser une « annotation ouverte » où les annotations à effectuer seraient confiées à une communauté de biologistes fortement motivée.

Nous pensons que la plupart des problèmes d'une annotation ouverte serait d'ordre technique, mais il est possible d'y remédier, et la question est déjà à l'étude. Avec Internet, on peut facilement établir des liaisons croisées entre différentes sources de données, mais les formats et les interfaces varient d'un site à l'autre. Une autre possibilité, particulièrement appropriée pour les données de séquençage, serait qu'un navigateur fusionne les annotations de sources de données multiples se superposant à un système de coordonnées de référence pour fournir à l'utilisateur un tableau unique d'annotations. Lincoln Stein et ses collègues travaillent actuellement sur un système de ce type (DAS) à base de XML (voir http://stein.cshl.org/das/). Il suffirait alors aux centres désireux de participer à l'annotation partielle ou complète du génome de synchroniser leur système de coordonnées avec celles du serveur de référence. Assurer le suivi d'un système de coordonnées pour un génome en évolution exige de substantielles ressources, mais il n'en serait pas nécessairement de même pour simplement conserver la synchronisation. Ensembl est un projet ouvert offrant un cadre commun ainsi que les outils de synchronisation dont tout le monde a besoin pour créer une annotation que chacun pourra consulter et utiliser.

La puissance d'un logiciel ouvert est bien connue[1], même s'il existe un risque que cette annotation ouverte vienne encombrer les biologistes d'une avalanche de notions contradictoires pour une même séquence. Néanmoins, nous restons optimistes. Les navigateurs permettront aux biologistes de sélectionner leurs sources de données. Comme pour certains sites Internet qui sont rapidement très appréciés, on saura bientôt que telle ou telle annotation est utile puisque sa sélection se fera aussi facilement que d'enregistrer un nouveau signet. Les logiciels se sont démo-

1. *Nature* 403, 229 (2000).

cratisés par des projets ouverts tels que Linux qui ont donné à chacun la possibilité d'y contribuer. L'annotation ouverte offre les mêmes possibilités pour les génomes et devrait donc accélérer notre décryptage génétique collectif sans avoir recours à des organismes d'annotation centralisés ni aux monopoles commerciaux.

Thérapie par cellules souches : les questions éthiques

Document de réflexion

NUFFIELD COUNCIL ON BIOETHICS

Le mandat est le suivant :

— Identifier et définir les questions d'ordre éthique résultant des progrès récents en matière de recherche biologique et médicale pour répondre aux préoccupations du public et les anticiper.

— Organiser l'examen et la procédure de rapport sur ces questions de façon à promouvoir la perception et la discussion de ces questions par le public ; il peut être nécessaire que de nouvelles directives soient édictées à cet effet par les autorités ou organes compétents.

— Publier les résultats de ces travaux ; et faire les représentations que le Conseil jugera nécessaires.

Le Nuffield Council on Bioethics est cofinancé par le Medical Research Council, la Nuffield Foundation et le Wellcome Trust.

Publié avec l'autorisation des Éditions Nuffield Council on Bioethics.

1. Membre coopté du Conseil pour la durée de sa présidence du groupe de travail sur l'éthique de la recherche sur la santé dans les pays en développement.

Participants à la table ronde

THÉRAPIE PAR CELLULES SOUCHES : LES QUESTIONS ÉTHIQUES

Professor Martin Bobrow CBE, département de génétique médicale, Cambridge Institute for Medical Research et vice-président du Nuffield Council on Bioethics.

Professor Tom Baldwin, département de philosophie, Université d'York, membre du Nuffield Council on Bioethics.

Lady Hornby, présidente de « The Kingwood Trust », membre du Nuffield Council on Bioethics.

Professor Alexander McCall-Smith, faculté de droit, Université d'Édimbourg.

Dr Anne McLaren DBE FRS, Wellcome/CRC Institute Cambridge, membre du Nuffield Council on Bioethics.

Secrétariat

Dr Sandy Thomas (directrice), Ms Susan Bull, Ms Julia Fox, Ms Yvonne Melia

Remerciements

Le Conseil souhaite remercier les participants à la table ronde pour l'aide qu'ils ont apportée à la préparation de ce document. Leur expérience s'est avérée irremplaçable. Le Conseil est également très reconnaissant au professeur Alastair Campbell et au Révérend Dr John Polkinghorne qui ont révisé une première rédaction de ce document.

Résumé

La possibilité de cultiver des cellules souches humaines à long terme, voire indéfiniment, et de diriger la manière dont ces cellules se spécialisent pour constituer les différents tissus du corps ouvre des perspectives considérables dans le domaine de la santé. On isole et cultive des cellules souches mais de nombreuses recherches restent nécessaires pour développer des lignées cellulaires qui permettent de créer des cellules et tissus de substitution destinés à traiter de nombreuses maladies. L'utilisation de cellules pluripotentes humaines reste discutée en particulier parce qu'une part importante de la recherche actuelle se concentre sur l'obtention de ces cellules à partir d'embryons humains et de tissus de fœtus morts. Nous avons examiné les questions éthiques posées par le potentiel des cellules souches provenant de dons d'embryons, d'embryons créés spécifiquement pour la recherche, de tissus de fœtus morts et de transfert de noyau de cellules somatiques (TNCS).

Nous concluons que le prélèvement et la culture de cellules provenant d'un don d'embryon ne témoignent pas d'une absence de respect pour l'embryon. Nous estimons qu'il n'y a pas de raison d'établir une différence morale entre les recherches à visée diagnostique ou procréative autorisées par la loi britannique et la recherche en vue de thérapies potentielles qui n'est pas autorisée. *Nous recommandons, par conséquent, que l'on autorise la recherche sur l'embryon humain pour développer des tissus permettant de soigner des maladies à partir de cellules souches embryonnaires (ES) et que l'Annexe 2 de la loi sur la fertilité humaine et l'embryologie soit amendée dans ce sens.* Le Conseil estime que tant qu'il y aura suffisamment de dons d'embryons appropriés résultant de traitements FIV pour les utiliser pour des recherches, il n'y a aucune raison de permettre la création d'embryons supplémentaires à seule fin d'accroître le nombre d'embryons disponibles pour la recherche sur les ES ou les thérapies. Nous proposons toutefois que cette question soit réexaminée.

Nous concluons que le code de pratique défini dans l'étude Polkinghorne propose un cadre approprié pour l'utilisation de tissus fœtaux pour la production de cellules germinales d'embryons (EG). Nous suggérons, cependant, que la question du consentement à l'utilisation de dons de tissus fœtaux pour l'extraction de cellules souches EG soit réexaminée dans le contexte des orientations et réglementations existantes. Bien que nous recommandions que les recherches soient autorisées, *nous recommandons également qu'afin de protéger tous les donneurs d'embryons qui pourraient théoriquement être identifiés par l'analyse de l'ADN d'une lignée de cellules ES, on leur demande un consentement spécifique à cette recherche et à toute utilisation ultérieure de la lignée cellulaire.*

Nous considérons que la recherche sur les TNCS et autres formes de reprogrammation du noyau des cellules somatiques humaines peut apporter de très importants progrès médicaux. Lorsqu'une telle recherche entre dans le cadre de la loi précitée, l'adoption de l'amendement à l'annexe n° 2 recommandé ci-dessus permettrait d'autoriser de telles recherches. Nous sommes conscients qu'une des objections possibles serait d'ouvrir la voie au clonage reproductif. Toutefois, le clonage reproductif (qui vise à produire un nouvel individu génétiquement identique au donneur du noyau) n'est pas autorisé dans le droit britannique ; l'objectif de cette utilisation proposée du TNCS est, au contraire, de permettre de rechercher des moyens de produire des cellules souches à fin de thérapie cellulaire et tissulaire.

Introduction

Dans le monde entier, on s'intéresse beaucoup aux moyens de découvrir et développer une source permanente de tissus qui puisse produire n'importe quel type de cellule et qui évite le problème de rejet des greffes. Les scientifiques ont commencé à isoler et cultiver des cellules souches humaines pluripotentes, c'est-à-dire les cellules qui ont une capacité illimitée de se diviser et la capacité potentielle d'évoluer pour constituer la plupart des cellules ou tissus spécialisés du corps. En juin 1999, le Nuffield Council on Bioethics a décidé de réunir une table ronde pour étudier les questions éthiques posées par la recherche sur les cellules souches humaines. Ce document de réflexion est le résultat de cette réunion qui s'est tenue au mois de septembre. Un avant-projet de document a été soumis au Groupe d'experts conseils sur le clonage thérapeutique du Chief Medical Officer (CMO) au mois de novembre[1].

Les recherches récentes suggèrent que les cellules souches humaines pourraient donner lieu à de nombreux types de cellules différentes, comme des cellules musculaires, nerveuses, cardiaques, sanguines et autres. Elles offrent par conséquent la possibilité d'avancées majeures dans le domaine de la santé. Les cellules souches pourraient, par exemple, être utilisées pour produire des cellules et tissus de remplacement pour traiter de nombreuses maladies, dont la maladie de Parkinson, Alzheimer, leucémie, attaque, cardiopathie, diabète, sclérose en plaques, polyarthrite rhumatoïde, lésions médullaires et problèmes dermatologiques, y compris les brûlures[2]. La disponibilité de cellules souches peut également modifier les méthodes d'essai des médicaments. Les essais d'efficacité et d'innocuité des nouvelles molécules pourraient être réalisés sur des cultures de tissu hépatique ou de peau provenant

1. En décembre 1998, la Commission consultative sur la génétique humaine (CCGH) et l'Autorité sur la fertilité humaine et l'embryologie (HFEA) ont coédité un rapport intitulé « Problématique du clonage : *Cloning Issues in Reproduction, Science and Medicine* ». Le gouvernement du Royaume-Uni a répondu en demandant au CMO de mettre en place un groupe consultatif chargé d'étudier le clonage thérapeutique chez l'homme. Une fois constitué, le groupe d'experts conseils du CMO a lancé un appel à contributions sur le clonage thérapeutique.

2. Les cliniciens peuvent, toutefois, ne pas être à même de cultiver ces cellules au niveau de complexité requis d'organisation pour former des organes complets comme le cœur. Les xénogreffes offrent actuellement un espoir de pouvoir fournir les organes nécessaires aux greffes.

de cellules souches avant d'être testés sur des personnes. Les futures recherches sur les cellules souches sont également prometteuses pour mieux comprendre les complexités du développement humain normal.

Les cellules souches ont la capacité de se multiplier indéfiniment. Elles peuvent produire de nouvelles cellules souches dotées du même potentiel et des cellules filles plus spécialisées. Cette propriété unique pourrait permettre de créer des banques de cellules ou de tissus indifférenciés ou spécialisés. Le traitement des tissus malades ou endommagés impliquerait la transplantation sur le patient de nouvelles cellules ou de nouveaux tissus du type concerné par la maladie en cause, comme des cellules cardiaques en cas de cardiopathie. Dans les recherches récentes sur l'animal, des cellules souches injectées dans le cœur se sont incorporées au muscle cardiaque et se sont avérées battre en rythme avec le cœur du receveur.

Différentes formes de cellules souches conservent des possibilités diverses de se différencier en tissus spécialisés. Les cellules souches *multipotentes*, c'est-à-dire des cellules qui peuvent être multipliées et maintenues en culture mais n'ont pas un potentiel de renouvellement illimité, peuvent être prélevées sur des fœtus et sont présentes tout au long de la vie, mais leur nombre diminue progressivement chez les adultes. La recherche a tenté de déterminer si les cellules souches multipotentes d'un type donné (comme les cellules neurales) pouvaient se différencier en un autre type de cellules souches. Bien que des recherches récentes aient montré que des cellules neurales injectées dans le sang de souris pouvaient donner naissance à des cellules sanguines, ces résultats restent à confirmer. D'autres recherches sur la transplantation de cellules souches multipotentes dans le modèle des souris « shiverer » de la sclérose en plaques ont démontré que ces cellules pouvaient se différencier pour former les cellules gliales neurales absentes chez les patients atteints de sclérose en plaques. L'utilisation de lignées de cellules souches fœtales pourrait réduire l'utilisation thérapeutique qui est faite actuellement de tissus fœtaux. Par exemple, au lieu d'utiliser les tissus neuraux de six fœtus nécessaires à traiter un seul patient parkinsonien, les cellules souches neurales d'un seul fœtus pourraient servir à créer une lignée cellulaire permettant de traiter de nombreux patients.

Les cellules souches *pluripotentes* ont le potentiel de donner n'importe quelle cellule d'un animal adulte[1]. Lorsque ces cellules proviennent d'un embryon, on les appelle cellules souches embryonnaires (ES : *embryonic stem cells*). Lorsqu'elles proviennent des cel-

1. Les cellules souches pluripotentes proviennent du blastocyste (ou vésicule de cellules) formé au début du développement embryonnaire. Ces cellules souches ne peuvent pas se développer seules pour produire un animal complet parce qu'à ce stade embryonnaire, les cellules externes et certaines des cellules internes du blastocyste se sont déjà différenciées. Les cellules souches pluripotentes sont par conséquent incapables de donner des tissus comme le placenta qui est essentiel au développement de l'embryon.

lules germinales primordiales d'un fœtus (la région destinée à se développer en sperme ou œufs), on les appelle cellules germinales embryonnaires (EG : *embryonic germ cells*). La recherche se concentre actuellement sur les cellules ES parce que les tentatives faites pour produire des cellules de tous types de cellules adultes chez la souris ont donné lieu à des anomalies. Les cellules *totipotentes*, selon une définition, peuvent se différencier en toute sorte de lignées cellulaire existant dans l'embryon en développement et par conséquent pourraient produire un embryon à elles seules[1]. Une autre définition identifie les cellules totipotentes aux cellules pluripotentes, qui ne peuvent pas, à elles seules, produire un embryon.

La recherche visant à établir des lignées cellulaires qui puissent se répliquer indéfiniment utilise actuellement des cellules ES et EG collectées respectivement sur des embryons et des fœtus. Six à huit lignées de cellules pluripotentes ont été développées aux États-Unis et à Singapour. Il n'y en a pas encore au Royaume-Uni. Dans la mesure où les progrès de la recherche devraient amener à la constitution de banques de cellules souches, les besoins en tissus embryonnaires et fœtaux devraient diminuer grâce à l'autoréplication des cellules souches.

La portée potentielle de cette technologie et la diversité de ses applications sont d'une très grande ampleur. Les premières nouveautés seront vraisemblablement l'apparition de banques de tissus et cellules différenciés et indifférenciés destinés aux transplantations. Comme pour les transplantations d'organes, les transplantations de ces cellules provoqueront des rejets. L'importance des rejets dépendra du type de tissu transplanté : les cellules souches neurales sont protégées dans une certaine mesure en raison de la nature immunologique particulière du cerveau. Dans le cas de cellules musculaires, épidermiques ou pancréatiques, les problèmes de rejet seront plus importants. Il sera possible d'utiliser des immunosuppresseurs mais à long terme, ils pourraient augmenter le risque d'infection ou de cancer. Les cellules transplantées peuvent être encapsulées pour prévenir l'attaque de cellules de l'hôte, comme par exemple dans le cas de greffe de cellules pancréatiques qui permettraient de libérer l'insuline tout en protégeant la cellule greffée. Une telle méthode ne sera, cependant, pas toujours possible. Les cellules cardiaques, par exemple, doivent être rattachées au tissu cardiaque pour battre de manière synchrone. Une solution potentielle au problème de rejet des cellules transplantées serait le développement de collections très complètes de cellules souches pluripotentes constituées de cellules compatibles avec presque

1. On définit les cellules souches totipotentes de deux façons : soit comme des cellules capables de produire individuellement un organisme adulte complet, soit comme des cellules qui peuvent donner naissance à n'importe quelle lignée cellulaire du fœtus en développement. Selon la première définition, elles ne sont présentes que pendant une brève phase du développement embryonnaire, probablement seulement jusqu'au stade 2-4 cellules chez l'homme.

n'importe quel receveur. Toutefois, le nombre de génotypes immunologiques différents est très grand.

Il a également été proposé que le noyau provenant d'un don d'ovocyte[1] puisse être retiré et remplacé par le noyau d'une cellule somatique du patient. C'est ce qu'on appelle transfert de noyau de cellules somatiques (TNCS). Chez l'animal, des embryons produits par TNCS peuvent, dans quelques cas, poursuivre un développement normal. S'il s'avérait possible, chez l'homme, de créer un blastocyste[2] *in vitro* par TNCS, toute cellule souche pluripotente cultivée à partir de l'embryon résultant serait génétiquement pratiquement identique au patient et ne provoquerait pas de réaction de rejet immunitaire si on l'injectait à ce patient. Bien que la formation de telles cellules passe par la création d'un embryon, une fois que l'on aura déterminé comment l'ovocyte reprogramme les noyaux de cellules somatiques adultes, les chercheurs pourront peut-être créer des lignées de cellules pluripotentes directement à partir des patients et contourner le stade embryonnaire. Cette méthode demande encore beaucoup de recherches avant qu'on ne puisse la considérer comme une éventualité sérieuse[3].

Réglementation au Royaume-Uni

Au Royaume-Uni, toute recherche sur l'embryon humain est régie par la loi sur la fertilité humaine et l'embryologie (1990) (loi HFE). L'utilisation de tissus fœtaux à partir desquels pourrait se faire la collecte de cellules EG est soumise aux directives définies dans l'étude Polkinghorne (1989)[4]. Le développement et l'utilisation de lignées cellulaires sont soumis aux réglementations de santé et sécurité ainsi qu'aux directives de bonnes pratiques. Dans la section suivante, nous discuterons les dispositions relatives :

— à l'utilisation d'embryons
— à l'utilisation de fœtus
— au transfert de noyaux de cellules somatiques
— aux lignées de cellules souches.

1. Un ovocyte est un « œuf », il représente la cellule germinale femelle.
2. Un blastocyste est une vésicule composée de cellules et qui se développe environ cinq jours après la fertilisation et avant l'implantation dans la paroi utérine. La couche externe des cellules blastocystaires forme le placenta tandis que les cellules internes forment l'embryon et ses membranes.
3. The Royal Society (2000), *Therapeutic Cloning : A submission by the Royal Society to the Chief Medical Officer's Expert Group,* The Royal Society, London.
4. Comité de réexamen des directives sur l'utilisation aux fins de recherche des fœtus et matériaux fœtaux (1989), *Review of the Guidance on the Research use of Fetuses and Fetal Material* HMSO, London.

L'UTILISATION D'EMBRYONS

L'autorité sur la fertilité humaine et l'embryologie (HFEA) est un organe statutaire de réglementation instauré par la loi HFE. La tâche principale de la HFEA est d'autoriser et contrôler les cliniques effectuant des fertilisations *in vitro*, des inséminations par donneur et de la recherche sur embryons humains. La loi HFE permet des recherches autorisées sur l'embryon humain jusqu'au quatorzième jour de développement[1]. Aux termes de la loi HFE, effectuer un traitement en utilisant des embryons humains *ex vivo*, utiliser des gamètes provenant de dons, conserver des ovocytes, du sperme ou des embryons, ou entreprendre des recherches sur l'embryon humain sans autorisation de la HFEA, constitue un délit pénal. Comme la constitution de cellules souches implique une recherche sur l'embryon humain, elle est soumise à la loi.

La collecte d'une cellule souche pluripotente à partir d'un don de blastocyste, ou la création d'un embryon à fin de recherche, exige, comme toute autre recherche sur l'embryon une autorisation de la HFEA[2]. Toutefois, l'annexe 2 de la loi HFE précise que la HFEA ne peut autoriser aucune recherche à moins que l'autorité ne l'estime souhaitable ou nécessaire pour atteindre un des objectifs suivants :

— faire progresser le traitement de la stérilité,

— faire progresser la connaissance sur les maladies congénitales,

— faire progresser la connaissance sur les causes d'avortement spontané,

— mettre au point des techniques contraceptives plus efficaces, ou

— mettre au point des méthodes permettant de détecter la présence d'anomalies génétiques ou chromosomiques chez les embryons avant implantation, ou tout autre objectif défini par les règlements édictés par le secrétaire d'État[3].

L'utilisation thérapeutique des cellules souches n'a pas été prise en considération à la date de la rédaction de la loi et aucune

1. Le stade de 14 jours précède immédiatement l'apparition du sillon primitif, stade auquel le développement des embryons individuels et la détermination cellulaire du fœtus à venir sont fixés.

2. Des autorisations de collecter des cellules de blastocystes ont été accordées pour des recherches portant sur le traitement de la stérilité, pour étudier la culture d'embryons au stade blastocystaire puis pour tenter d'en prélever des cellules souches pour améliorer les conditions de culture et évaluer le développement potentiel de tels blastocystes. Des autorisations ont également été accordées pour créer des embryons à des fins de recherches spécifiques, par exemple, lorsqu'il s'agit de déterminer si des ovocytes non fertilisés peuvent être congelés sans danger ou pour étudier le développement d'un embryon lorsque l'ovocyte a été fertilisé par un spermatozoïde immature par injection intracytoplasmique (ICSII).

3. À cet effet, les pouvoirs du secrétaire d'État sont limités par le paragraphe 3(3) de l'annexe 2.

disposition ne s'y réfère. Une réglementation visant à autoriser le prélèvement de cellules ES à des fins thérapeutiques devrait être présentée au Parlement, mais ne demanderait pas de modification de la législation de référence. Le rapport de la HFEA et de la commission consultative sur la génétique humaine (HGAC)[1] recommande que le secrétaire d'État considère l'ajout de deux objectifs à la liste ci-dessus tirée de l'annexe 2 :

- mettre au point des méthodes de traitement des maladies mitochondriales[2] ;
- mettre au point des méthodes de traitement des tissus ou organes malades ou endommagés.

L'UTILISATION DES FŒTUS

Il n'existe pas, au Royaume-Uni, de disposition statutaire régissant l'usage qui peut être fait des tissus de fœtus morts, bien que la loi sur l'avortement (1967) prévoie la légalité de l'avortement qui rend les tissus fœtaux disponibles. Toute utilisation ultérieure des tissus de fœtus morts a été prise en considération en 1989 par le comité Polkinghorne qui a révisé les directives sur l'utilisation par la recherche des fœtus et matériaux fœtaux et a recommandé un code de pratique[3]. Les utilisations envisagées dans cette étude pour les tissus concernent l'enseignement, la thérapie et la recherche. L'étude Polkinghorne conclut que les « comités d'éthique devraient prendre en compte toutes les propositions d'étude impliquant des fœtus et des tissus fœtaux, morts ou vivants, ou classés dans les domaines de la thérapie ou de la recherche en raison de la forte préoccupation du public à ce sujet ». Les comités d'éthique de la recherche au Royaume-Uni ont déjà donné leur approbation à la technique qui permet de transplanter des tissus de fœtus morts dans le cerveau de patients souffrant de maladie de Parkinson.

TRANSFERT DE NOYAUX DE CELLULES SOMATIQUES

Une façon d'éviter les rejets des greffes de cellules ou de tissus provenant de cellules somatiques serait d'utiliser des cellules souches issues des propres cellules du patient (voir paragraphe 8). Cela impliquerait l'implantation d'un noyau de cellules somatiques du patient dans un ovocyte énucléé. L'ovocyte serait alors cultivé

1. Human Genetics Advisory Commission and Human Fertilisation and Embryology Authority (1998), Cloning Issues in Reproduction, Science and Medicine, Department of Trade and Industry, London.
2. Certaines maladies mitochondriales sont dues à des mutations de l'ADN (acide désoxyribonucléique) mitochondrial, plutôt que de l'ADN nucléaire. Dans la mesure où les mitochondries ne sont héritées que par les femmes, ces maladies ne se manifestent que dans les lignées maternelles.
3. *Review of the Guidance on the Research Use of Fetuses and Fetal Material* (1989) (Cm 762), Her Majesty's Stationery Office, London.

jusqu'au stade du blastocyste et les cellules souches seraient utilisées pour démarrer une lignée de cellules. La loi HFE interdit expressément un type de clonage, qui implique « le remplacement du noyau d'une cellule embryonnaire par un noyau prélevé sur une cellule d'une autre personne ». Toutefois, la technique envisagée ci-dessus concerne l'implantation dans un œuf et non dans un embryon, et n'est par conséquent pas spécifiquement couverte par l'interdiction de clonage prévue par la loi.

Les ministres et la HFEA sont, néanmoins, satisfaits que la loi HFE permette à la HFEA de réguler le remplacement du noyau de l'œuf infécondé au moyen de son système d'autorisation[1]. Ces recherches, soumises à autorisation, seraient rendues possibles en vertu des objectifs supplémentaires proposés dans le rapport HFEA/HGAG, à condition d'être jugées « nécessaires et souhaitables ». Bien que les membres de la HFEA aient admis que ce type de recherche, tant qu'il n'a pas de visée reproductive, serait pris en considération[2], le rapport précise que « les applications de recherche impliquant un remplacement du noyau de l'œuf sont vraisemblablement encore éloignées pour diverses raisons. Conformément à la politique générale de la HFEA, des recherches complémentaires sur des embryons animaux sont encore nécessaires avant qu'il ne soit justifié d'utiliser des embryons humains ».

LIGNÉES DE CELLULES SOUCHES

Que se passe-t-il une fois que la lignée de cellules souches est établie ? Le Department of Health (ministère de la Santé) et d'autres organisations comme le Medical Reseach Council et le comité britannique de coordination de la recherche sur le cancer ont mis au point des directives pour leurs propres chercheurs et pour les autres utilisateurs de leurs lignées cellulaires. Les collections de cellules souches pluripotentes importées ou préparées au Royaume-Uni seraient couvertes par ces directives et les règlements de santé et sécurité qui s'appliquent aux lignées cellulaires établies. Lorsque la recherche sur ces cellules concerne des patients, les dossiers, prélèvements ou locaux du NHS, l'autorisation des comités d'éthique de la recherche serait requis.

---

1. Human Genetics Advisory Commission and Human Fertilisation and Embryology Authority (1998), *Cloning Issues in Reproduction, Science and Medicine,* Department of Trade and Industry, London, paragraphe 3.4.
2. Human Genetics Advisory Commission and Human Fertilisation and Embryology Authority (1998), *Cloning Issues in Reproduction, Science and Medicine,* Department of Trade and Industry, London, paragraphe 3.9.

LES QUESTIONS ÉTHIQUES

L'utilisation de cellules ES et EG humaines pose des questions éthiques importantes et qui portent principalement sur l'origine des cellules et la manière dont elles ont été obtenues. Le fait que ces cellules impliquent actuellement l'utilisation d'embryons humains et de tissus de fœtus morts signifie qu'un examen attentif des questions éthiques doit être fait avant de permettre à la recherche d'avancer dans ce domaine. Le Royaume-Uni et d'autres pays ont connu un débat long et approfondi sur la moralité de la recherche sur l'embryon humain et l'interruption volontaire de grossesse. Bien que l'un et l'autre soient autorisés au Royaume-Uni, cela n'empêche pas la poursuite du débat moral et les points de vue divergent fortement sur les questions éthiques posées par ces recherches. Toutefois, en étudiant les questions éthiques posées par l'utilisation des cellules souches nous nous sommes concentrés sur des questions qui viennent en plus de celles qui sont déjà traitées par la législation et les directives britanniques.

Un grand nombre des questions relatives à la recherche sur l'embryon ont été traitées dans le Rapport Warnock, publié en 1984[1], la loi HFE et les délibérations ultérieures de la HFEA. Nous abordons les questions éthiques relatives à la source des cellules souches, y compris des embryons résultant des traitements de la stérilité, les embryons créés spécifiquement à fin de recherche, les tissus de fœtus morts et le transfert de noyaux de cellules somatiques.

L'UTILISATION D'EMBRYONS PROVENANT DE DONS POUR PRODUIRE DES CELLULES ES

Le débat autour du statut moral de l'embryon humain s'est concentré sur la question de savoir si l'embryon devait être traité comme une personne, ou au moins comme une personne potentielle. Si l'embryon est considéré dans ces termes, alors, il devient moralement impossible de permettre de l'utiliser comme un moyen d'atteindre une fin, plutôt que comme une fin en soi. Cela interdirait toute recherche sur l'embryon et toute autre procédure ne visant pas directement un avantage pour l'embryon en question. Le prélèvement de cellules d'un embryon ne serait pas alors moralement possible sans préjuger de ce que ces cellules puissent être utilisées pour le bien d'une autre personne.

Cette question a été discutée de manière approfondie avant l'adoption de la loi HFE. Le Parlement a admis que la recherche sur l'embryon est moralement acceptable à des fins spécifiques pourvu

1. *Report of the Committee of Inquiry into Human Fertilisation and Embryology* (1984) (Cm9314), Her Majesty's Stationery Office, London.

qu'elle soit limitée aux quatorze jours suivant la fertilisation et à la condition qu'aucun embryon soumis à un protocole de recherche ne soit réimplanté dans l'utérus. Il n'a, toutefois, exprimé aucune opinion quant à la légitimité morale de la culture de cellules provenant d'embryons et de leur utilisation à des fins thérapeutiques.

Un embryon provenant d'un don a été créé afin d'être implanté dans l'utérus. S'il n'est pas implanté, il n'a plus d'avenir et dans le cours normal des choses, il doit pouvoir périr ou être donné à la recherche. Nous considérons que le prélèvement et la culture de cellules provenant d'un tel embryon ne manifestent pas un manque de respect pour l'embryon. En réalité un tel procédé peut être assimilé à un don de tissu.

Il est probable qu'un certain temps s'écoulera avant que des thérapies fondées sur le développement de cellules ES ne voient le jour. En attendant, des recherches seront nécessaires et, cela, bien entendu, sera une forme de recherche sur l'embryon. La recherche sur l'embryon est autorisée par la loi HFE, mais seulement aux fins définies par la loi. Ces fins comprennent la recherche sur des méthodes diagnostiques et la reproduction et ne couvrent pas la recherche sur les thérapies (paragraphes 9-11). De notre point de vue, cependant, il n'existe pas de raison de faire une distinction morale entre ces deux formes de recherche. La recherche sur des thérapies potentielles n'est pas qualitativement différente de la recherche sur les méthodes de diagnostic ou la reproduction. Ni l'une ni l'autre ne bénéficie à l'embryon sur lequel est effectuée la recherche, mais l'une et l'autre pourront, dans le futur, bénéficier à des personnes. Chacune de ces formes de recherche revient à utiliser l'embryon comme un moyen pour atteindre une fin, mais dans la mesure où nous en avons reconnu la justification morale pour les recherches sur l'embryon actuellement autorisées, il ne semble pas exister de bonnes raisons d'interdire les recherches sur l'embryon lorsque le but de la recherche est de mettre au point des thérapies pour d'autres personnes. *Nous recommandons, par conséquent, que les recherches impliquant des embryons humains soient autorisées pour permette la mise au point de thérapies tissulaires à partir de collections de cellules ES et que l'annexe 2 de la loi HFE soit amendée dans ce sens.* L'établissement de lignées cellulaires permettra peut-être de rendre inutile l'utilisation d'embryons donnés à cette fin. Ceci suggère que la question morale pourrait n'être que « transitoire », bien qu'il puisse y avoir des questions morales concernant l'utilisation de telles lignées cellulaires. Nous traiterons de ce point ci-dessous.

CONSENTEMENT

Au Royaume-Uni, les couples subissant un traitement fertilisant doivent spécifier l'utilisation qui peut être faite des embryons créés à partir de leurs gamètes, y compris si les embryons peuvent être utilisés dans un projet de recherche. L'annexe 3 de la loi HFE définit les conditions pour que ce consentement soit valable. L'annexe prévoit que les couples « doivent avoir la possibilité de recevoir un conseil approprié quant aux implications qu'entraîne la démarche proposée » et qu'ils « doivent recevoir toute l'information appropriée ».

Dans la pratique, au Royaume-Uni, les informations fournies aux donneurs potentiels varient d'un centre à l'autre. Certains centres donnent un avis général sur le type de recherches pour lesquelles on utilise des embryons (voir les cinq catégories autorisées citées ci-dessus et définies par l'annexe 2 de la loi HFE). D'autres centres, au contraire, qui effectuent eux-mêmes des recherches peuvent fournir des brochures d'information explicitant le projet de recherche dans lequel l'embryon sera utilisé ainsi que les buts et objectifs de ces recherches. D'autres centres donnent les détails de deux ou trois projets pour lesquels l'embryon pourrait être utilisé et les couples peuvent choisir de consentir à des projets spécifiques[1].

Nous considérons que l'utilisation de tissus embryonnaires dans des projets de recherche destinés à établir des lignées de cellules ES pose des questions relatives au consentement différentes de celles que posent d'autres formes de recherches autorisées au titre de l'annexe 2 de la loi HFE. Bien que l'établissement d'une lignée de cellules implique la destruction de l'embryon, l'ADN (acide désoxyribonucléique) de la cellule de l'embryon a le potentiel d'exister indéfiniment en culture. Les cellules pourraient finalement être utilisées dans une vaste gamme d'applications thérapeutiques et, par analyse de l'ADN, cette lignée pourrait théoriquement permettre de remonter aux donneurs d'embryon originels. La potentialité théorique de remonter à la source d'une lignée cellulaire n'est pas l'apanage exclusif des cellules ES, mais de toutes les lignées de cellules provenant de dons de tissus. Par conséquent, lorsqu'on envisage une recherche spécifique visant à établir une lignée cellulaire, il conviendrait de demander explicitement aux donneurs d'embryons s'ils consentent ou non à cette recherche et à l'utilisation ultérieure de cette lignée cellulaire[2]. Nous faisons nôtres les recommandations suivantes du rapport de la commission consultative nationale bioéthique américaine (1999) (NBAC : National Bioethics Advisory Commission).

Au cours de la présentation sur les utilisations potentielles des embryons pour la recherche, la personne demandant le don devrait :

---

1. M. Wall (1999), Inspector Co-ordinator, HFEA. Communication personnelle.
2. Nous notons que toutes les personnes souhaitant faire un don d'embryon n'ont pas besoin d'être invitées à faire ce don afin de créer une lignée immortelle de cellules souches, dans la mesure où très peu d'embryons donnés pour la recherche seront effectivement nécessaires à cette fin.

— préciser que la recherche sur les cellules ES ne vise pas à produire un bien médical pour les donneurs d'embryons ;

— préciser que d'accepter ou refuser le don d'embryons à la recherche n'affectera en rien la qualité des soins procurés aux éventuels donneurs ;

— décrire le domaine général de recherche devant être effectuée sur l'embryon ainsi que le protocole de recherche spécifique, s'il est connu ;

— faire connaître la source du financement et expliquer les bénéfices financiers attendus de la recherche sur l'embryon, s'ils sont connus ;

— préciser que les embryons utilisés pour la recherche ne seront pas réimplantés dans l'utérus d'une femme, et

— préciser que la recherche impliquera la destruction de l'embryon[1].

Les chercheurs ne peuvent pas promettre aux donneurs que les cellules ES provenant de leurs embryons seront utilisées pour traiter des patients ou sujets désignés par les donneurs[2].

LA CRÉATION D'EMBRYONS DESTINÉS À PRODUIRE DES CELLULES ES

Le fait que les cellules ES aient des applications potentielles inestimables dans un grand nombre de maladies pose la question de savoir si l'augmentation de la demande peut entraîner la création d'embryons aux seules fins d'une recherche visant à établir des cellules ES et de créer des lignées cellulaires rendues immortelles. Une telle évolution pourrait apparaître comme une démarche allant dans le sens de l'objectivation de l'embryon et du refus à ce dernier du respect qui lui est dû. Au Royaume-Uni, la création d'embryons est déjà autorisée pour des recherches spécifiques telles que définies à l'annexe 2 de la loi HFE. Des autorisations de création d'embryons ont été accordées pour des recherches portant, par exemple, sur le stockage d'ovocytes non fertilisés et la technique d'injection intracytoplasmique de spermatozoïdes (ICSI).

Faut-il faire une distinction éthique entre l'utilisation d'un embryon donné pour la production de cellules ES et l'utilisation d'un embryon créé à cette fin ? Un embryon provenant d'un don a été créé pour être utilisé dans un projet parental de reproduction où le but est de parvenir à la réussite d'une grossesse. S'il n'est pas approprié ou destiné à être détruit, son utilisation afin de produire

1. National Bioethics Advisory Commission (1999), *Ethical Issues in Human Stem Cell Research : Volume I*, National Bioethics Advisory Commission, Maryland, USA, Recommandation 5.

2. National Bioethics Advisory Commission (1999), *Ethical Issues in Human Stem Cell Research : Volume I*, National Bioethics Advisory Commission, Maryland, USA, Recommandation 6.

des cellules ES ne modifiera pas sa destinée finale. Dans l'autre cas, des embryons pourraient être créés par fécondation *in vitro* (FIV) à partir de gamètes donnés à seule fin de produire des lignées cellulaires. Certains peuvent estimer qu'une telle instrumentalisation de l'embryon qui est alors essentiellement un moyen d'atteindre une fin n'est pas conforme au respect qui est dû à une vie humaine potentielle. Nous notons, toutefois, que la création d'embryons pour des fins spécifiques de recherche est d'ores et déjà autorisée par la loi HFE lorsque le projet ne peut pas être réalisé à partir de dons d'embryons. Étant donné qu'il existe suffisamment d'embryons appropriés, provenant de traitement FIV, donnés pour la recherche, nous considérons qu'il n'existe pas de raison suffisante pour permettre la création d'embryons supplémentaires à seule fin d'augmenter le nombre d'embryons disponibles pour la recherche sur les cellules ES ou les thérapies en découlant. Nous suggérons toutefois que cette question soit réexaminée.

LE PRÉLÈVEMENT DE CELLULES EG À PARTIR DE TISSUS DE FŒTUS MORTS

Le fait que l'on accepte, sur le plan éthique, d'utiliser les tissus de fœtus morts pour en extraire des cellules EG est étroitement lié à l'acceptation éthique de l'avortement. Un grand nombre des questions éthiques posées par l'utilisation de tissus de fœtus morts ont été étudiées par le comité Polkinghorne en 1989. Le code de pratique Polkinghorne sur l'utilisation responsable des tissus de fœtus avortés est déjà appliqué. Est-ce que l'utilisation de ces tissus pour en collecter des cellules EG pose des questions éthiques supplémentaires qui pourraient exiger des garanties nouvelles ? Contrairement aux tissus embryonnaires, les tissus de fœtus morts sont actuellement utilisés à des fins thérapeutiques et de recherche. La collection de cellules EG et leur utilisation n'exigerait pas d'autorisation spécifique d'un organisme statutaire, mais seront régulées par les comités d'éthique de la recherche qui ont déjà donné leur accord à l'utilisation de tissus de fœtus morts chez les patients parkinsoniens.

Les potentialités des cellules EG en ce qui concerne la création de lignées cellulaires de grande valeur pour la transplantation soulève la possibilité qu'un avortement puisse être demandé afin de donner les tissus du fœtus mort en échange d'un avantage financier ou thérapeutique. L'étude Polkinghorne[1] définit les principes directeurs quant à l'utilisation des tissus fœtaux pour l'enseignement, la recherche et la thérapie. Dans l'étude, l'influence que pourrait avoir sur la décision de la femme de mettre un terme à sa grossesse en

1. Comité de réexamen des directives sur l'utilisation aux fins de recherche des fœtus et matériaux fœtaux (1989), *Review of the Guidance on the Research use of Fetuses and Fetal Material* HMSO, London.

raison de la connaissance qu'elle aurait de l'utilisation qui pourrait être faite des tissus du fœtus est discutée. De même, l'étude recommande que l'on prenne bien soin de séparer les décisions relatives à l'avortement et à l'utilisation ultérieure éventuelle du matériel fœtal. Il est, en outre, recommandé de mettre en œuvre des procédures qui rendent impossibles pour la femme de décider que le tissu fœtal qu'elle rend disponible soit utilisé de manière spécifique. Ceci vise à limiter la possibilité de réaliser des désirs moralement douteux et en particulier une utilisation éthiquement inacceptable du fœtus.

Le code de pratique de Polkinghorne exige un consentement écrit de la part de la femme pour l'utilisation du fœtus ou des tissus fœtaux. La procédure de consentement exige que « la mère reçoive des conseils et toute l'information, sous une forme qui soit compréhensible pour lui permettre de se former son propre jugement quant à savoir si elle autorise ou non l'utilisation du fœtus à des fins de recherche ou de thérapie ». L'étude Polkinghorne reconnaît que certaines femmes peuvent être prêtes à accepter l'utilisation des tissus fœtaux à certaines fins et non à d'autres. Contrairement à la réglementation résultant de la loi HFE sur le don d'embryons, elle conclut que « permettre l'expression de telles préférences représenterait une violation par trop flagrante de notre principe qu'une mère ne peut être autorisée à déterminer la manière spécifique dont le fœtus doit être utilisé ». Par conséquent, il est indispensable d'obtenir, dans tous les cas, un consentement explicite pour toutes les indications autorisées[1].

Le rapport NBAC va encore plus loin. Pour s'assurer que des motivations inappropriées n'entrent pas en ligne de compte dans la décision de la femme qui demande un avortement, le NBAC recommande que le don direct de tissus fœtaux pour prélèvement de cellules EG soit interdit. Il déclare ensuite que, même si les donneuses potentielles de fœtus morts ne recevaient pas d'injonction thérapeutique directe pour avorter ou produire des tissus pour la recherche, un tel intérêt personnel pourrait se présenter comme dans le contexte d'une transplantation, et qu'il jugeait nécessaire que soit promulguée une interdiction visant à ce que de telles motivations inappropriées, même lointaines, n'entrent pas en ligne de compte dans la décision prise par une femme d'avorter.

1. L'étude proclame que tout consentement devrait inclure les dispositions suivantes :
— Aucune référence ne doit être faite à aucune recherche ou thérapie spécifique, ni aucune suggestion faite qu'une utilisation sera effectivement réalisée. Il doit être confirmé que toute utilisation sera strictement contrôlée et limitée aux objectifs pour lesquels les tissus de cette nature peuvent être nécessaires à des fins médicales.
— La mère doit être assurée que les mesures appropriées seront prises pour éviter quelle ne soit identifiée par quiconque, en dehors des personnes qui s'occupent d'elle...
— Le consentement explicite de la mère doit être obtenu pour pouvoir utiliser les tissus fœtaux aux fins de recherche, thérapie et enseignement.
— Il convient de demander à la mère de renoncer à tout droit de propriété.

Nous ne pensons pas que les préoccupations que l'on peut avoir quant à des motivations illégitimes pouvant résulter d'un avantage tiré de l'établissement d'une lignée cellulaire soient si importantes qu'il faille interdire le don de tissus fœtaux à cette fin. Nous estimons que les dispositions qui figurent dans l'étude Polkinghorne et qui sont destinées à séparer la décision d'avorter et la décision quant à l'usage qui peut être fait des matériaux fœtaux sont suffisantes à cet égard. Malgré les préoccupations concernant le fait que la connaissance de l'usage proposé des tissus fœtaux pourrait affecter la décision de la femme en matière d'avortement, nous estimons que l'utilisation des produits fœtaux afin d'en extraire des cellules EG présente une situation différente. Nous pensons que s'il est nécessaire d'obtenir un consentement spécifique pour le don d'embryon lorsqu'il doit servir à produire une lignée cellulaire immortelle, il serait cohérent de demander un consentement spécifique pour produire une telle lignée cellulaire à partir de tissus fœtaux. Un tel consentement viserait l'utilisation possible des tissus fœtaux pour la recherche sur les cellules EG et ne pourrait pas indiquer que les cellules primordiales du fœtus doivent être utilisées dans un projet individuel, tel que celui qui pourrait par exemple bénéficier à la femme. Il est également clair que la décision d'avorter devrait être prise séparément et avant d'accorder le consentement spécifique sur l'utilisation des tissus du fœtus pour la recherche ou la thérapie utilisant les cellules EG. Nous reconnaissons néanmoins que la possibilité d'un consentement spécifique va à l'encontre du cadre existant sur le don de tissus fœtaux qui requiert qu'un consentement explicite pour tous les usages autorisés soit obtenu dans tous les cas (paragraphe 30). Nous suggérons que la question du consentement quant à la possibilité de collecter les cellules EG de tissus fœtaux provenant de dons soit examinée par le groupe d'experts du CMO dans le contexte du cadre réglementaire en vigueur.

Nous appuyons la position exprimée dans l'étude Polkinghorne que la définition de la recherche ne devrait pas être trop étroite et exclure les propositions d'utilisation thérapeutique des tissus fœtaux et suggère que la même définition s'applique aux cellules EG. L'étude reconnaît que de nombreuses thérapies couronnées de succès commencent par une recherche thérapeutique, et qu'une fois pleinement établis les effets bénéfiques d'une procédure thérapeutique faisant appel à des tissus fœtaux, son application répétée et généralisée entraînera inévitablement une augmentation de la demande de tissus. *Nous recommandons, par conséquent, que tout consentement obtenu pour l'utilisation de matériaux fœtaux pour l'établissement de lignées cellulaires EG couvre également l'usage thérapeutique de ces cellules.*

LA COLLECTION DE CELLULES SOUCHES À PARTIR DE CELLULES SOMATIQUES

S'il était possible d'obtenir des cellules souches à partir des cellules somatiques d'un patient, elles auraient le potentiel de produire des tissus permettant une greffe autologue[18] d'un type de tissu spécifique. L'avantage de ces tissus est d'éviter les phénomènes de rejet associés à l'utilisation de cellules ES provenant d'un don d'embryon. Nous reconnaissons que la recherche sur les possibilités de produire des cellules pluripotentes à partir de cellules somatiques nécessitera, dans les premiers temps, une recherche sur les TNCS. On espère que cette recherche permettra de comprendre comment le noyau d'une cellule somatique peut être « reprogrammé » de sorte qu'on puisse en dériver une cellule pluripotente. Ces études demandent encore de très longues recherches. On ne sait pas encore si les TNCS, qui ont le potentiel de produire des cellules souches, comme cela a déjà été démontré dans certaines espèces, ont le même potentiel chez l'homme. La recherche sur l'embryon humain dérivé de TNCS s'avère essentielle pour un développement en toute sécurité de cette technologie. Aux termes de la loi HFE, la recherche sur l'embryon n'est possible que pour l'une des cinq raisons citées au paragraphe 11.

La perspective de procéder à des recherches sur le TNCS chez l'homme a suscité bien des inquiétudes. Il y a une inquiétude morale, décrite au paragraphe 27, quant à la création d'embryons aux seules fins de recherche. Comme nous l'avons noté, la recherche donnant lieu à la création de nouveaux embryons est déjà prévue par la loi britannique et des autorisations de recherche ont déjà été octroyées (paragraphes 11 et 26). L'utilisation de TNCS exigerait aussi une source d'ovocytes. L'HFEA a déjà étudié le cadre réglementaire pour l'utilisation d'ovocytes humains dans la recherche[2]. Il est actuellement permis d'utiliser des ovocytes à cette fin s'ils ont été donnés avec le consentement préalable écrit de donneurs vivants ou morts. La disponibilité d'ovocytes matures pour les traitements de la stérilité est déjà limitée. Nous sommes conscients que des ovocytes immatures sont produits de manière routinière par des interventions chirurgicales et que la recherche sur la maturation des ovocytes pourrait permettre d'utiliser des dons de cette nature pour les TNCS. Cette procédure prendra, toutefois, certainement plusieurs années. L'utilisation récemment

1. Une greffe autologue utilise des tissus prélevés sur un individu ou cultivés à partir de ses cellules. Lorsqu'ils sont réimplantés, ces cellules ou tissus ne provoquent pas de réaction de rejet immunologique.
2. Human Fertilisation and Embryology Authority (1994), *Donated Ovarian Tissue in Embryo Research & Assisted Reproduction.* Human Fertilisation and Embryology Authority, London.

mentionnée d'ovocytes bovins pour la culture de cellules ES aux États-Unis pose la question de savoir si les embryons créés de la sorte pourraient être couverts par la Loi HFE[1]. *Nous recommandons que la HFEA s'enquière de la situation réglementaire de ce type de recherche au Royaume-Uni avant de proposer un quelconque amendement de la loi HFE.*

Il y aura inévitablement des inquiétudes quant à la possibilité d'accroître le risque de clonage reproductif humain si l'on autorise la recherche sur les TNCS chez l'homme. Cela résulte du fait qu'un embryon créé par TNCS peut avoir le potentiel de se développer normalement si on l'implante dans un utérus. Certains ont avancé qu'une fois que la technologie permettant de former des embryons humains à partir de TNCS existera pour faire de la recherche sur les cellules ES, elle favorisera les abus de technologie pour aller vers le clonage reproductif humain, même si celui-ci reste interdit par la loi HFE. Nous considérons, cependant, que la création proposée d'embryons par TNCS pour la recherche sur la production de cellules souches annonce des progrès médicaux potentiels tellement bénéfiques que cette recherche devrait être autorisée. La recherche sur les cellules en culture et chez l'animal devra précéder et servir de référence pour toute expérience sur des embryons humains provenant de TNCS.

On espère que la recherche sur les TNCS permettra finalement aux chercheurs de reprogrammer les noyaux des cellules somatiques de telle sorte que les cellules résultantes se différencieront directement en cellules souches, évitant ainsi d'avoir recours à une source d'ovocytes et au développement d'embryons. Avant que de tels progrès ne puissent être sérieusement envisagés, beaucoup de recherches devront être faites sur les cellules animales et humaines pour mieux comprendre comment différents types de cellules se créent et se maintiennent. Les procédures concernant la reprogrammation du noyau de cellules somatiques sans passer par l'utilisation d'ovocytes ou d'embryons ne seraient pas du ressort des réglementations HFE.

La recherche impliquant des embryons obtenus par TNCS est autorisée par la loi si elle vise l'un des objectifs définis dans l'annexe 2 de la loi HFE (voir paragraphes 11 et 34). Nous avons recommandé que soit amendée l'annexe 2 pour permettre la recherche sur les embryons pour les objectifs supplémentaires que sont la mise au point de thérapies tissulaires à partir des collections de cellules ES (voir paragraphe 22). Si elle était adoptée, cette recommandation permettrait également d'autoriser la recherche sur des

1. La loi HFE ne mentionne pas l'utilisation d'ovocytes d'animaux pour le TNCS. La loi interdit de mélanger gamètes humains et animaux, mais n'évoque pas la combinaison de gamètes animaux et cellules somatiques humaines. Il appartiendrait aux tribunaux de décider si l'embryon se développant à partir d'une telle cellule hybride était « humain » et donc soumis à la loi.

embryons issus de TNCS pour les objectifs considérés. Nous soulignons que l'utilisation proposée des TNCS vise la recherche sur les moyens de procurer une source de cellules souches à partir de cellules somatiques et qu'il n'y a aucune intention d'aller vers un clonage reproductif qui demeure illégal en vertu des réglementations HFEA. En outre, nous estimons qu'il serait inacceptable qu'un embryon issu de TNCS soit placé dans un utérus et laissé se développer jusqu'à ce qu'un avortement permette d'en utiliser les organes. Une telle utilisation d'un fœtus ne serait pas conforme au respect qui lui est dû en tant qu'être humain potentiel. Une telle procédure n'est pas autorisée par la loi HFE.

Implications politiques et réglementaires

QUESTIONS COMMERCIALES ET BREVETS

Les lignées de cellules souches établies peuvent avoir une valeur commerciale considérable. Une discussion détaillée sur la brevetabilité et l'utilisation commerciale, ainsi que sur les droits des donneurs et utilisateurs figure dans le rapport NBAC et notre précédent rapport intitulé *Human Tissue : Ethical and Legal Issues* (Tissus humains, questions éthiques et juridiques), cette discussion n'est pas reproduite ici. Nous soulignons qu'aux États-Unis, les préoccupations sont telles sur la production de cellules ES et EG qu'il est possible que les fonds publics ne puissent être affectés à ce domaine de la recherche. Dans ces circonstances, ce sont probablement les organisations commerciales américaines qui vont produire la plus grande partie des lignées cellulaires ES et EG. Cet argument, pris isolément, n'est certainement pas une bonne base pour dire que la production de cellules souches devrait être financée au Royaume-Uni sur des fonds publics. Toutefois, si la production et l'utilisation thérapeutique de cellules souches sont jugées conformes à l'éthique, et ont de grandes potentialités bénéfiques pour un grand nombre de patients, un investissement public dans cette technologie peut s'avérer nécessaire au Royaume-Uni pour que les thérapies potentielles soient disponibles à un coût acceptable pour le National Health Service (NHS). Des demandes de brevets ont été déposées pour la technologie utilisée par la société américaine Geron pour produire des lignées de cellules ES et EG. Nous considérons que les technologies permettant de produire et utiliser les cellules souches peuvent donner lieu à de multiples applications thérapeutiques et ne doivent par conséquent pas être indûment limitées par l'octroi de brevets trop généreux. *Nous recommandons que soit découragé l'octroi de brevets trop généreux et d'une très grande amplitude, dans ce domaine important.*

RÉGULATION DES LIGNÉES DE CELLULES SOUCHES

La recherche qui fait appel aux cellules souches ou à leurs dérivés exige l'approbation des comités d'éthique (voir paragraphe 16). Cependant, si l'usage des cellules souches devait devenir une méthode thérapeutique reconnue, l'examen par les comités d'éthique ne serait alors plus nécessaire et l'utilisation des thérapies par cellules souches serait couverte par les réglementations hospitalières ordinaires. Il existe une ligne de partage entre d'une part les remèdes et dispositifs qui sont fortement réglementés et d'autre part les procédures qui le sont peu. Alors qu'il est de l'intérêt de ceux qui utiliseraient ces lignées cellulaires de s'assurer qu'elles le seraient en toute sécurité et efficacité, faut-il prévoir des garanties supplémentaires ? Bien que nous n'ayons pas de raisons de croire que les thérapies par cellules souches posent des problèmes de santé publique, *nous recommandons qu'il soit demandé un avis d'expert pour évaluer les implications possibles pour la santé publique.*

Faut-il qu'une autorité réglementaire accorde une autorisation aux lignées cellulaires ES et EG ? Quels abus une telle réglementation chercherait-elle à éviter ? Certaines formes d'exploitation commerciale et dispositions contractuelles peuvent être jugées inacceptables. Faut-il interdire certaines applications éventuelles des thérapies à base de cellules souches comme le rajeunissement cosmétique ? Il se peut qu'il y ait certaines formes de thérapies à base de cellules souches qui doivent être étroitement encadrées. Il faut également envisager comment gérer la demande pour certaines formes de thérapies à base de cellules souches. Le modèle de listes d'attente actuellement en vigueur pour les greffes serait-il approprié ?

Dans les premiers stades de la recherche sur les cellules souches, il serait utile de disposer d'une forme de contrôle ou de supervision, comme pour les transplantations d'organes où il existe un cadre réglementaire qui organise le don et le prélèvement d'organes à partir de personnes vivantes. Les utilisations proposées des cellules souches pourraient être du ressort du ministère de la Santé avec d'autres thérapies. Une possibilité serait que la HFEA voie son mandat étendu à la responsabilité des lignées de cellules souches, bien qu'il ait été dit que l'Autorité serait réticente à cette évolution. Une autre possibilité consisterait à envisager l'extension du mandat du Comité consultatif sur la thérapie génique (GTAC : Gene Therapy Advisory Committee) pour inclure l'utilisation thérapeutique à visée non reproductive des lignées de cellules souches. Le GTAC serait chargé des questions de sécurité pour les patients, y compris du suivi à long terme, un rôle semblable à celui qu'il joue actuellement pour les thérapies géniques.

Résumé

Après avoir étudié les questions relatives à l'utilisation thérapeutique des cellules souches, nous sommes parvenus à certaines conclusions et avons repéré certains problèmes justifiant d'une considération plus approfondie. Nous résumons ci-dessous les résultats de nos travaux.

La capacité de cultiver indéfiniment des cellules souches et de contrôler la façon dont ces cellules se spécialisent pour former les différents tissus du corps ouvre des perspectives considérables pour la santé (paragraphes 1-2).

Nous considérons que le prélèvement et la culture de cellules provenant d'un don d'embryon ne manifestent pas un manque de respect pour l'embryon (paragraphe 21). Cette recherche conduit à utiliser l'embryon comme un moyen d'atteindre une fin, mais dans la mesure où nous en avons reconnu la justification morale pour les recherches sur l'embryon actuellement autorisées, il ne semble pas exister de bonnes raisons d'interdire les recherches sur l'embryon lorsque le but de la recherche est de mettre au point des thérapies pour d'autres personnes. *Nous recommandons, par conséquent, que les recherches impliquant des embryons humains soient autorisées pour permettre la mise au point de thérapies tissulaires à partir de collections de cellules ES et que l'annexe 2 de la loi HFE soit amendée dans ce sens* (paragraphe 22).

- Nous considérons que l'utilisation de tissus embryonnaires dans des projets de recherche destinés à établir des lignées de cellules ES pose des questions relatives au consentement différentes de celles que posent d'autres formes de recherches autorisées au titre de l'annexe 2 de la loi HFE. Par conséquent, lorsqu'on envisage une recherche spécifique visant à établir une lignée cellulaire, il conviendrait de demander explicitement aux donneurs d'embryons s'ils consentent ou non à cette recherche et à l'utilisation ultérieure de cette lignée cellulaire. Nous faisons nôtres les recommandations sur cette question du Rapport NBAC des États-Unis (paragraphe 25).
- Étant donné qu'il existe suffisamment d'embryons appropriés, provenant de traitement FIV, donnés pour la recherche, nous considérons qu'il n'existe pas de raison suffisante pour permettre la création d'embryons supplémentaires à seule fin d'augmenter le nombre d'embryons disponibles pour la recherche sur les cellules ES ou les thérapies en découlant. Nous suggérons toutefois que cette question soit réexaminée (paragraphe 27).

• Nous ne pensons pas que les préoccupations que l'on peut avoir quant à des motivations illégitimes pouvant résulter d'un avantage tiré de l'établissement d'une lignée cellulaire soient si importantes qu'il faille interdire le don de tissus fœtaux à cette fin. Nous estimons que les dispositions qui figurent dans l'étude Polkinghorne et qui sont destinées à séparer la décision d'avorter et la décision quant à l'usage qui peut être fait des matériaux fœtaux sont suffisantes à cet égard. Nous pensons que, s'il est nécessaire d'obtenir un consentement spécifique pour le don d'embryon lorsqu'il doit servir à produire une lignée cellulaire immortelle, il serait cohérent de demander un consentement spécifique pour produire une telle lignée cellulaire à partir de tissus fœtaux. Nous suggérons que la question du consentement quant à la possibilité de collecter les cellules EG de tissus fœtaux provenant de dons soit examinée par le groupe d'experts du CMO dans le contexte du cadre réglementaire en vigueur (paragraphe 32).

• Nous appuyons la position exprimée dans l'étude Polkinghorne que la définition de la recherche ne devrait pas être trop étroite et exclure les propositions d'utilisation thérapeutique des tissus fœtaux et suggérons que la même définition s'applique aux cellules EG. *Nous recommandons, par conséquent, que tout consentement obtenu pour l'utilisation de matériaux fœtaux pour l'établissement de lignées cellulaire EG couvre également l'usage thérapeutique de ces cellules* (paragraphe 33).

• L'utilisation récemment mentionnée d'ovocytes bovins pour la culture de cellules ES aux États-Unis pose la question de savoir si les embryons créés de la sorte pourraient être couverts par la loi HFE. *Nous recommandons que la HFEA s'enquière de la situation réglementaire de ce type de recherche au Royaume-Uni avant de proposer un quelconque amendement de la loi HFE* (paragraphe 35).

• Nous considérons, cependant, que la création proposée d'embryons par TNCS pour la recherche sur la production de cellules souches annonce des progrès médicaux potentiels tellement bénéfiques que cette recherche devrait être autorisée. La recherche sur les cellules en culture et chez l'animal devra précéder et servir de référence pour toute expérience sur des embryons humains provenant de TNCS (paragraphe 36). La recherche impliquant des embryons obtenus par TNCS est autorisée par la loi si elle vise l'un des objectifs définis dans l'annexe 2 de la loi HFE. Nous avons recommandé que soit amendée l'annexe 2 pour permettre la recherche sur les embryons pour les objectifs supplémentaires que sont la mise au point de thérapies tissulaires à partir des collections de cellules ES. Si elle était adoptée, cette recommandation permettrait également d'autoriser la recherche sur des embryons issus de TNCS pour les objectifs considérés. Nous estimons qu'il serait inacceptable qu'un embryon issu de TNCS soit placé dans un utérus et laissé se développer jusqu'à ce qu'un avortement permette d'en utiliser les organes (paragraphe 38).

• *Nous recommandons que soit découragé l'octroi de brevets trop généreux et d'une très grande amplitude, dans ce domaine important* (paragraphe 39).

• Bien que nous n'ayons pas de raisons de croire que les thérapies par cellules souches posent des problèmes de santé publique, *nous recommandons qu'il soit demandé un avis d'expert pour évaluer les implications possibles pour la santé publique* (paragraphe 40).

ANNEXE III

La brevetabilité du corps humain et de ses éléments

CHRISTINE LE BIHAN-GRAF

Si le brevet a été l'un des moteurs du développement des sociétés industrielles depuis deux siècles[1], la question de l'application des règles du brevet à la vie est récente. La vie était traditionnellement le domaine des seules découvertes, révélatrices de l'état de la nature, et non celui des inventions techniques utilisées par l'industrie. L'essor des biotechnologies a posé brutalement la question de l'application des règles du brevet aux recherches sur le vivant. Les perspectives financières ouvertes par ces recherches ont donné lieu à une intense concurrence dont le brevet, qui autorise et protège le monopole d'exploitation commerciale de l'invention, constitue désormais l'instrument privilégié[2].

L'opacité du débat sur la brevetabilité du corps humain et de ses éléments

La prise de conscience des perspectives ouvertes par le génie génétique s'est trouvée confrontée à la question, complexifiée par le double statut biologique du gène, de la compatibilité entre les

1. Le droit des brevets a été élaboré dans un cadre international dont la dernière étape est, au sein de POMC, l'accord sur les aspect, des droits de propriété intellectuelle qui touchent au commerce (ADPIC).
2. En 1996, le marché de la santé lié à ces recherches était estimé à 10 000 milliards de francs, dont 300 milliards pour l'ADN médicament. Depuis 1980, les demandes de brevets déposées dans le monde s'élèvent à plus de 15 000, dont 2 000 portant sur des séquences d'ADN.

principes bioéthiques, inscrits dans les lois de 1994, et l'application du droit de la propriété intellectuelle au vivant humain. Afin de savoir s'il est possible d'accorder le principe de non-patrimonialité du corps humain et de ses éléments avec la logique du brevet qui implique la possibilité de commercialiser l'invention, il convient au préalable de préciser tant l'objet du brevet que son contenu et la portée du droit qu'il confère à son titulaire.

LE MÉCANISME JURIDIQUE DU BREVET

Un brevet permet à son inventeur d'exploiter sur le marché son invention en lui accordant temporairement le monopole de la commercialisation de son produit. Les droits qu'il confère portent donc sur l'invention et non sur l'objet corporel qui l'a rendue possible[1]. Le brevet n'est pas, en ce sens, un droit d'appropriation sur un élément du programme biologique de l'être humain. En effet, il consacre tout au plus un droit d'appropriation immatérielle qui confère celui d'exploiter l'invention concernée, mais non celui d'étendre son empire sur le corps de la personne dans lequel l'élément vivant à l'origine de l'invention se trouve incorporé.

La logique du brevet n'est pas non plus celle d'une appropriation intellectuelle, car la recherche fondamentale bénéficie d'une exemption. L'article L. 613-5 du CPI prévoit expressément que les droits conférés par le brevet ne s'étendent ni aux actes accomplis dans un cadre privé et à des fins non commerciales, ni aux actes accomplis à titre expérimental qui portent sur l'objet de l'invention projetée.

Enfin, le brevet joue un rôle d'information de la communauté scientifique puisqu'il doit être publié, ce qui assure la diffusion de l'invention[2], même si, en raison de l'ampleur des enjeux financiers liés à la mise sur le marché de médicaments issus du génie génétique, les acteurs économiques tendent à interpréter le privilège octroyé par le brevet comme un droit à l'exclusivité davantage que comme un droit au partage[3]. Quoi qu'il en soit, il est possible de convenir que le brevet protège les chercheurs et constitue un rempart contre les prétentions à l'appropriation de leurs découvertes par des groupes industriels puissants.

Dans un secteur qui implique de lourds investissements et impose de les rentabiliser, le brevet apparaît même comme la

---

1. J.C. Galoux, « Premières vues sur la directives relative à la protection juridique des inventions biotechnologiques », *La Semaine juridique*, 21 octobre 1998. Voir également, du même auteur, « De Corpore Jus », Petites Affiches, 14 décembre 1994, et « La brevetabilité des éléments et des produits du corps humain ou les obscurités d'une loi grand public », *La Semaine juridique*, n° 39, 1995.
2. Voir sur ce point Caroline Mascret, « La brevetabilité des gènes », *Petites Affiches*, 15 juin 1999.
3. Les coûts de défense d'un brevet dans le domaine des biotechnologies s'élèvent entre 0,5 MF et 1 MF.

condition de financement de la recherche[1]. L'alternative au brevet serait le secret industriel, bien plus nocif pour le chercheur et les progrès de la recherche que ne l'est le brevet.

La logique juridique qui commande le droit des brevets est donc celle de la protection de l'innovation et il est manifeste que ce droit n'est pas fait pour *régler* des questions éthiques, mais pour vérifier que l'innovation présente bien les critères requis pour la brevetabilité. En outre, les inventions biotechnologiques ont fait naître un immense espoir, notamment en matière de thérapie génique, et les bénéfices escomptés risquent bien de valoir davantage que le souci du respect de l'intégrité du corps humain ou de la non-patrimonialité du génome humain.

L'AMBIGUÏTÉ DE LA NOTION DE GÈNE

La question de la brevetabilité des gènes est apparue d'emblée ambiguë en raison du double statut du gène, élément du programme des propriétés physiques des êtres vivants, mais aussi simple molécule chimique[2].

Les principes d'indisponibilité et de non-patrimonialité applicables au corps humain ont été solennellement affirmés à propos de ses éléments génétiques et le génome humain s'est trouvé consacré comme « *patrimoine commun de l'humanité* » dans la Déclaration universelle sur le génome humain et les droits de l'homme de l'UNESCO du 11 novembre 1997. Ainsi, entendu comme le support des caractéristiques de l'espèce humaine, le gène est apparu comme devant être exclu du domaine de la brevetabilité.

Cette non-commercialisation a semblé, de surcroît, constituer une garantie pour la recherche fondamentale, qui suppose le libre accès à l'ensemble des découvertes scientifiques, sans que nul ne puisse se les approprier. Ces déclarations de principe sont nées de l'émoi de la communauté scientifique quand, à la fin des années 1980, Craig, Venter, l'un des responsables du programme américain de séquençage du génome, a déposé une demande de brevet sur plusieurs centaines de gènes humains récemment découverts.

En revanche, définis comme portions d'une molécule d'ADN qui code l'enchaînement des acides aminés formant une protéine, les gènes ne peuvent être exclus *a priori* du domaine de la brevetabilité. Ce sont de simples produits chimiques, dont la composi-

1. Le lancement d'une molécule chimique coûte aujourd'hui un milliard de francs. Le droit des brevets a été élargi aux produits pharmaceutiques par la loi n° 68-1 du 1er janvier 1968 pour inciter les industriels à développer de nouveaux médicaments en les protégeant de la concurrence économique.

2. A. Kahn, « Propriété intellectuelle et recherches sur le génome », Colloque international des 26 et 27 janvier 1995, Académie des sciences.

tion et la structure sont brevetables, si elles obéissent aux critères de la brevetabililé énoncés par le code de la propriété intellectuelle, aux articles L. 611-10 à L. 611-16, et par la convention sur le brevet européen dans ses articles 52 à 57, aux termes desquels un produit chimique est brevetable s'il s'agit d'une invention, ayant un caractère de nouveauté, et résultant d'une activité inventive, susceptible d'application industrielle. La seule détermination d'une séquence génétique n'est donc pas une invention, mais une découverte, l'homme de métier n'intervenant pas pour modifier l'état de la nature. C'est pour ce motif que la demande de brevet de Graig Venter fut rejetée par l'Office américain des brevets, l'utilité pratique des séquences pour lesquelles un brevet était sollicité n'étant pas connue. Les gènes humains échapperaient donc *de facto* à la brevetabilité dès lors qu'ils ne peuvent être brevetés pour eux-mêmes.

C'est ainsi que le Comité national consultatif d'éthique, dans un avis du 13 décembre 1990, affirmait que, si le corps humain et ses éléments ne sauraient devenir assimilables à une marchandise, fût-ce par le biais d'un instrument juridique tel que le brevet, pour autant le droit n'était pas contesté d'une rétribution du travail effectué à partir des éléments du corps. Il serait donc possible d'accorder un brevet au niveau des produits issus des séquences d'ADN ou des procédés permettant de les obtenir, mais non au niveau de la portion de la molécule d'ADN qui code une protéine car ce serait alors la séquence génétique elle-même qui serait brevetée.

Ce compromis qui propose d'accepter la brevetabilité des produits et procédés obtenus à partir des gènes et d'exclure de la brevetabilité les gênes eux-mêmes, semble toutefois fragilisé aujourd'hui par les récentes évolutions de la jurisprudence de l'Office européen des brevets et ses répercussions sur le contenu de la directive européenne du 6 juillet 1998 relative à la protection juridique des inventions biotechnologiques.

L'état du droit positif

LE DROIT CONVENTIONNEL ET LA JURISPRUDENCE DE L'OFFICE EUROPÉEN DES BREVETS

Le droit des brevets varie sur le plan international. Ainsi, le brevet est accordé en Europe au premier déposant alors qu'il l'est aux États-Unis au premier inventeur. Le critère européen fondamental est la nouveauté absolue : une invention divulguée ne peut plus faire l'objet d'un brevet. Aux États-Unis il y a un délai de grâce d'un an entre la diffusion d'une invention et le dépôt d'un brevet si le demandeur peut se prévaloir du statut de premier inventeur.

Enfin, en Europe, l'invention est brevetable si elle conduit à une utilisation industrielle potentielle, tandis qu'aux États-Unis, l'invention doit présenter un caractère d'utilité effective[1].

La délivrance du brevet européen est régie par la convention sur le brevet européen de Munich (1973), transposée dans les articles L. 611-1 à L. 615-22 dit code de la propriété intellectuelle. Cette convention n'a posé que des règles très générales qui ne traitent pas de la brevetabilité des gènes. Seul l'article 53, alinéa b), concerne la brevetabililé du vivant et dispose que : « Sont exclues de la brevetabilité les variétés végétales ou les races animales ainsi que les procédés essentiellement biologiques d'obtention de végétaux ou d'animaux, cette disposition ne s'appliquant pas aux procédés microbiologiques et aux produits obtenus par ces procédés ».

La convention pose également le principe selon lequel les brevets européens ne sont pas délivrés pour les inventions contraires à l'ordre public ou aux bonnes mœurs. Cette dernière notion est appréciée par le juge, la convention ayant créé une procédure d'examen unique des demandes de brevets au plan européen qui sont soumises à l'Office européen des brevets (OEB). Celui-ci en fit application en octobre 1992 à propos de la brevetabilité d'une souris génétiquement modifiée en se demandant si les souffrances infligées à l'animal n'étaient pas disproportionnées par rapport à l'intérêt que l'Humanité pouvait retirer de l'invention[2].

Face au vide juridique sur la question de la brevetabilité des gènes humains, le juge s'est livré à une construction prétorienne dans une décision du 8 décembre 1994. Le Howard Florey Institute avait obtenu un brevet portant sur un fragment d'ADN codant pour une protéine humaine, la relaxine, qui est sécrétée par les femmes enceintes et leur permet d'atténuer les contractions. Les applications thérapeutiques potentielles de cette protéine étaient manifestes, mais le brevet fit l'objet d'une opposition, au motif que la demande ne remplissait pas les critères de la brevetabilité (nouveauté et activité inventive).

L'OEB constatait, tout d'abord, que le brevet portait sur une séquence d'ADNc codant pour la relaxine. L'ADNc est une copie d'ADN original, un clone du gène, répliqué en laboratoire, et qui porte un fragment d'une molécule d'ADN. L'OEB a estimé qu'il n'y avait pas de différence entre une demande de brevet portant sur une simple copie d'ADN, produit dérivé du véritable ADN, ou sur une séquence d'ADN génomique, élément naturel issu du corps

1. M. Ilircch et G. Mortreux, « Les inventions biotechnologiques : la voie étroite de la brevetabilité », *Gazette du Palais*, 23 janvier 1999. Le juge américain applique strictement le principe de l'information suffisante pour permettre à l'homme de l'art de reproduire l'invention. Cette information ne doit pas être trop développée afin de ne pas interdire la brevetabilité d'inventions ultérieures et de ne pas bloquer l'évolution future de la technique.
2. Les exemples classiques de l'invention manifestement contraires à l'ordre public et aux bonnes mœurs sont la pipe à opium ou la lettre piégée.

humain. Ainsi, il a reconnu la brevetabilité des séquences génétiques, quelle que soit leur origine, dès l'instant où elles remplissent les conditions requises pour la brevetabilité.

Cette jurisprudence novatrice affirme donc qu'isoler une séquences d'ADN codant pour une protéine humaine constitue davantage qu'une découverte. Ce fragment d'ADN, même s'il a toujours été présent dans l'organisme, peut être considéré comme une invention, puisque est découverte une séquence dont la fonction peut être précisée et l'application envisagée. À partir du moment où une séquence est le support d'une invention et est impliquée dans un processus technique, elle peut être incluse dans la revendication qui sous-tend l'invention proprement dite.

Toutefois, ce raisonnement ne va pas de soi. Il suppose de conférer un caractère attractif à la notion d'invention, interprétée comme découverte, appliquée car elle implique déjà une activité en quelque sorte inventive par la compréhension des mécanismes codants du gène. La séparation entre découverte et invention est donc déplacée au profit de l'invention car un gène isolé par un processus technique qui en découvre une fonction susceptible d'application industrielle est rendu brevetable en tant que matériel de départ de ce processus technique, alors même que le séquençage du gène n'est, à proprement parler, que la découverte d'un fragment appartenant à l'état de la nature.

Ce raisonnement est en contradiction avec celui adopté par le comité d'éthique puisque, loin d'accepter la brevetabilité des seuls produits obtenus à partir des séquences et de rejeter la brevetabilité sur les séquences elles-mêmes, l'OEB estime qu'on ne peut invoquer à l'encontre de la description de la structure isolée des fragments d'ADN leur manque de nouveauté, car ils n'étaient pas compris dans l'état de la technique au moment où un brevet est déposé, même si le gène est présent dans la nature[1]. La seule obtention technique de ces fragments est une invention. En ce sens, si la découverte d'un astre ne saurait faire l'objet d'un brevet car l'invention doit être capable « d'apporter une solution technique à un problème technique », il ne fait guère de doute que le génome soit indirectement brevetable, dès lors qu'il est possible d'obtenir devant l'OEB des brevets sur des séquences d'ADN dont les molécules sont un élément de la chaîne de montage de l'homme.

Cette jurisprudence a eu une influence décisive sur le contenu de la directive européenne relative à la protection juridique des inventions technologiques qui se présente comme une tentative

1. La mise au point d'un procédé permettant d'obtenir une substance trouvée dans la nature à l'état brut sera brevetable. De même, si la substance obtenue peut être isolée et caractérisée et que son existence n'était pas connue auparavant, elle peut être brevetée. La relaxine est obtenue par un procédé qui n'existait pas auparavant, sa structure chimique est caractérisée et une application industrielle lui est trouvée.

pour intégrer les questions éthiques dans le droit des brevets, comme le confirme son considérant 16 : « Le droit des brevets doit s'exercer dans le respect des principes fondamentaux garantissant la dignité et l'intégrité de l'homme. »

LA DIRECTIVE RELATIVE À LA PROTECTION JURIDIQUE DES INVENTIONS BIOTECHNOLOGIQUES

La directive 98/44/CE du 6 juillet 1998 dispose, dans son article 5, que :

1. Le corps humain, aux différents stades de sa constitution et de son développement, ainsi que la simple découverte de l'un de ses éléments, y compris la séquence ou la séquence partielle d'un gène, ne peuvent constituer des inventions brevetables.

2. Un élément isolé du corps humain ou autrement produit par un procédé technique, y compris la séquence ou la séquence partielle d'un gène, peut constituer une invention brevetable, même si la structure de cet élément est identique à celle d'un élément naturel.

3. L'application industrielle d'une séquence ou d'une séquence partielle d'un gène doit être concrètement exposée dans la demande de brevet.

L'article 6 prévoit que « *les inventions dont l'exploitation commerciale serait contraire à l'ordre public ou aux bonnes mœurs sont exclues de la brevetabilité...* ». Il précise que ne sont notamment pas brevetables les procédés de clonage de l'être humain, de modification de l'identité génétique germinale de l'être humain, l'utilisation d'embryons humains à des fins industrielles ou commerciales et les procédés de modification de l'identité génétique des animaux de nature à provoquer des souffrances sans utilité médicale substantielle pour l'homme ou l'animal, ainsi que les animaux issus de ces procédés.

Les deux articles de la directive font la synthèse juridique des questions relatives à la brevetabilité du vivant humain. Ils intègrent surtout les réponses, apportées par la jurisprudence de l'OEB. Ainsi, l'article 5 rappelle la distinction entre découverte et invention, au sens donné par la jurisprudence de l'OEB qui implique donc qu'un élément naturel isolé de son milieu et techniquement produit devient brevetable. La séquence d'un gène doit donc, pour pouvoir être brevetée, s'accompagner d'une description de la fonction de la protéine pour laquelle code la séquence d'ADN, isolée par un procédé technique, et de ses applications potentielles.

Les considérants 20 et 21 de la directive confirment qu'une invention portant sur un élément « isolé du corps humain ou autrement produit par un procédé technique » peut faire l'objet d'un brevet, « même si la structure de cet élément est identique à celle d'un élément naturel », car elle est le résultat de procédés techniques ayant permis de l'identifier et de la reproduire en dehors du corps humain, « étant entendu que les droits conférés par le brevet ne s'étendent pas au corps humain et à ses éléments dans leur environnement naturel ». Ces procédés sont des actes que « seul l'être humain est capable de mettre en œuvre et que la nature est incapable d'accomplir par elle-même ». Il s'en déduit logiquement que seule une séquence dont la signification biologique n'a pas été identifiée ne peut faire l'objet d'un brevet.

LE DROIT FRANÇAIS MIS EN ÉCHEC PAR LA DIRECTIVE

La directive contraint le législateur à modifier l'article 7 de la loi n° 94-653 du 29 janvier1994. Cet article a inséré, à l'article L. 611-17 du CPI, les dispositions suivantes : « Ne sont pas brevetables : a) Les inventions dont la publication ou la mise en œuvre serait contraire à l'ordre public ou aux bonnes mœurs, la mise en œuvre d'une telle invention ne pouvant être considérée comme telle au seul fait qu'elle est interdite par une disposition législative ou réglementaire; à ce titre, le corps humain, ses éléments et ses produits, ainsi que la connaissance de la structure totale ou partielle d'un gène humain ne peuvent, en tant que tels, faire l'objet de brevets... »

La directive impose de reconnaître aux éléments du corps humain un statut différent selon qu'ils sont seulement connus ou qu'ils sont isolés par un procédé technique, caractérisés par leur fonction et décrits dans les applications techniques de ces fonctions, autant de critères qui les rendent brevetables. La directive oblige donc à changer complètement de paradigme juridique. La lettre même du texte européen est manifestement contraire à celles des lois de 1994, dites de bioéthique, et à l'intention du législateur qui avait entendu soustraire à la brevetabilité les éléments du corps humain « *en tant que tels* », et non pas seulement éventuellement leur connaissance.

Il est à craindre que les maigres marges de manœuvre laissées par la transposition ne permettront pas au législateur français d'accorder les règles posées par le texte européen avec les principes éthiques qui visent à soustraire le corps humain et ses éléments à toute logique commerciale. Ces marges de manœuvre peuvent, en effet, seulement s'exercer sur le fait « *d'isoler ou de produire autrement par un procédé technique* » *un* élément du corps humain en précisant ce qu'on entend par l'action d'isoler si l'on veut exclure de la brevetabilité les éléments du corps humain issus d'actes de prélèvements notamment.

En effet, au sens de la jurisprudence de l'OEB, des éléments prélevés du corps humain et constituant des produits thérapeutiques sont manifestement brevetables, même si les méthodes thérapeutiques ne le sont pas[1]. S'agissant notamment des gènes ou des cellules, l'intervention humaine se concrétise bien par l'application de procédés techniques ayant permis l'identification, la caractérisation, la multiplication en dehors du corps humain et la conservation. L'OEB a confirmé, dans une décision Byocite du 21 juillet 1999, où était en cause le dépôt d'une invention portant sur des cellules souches hématopoïétiques (CSH), prélevées à partir du sang placentaire et conservées en vue de greffes, que si les CSH préexistent dans la nature, elles n'apparaissent jamais de manière isolée, mais doivent être recueillies dans le cordon ombilical, par un procédé technique qui nécessite donc l'intervention humaine.

Qu'en est-il alors des éléments plus classiques du corps humain qui, en dehors des gènes ou cellules répliqués ou cultivés en laboratoire, sont susceptibles d'être isolés par un acte technique ?

Il paraîtrait indispensable *a minima* de préciser dans la transposition que les prélèvements, qui sont des actes techniques, n'emportent pas la brevetabilité des éléments prélevés.

Ainsi, un organe qui serait un potentiel greffon, mais qui reste un attribut de la personne tant qu'il n'est pas greffé, pourrait faire, dans l'état actuel du texte, l'objet d'un brevet dès lors qu'il ne se trouve pas isolé en tant que tel à l'état naturel mais qu'il peut l'être par une méthode de prélèvement, puis par procédés de conservation.

L'action d'isoler n'est pas évidente, non plus, sur le plan biologique. Tout gène est inséré dans une chaîne et breveter le premier élément risque d'interdire la recherche sur les éléments suivants. Si est prise en compte au titre de l'activité inventive la notion d'isolement d'un gène ou d'un fragment d'ADN, cela risque d'encourager le dépôt de brevets portant sur les seuls procédés techniques permettant d'isoler le gène, qui peuvent donner lieu à une cascade de brevets dépendants constituant potentiellement un frein au développement des biotechnologies[2].

Cependant, la conception extensive de la notion d'invention telle qu'elle apparaît dans la directive, en tant qu'elle englobe le

1. Sur ce point, l'article 27, al. 3, de l'ADPIC dispose que : « *les membres pourront aussi exclure de la brevetabilité les méthodes diagnostiques, thérapeutiques et chirurgicales pour le traitement des personnes ou des animaux* ». La convention de Munich prévoit, dans son article 52, al. 4, que : « *ne sont pas considérées comme des inventions susceptibles d'application industrielle... les méthodes de traitement chirurgical ou thérapeutique du corps humain ou animal et les méthodes de diagnostic appliquées au corps humain ou animal. Cette disposition ne s'applique pas aux produits, notamment aux substances ou compositions pour la mise en œuvre d'une de ces méthodes* ». Enfin, le CPI, dans son article L. 611-16, prévoit que les méthodes de traitement thérapeutique ou chirurgical du corps humain ou animal et les méthodes de diagnostic ne sont pas brevetables.

2. Sur ce point, le législateur pourrait aussi choisir d'intervenir en modifiant le droit des brevets lui-même, et notamment en introduisant un délai de grâce afin de permettre au chercheur de divulguer ses recherches sans que cela fasse obstacle au dépôt ultérieur d'un brevet. La communauté scientifique est favorable à l'accès immédiat et libre des données séquencées dans des bases de données, ce qui n'est pas possible actuellement, car elle constitue un risque pour les chercheurs européens qui veulent déposer une demande de brevet ultérieurement. Voir les propositions contenues dans le rapport de M. Gallochal, *Réflexions sur la propriété industrielle*, 1998.

seul fait d'isoler un élément du corps humain, risque d'interdire toute utilisation opérationnelle de la notion de découverte dans le but de soustraire à la brevetabilité un ensemble de pratiques thérapeutiques pour lesquelles la frontière entre le produit et la méthode de prélèvement ou d'isolement est très ténue. C'est dire que le cadre de la transposition réduit le législateur à l'impuissance et que, sauf à renégocier la directive qui ne peut, en l'état, s'intégrer dans l'ordre interne, il ne lui resterait d'autre choix que celui d'abandonner une partie essentielle des principes fondamentaux auxquels il avait entendu offrir une véritable garantie juridique en 1994.

Note argumentaire sur la question de la brevetabilité, des séquences génétiques d'origine humaine

JEAN-CHRISTOPHE GALLOUX

Situation juridique actuelle

La directive du 6 juillet 1998 n° 98/44 est entrée en vigueur nonobstant sa *non-transposition,* ce qui signifie que les autorités publiques des États membres doivent, conformément au droit commun du droit communautaire, interpréter leurs lois nationales à sa lueur. La directive étant, pour ce qui concerne les questions relevant du domaine de la brevetabilité, interprétative de la Convention sur le brevet européen (ou Convention de Munich d'octobre 1973, ci-après « CBE »), les offices nationaux des brevets, comme l'INPI, se trouvent *actuellement* tenus par les dispositions de la directive, jusques et y compris celles concernant la brevetabilité des éléments et produits biologique d'origine humaine séparés du corps humain.

Les dispositions de la directive n° 98/44 ont été par ailleurs « intégrées » par l'Office européen des brevets (ci-après « OEB »), par leur incorporation dans le règlement d'exécution de la CBE à compter du 1er septembre 1999. Dès lors, l'interprétation de la CBE donnée par l'Office européen est conforme au droit communautaire.

Parallèlement, les dispositions de la CBE, en vertu de l'article 54 de la Constitution, sont supérieures à celles des lois nationales. Il est clair, d'un point de vue juridique, que les modifications apportées à la loi française sur les brevets par la loi du 29 juillet 1994 (modifications portant sur l'article L. 611-17 du code de la propriété intellectuelle) destinées à prohiber la brevetabilité des produits et des éléments du corps humain « en tant que tels », si elles devaient être interprétées dans le sens où elles interdiraient la prise de brevets sur de tels éléments séparés du corps humain (comme le permet la directive), seraient contraires tant à l'ordre communautaire qu'aux engagements internationaux de la France. Ces points n'ont, curieusement, jamais été perçus par les adversaires de la brevetabilité, ni par le Comité national d'éthique, ni, ce qui est plus surprenant, par les services la chancellerie. On notera que, contrairement à l'analyse faite par le ministère de la Justice (contestée par une majorité des juristes spécialistes de la propriété industrielle), l'interprétation de la loi française n'est pas nécessairement contraire aux droits communautaire et supranational : il est néanmoins souhaitable que la loi française s'aligne sur le texte communautaire, ce qu'a indiqué à bon droit madame le ministre de la Justice récemment. On relèvera encore qu'aucun *brevet* délivré par l'OEB et désignant la France, revendiquant des éléments et des produits issus du corps humain, comme des séquences génétiques, n'a été attaqué et annulé sur le fondement de l'article L. 611-17 du CPI par une juridiction française depuis l'entrée en vigueur de ce texte. Davantage, l'INPI n'a pas cessé de délivrer de tels brevets. Il y a manifestement un décalage entre la réalité et certaines analyses qui en sont faites. On se souviendra, enfin, que la plupart des grands noms de la biologie française et leurs équipes de recherche ont déposé des brevets revendiquant des éléments ou des produits du corps humain au cours des dernières années.

Une éventuelle révision de la directive ?

Une révision de la directive est souhaitée par certains. Elle serait souhaitée car les députés européens auraient été abusés dans le vote du texte contesté et ils auraient voté des dispositions contradictoires. Ces deux arguments n'apparaissent pas pertinents. Il faut examiner les conséquences juridiques d'une telle révision.

— La directive n° 98/44 du 6 juillet 1998 est issue *d'un processus particulièrement démocratique et elle a fait l'objet d'une analyse méticuleuse de la part des membres du Parlement européen.*

Le premier projet de directive a été publié au mois d'octobre 1988. Après sept années de discussion et en dépit d'un compromis entre le Conseil et le Parlement, ce dernier rejeta le texte par un vote négatif le 1er mars 1995, une première dans l'histoire de l'Union européenne.

Le rejet avait précisément pour cause la question de la brevetabilité des éléments et des produits du corps humain. On ne peut sérieusement soutenir qu'à l'occasion de la seconde mouture du projet de directive présenté en décembre de la même année, les députés européens aient vu leur religion surprise compte tenu de l'attitude qu'ils venaient d'avoir. Cette seconde mouture elle-même fait l'objet d'âpres discussions pendant encore deux années et demie. C'est donc en tout *quatre passages* devant les élus européens qu'a effectué le texte contesté.

Chaque mot en a été pesé : il n'est que de se reporter à l'ensemble des amendements discutés sur la question de la brevetabilité des éléments et des produits du corps humain pour écarter toute idée d'inadvertance de la part des députés européens.

Davantage, la Commission a interrogé le Groupe européen d'éthique sur la compatibilité de la directive avec les principes éthiques : par *deux fois* ce groupe a répondu par l'affirmative. Il est regrettable que le Comité national d'éthique, dans son avis du 13 juin 2000, comme dans son rapport préalable à cet avis n'ait à *aucun moment* évoqué ces deux textes, ne serait-ce que pour expliquer ses divergences.

— Le texte serait contradictoire : d'un côté il interdirait la brevetabilité des éléments biologiques humains et d'un autre il la permettrait.

Il s'agit là d'une opinion erronée. Le fait est cependant que le texte, comme tous les textes de compromis, est d'une rédaction parfois alambiquée. Une mauvaise compréhension du droit des brevets de la part de ses opposants n'aide pas à la clarification. Celle-ci tient dans les cinq propositions suivantes :

- en droit des brevets, la brevetabilité est de principe, les exclusions de la brevetabilité sont des exceptions : ces dernières doivent être donc expresses ;
- les seules revendications en cause sont les revendications de produit (à la différence des revendications de procédé ou d'application) portant sur des éléments biologiques d'origine humaine ;
- une distinction est opérée entre le corps humain (article 5.1) et ses éléments ou produits détachés de lui, même si la structure de l'élément détaché est identique à celle de celui qui est présent dans le corps.

Cette distinction va de soi : le corps, dans la conception juridique dominante, *fait* ou *est* la personne, à la différence des éléments biologiques détachés de lui, qui ne sont pas le corps, et sont donc *objets* de droit, circulant dans le commerce juridique pour les besoins de la technique médicale et pharmaceutique. Ils n'ont pas la même nature juridique.

C'est en toute connaissance de cause et de façon cohérente que les députés européens ont élaboré ce texte : la preuve en est administrée par l'article 9.1 de la directive. L'extension de la protection conférée par un brevet qui s'étend normalement à toute matière contenant le produit breveté ne s'applique pas lorsque le produit breveté est intégré au corps humain : la différence de nature entre le produit biologique détaché et le corps apparaît clairement.

• Le droit commun du brevet continue de s'appliquer pour le reste : c'est le cas de la distinction entre invention et découverte (rappelée pour la simple connaissance de la séquence d'un gène), les exigences de nouveauté et d'activité inventive.

• Cependant, l'exigence d'application industrielle a été renforcée (article 5.3) : elle « doit être concrètement exposée » s'agissant de la séquence partielle de gène. Cette exigence a en réalité pour objet de renforcer la distinction entre invention et découverte, en limitant les dérives observées dans certaines demandes de brevet indiquant une application industrielle éventuelle (le texte de base de la CBE n'exige que « *susceptible d'application industrielle* ») permettant de solliciter une protection à un stade très précoce du développement technique, alors qu'en fait, aucune invention n'a été réalisée.

Ces propositions, à l'exception de la dernière, sont précisément alignées sur la pratique actuelle de l'OEB. C'est donc bien en toute connaissance de cause que les autorités communautaires ont opté pour la brevetabilité limitée des éléments biologique d'origine humaine. On verra par la suite que cette option est conforme à la réalité de l'utilisation de ces éléments par la recherche et l'industrie biomédicales.

— Les conséquences d'une révision de la directive ont été peu discutées. En premier lieu, elle exigerait le dépôt d'une nouvelle proposition de directive ; seule la commission en a l'initiative et on la voit mal actuellement la prendre. Durant les années que dureraient les discussions, les brevets continueraient d'être délivrés conformément au texte actuellement en vigueur : que fera-t-on ensuite de ces brevets sous l'empire du nouveau texte ?

En deuxième lieu, l'OEB qui n'est pas lié par le droit communautaire, continuera de délivrer des brevets européens comme par le passé, qui continueront d'être parfaitement valables dans les 19 pays ayant ratifié la CBE, que la directive soit ou non modifiée.

En troisième lieu, les concurrents de l'Europe accentueront leur avance et conforteront leurs portefeuilles de brevets pendant que l'Union discutera de nouveau. Aujourd'hui déjà, les entreprises européennes détiennent moins du quart des brevets dans le domaine concerné.

La solution d'un moratoire décrété tant au niveau français qu'européen, quant à elle, conduira aux mêmes conséquences : une absence totale d'effets sur l'octroi de brevets de la part de l'OEB. En outre, comme ce fut le cas pour le moratoire décidé par le Conseil sur les OGM l'année passée, une telle décision sera sanctionnée par la Cour de justice des communautés, le cas échéant assortie d'astreintes financières.

De quelques erreurs juridiques relatives à la question de la brevetabilité dans le domaine de la biotechnologie

Le débat sur la brevetabilité des éléments et produits d'origine humaine a tourné court en raison d'une utilisation non rigoureuse voire erronée d'un certain nombre de concepts juridiques de base que sont le patrimoine commun de l'Humanité, le principe de non-commercialisation, l'objet d'un droit de brevet, et la portée des droits conférés par le brevet.

LE PATRIMOINE COMMUN DE L'HUMANITÉ

Une simple lecture des textes internationaux applicables à la génétique humaine apprend que :

— les ressources biologiques (et donc génétiques, même humaines) sont des « richesses nationales » selon la convention de Rio sur la biodiversité de juin 1992 ;

— le génome humain est « *dans* un *sens symbolique* » [nous soulignons] patrimoine commun de l'Humanité, selon la déclaration de l'UNESCO sur le génome humain de novembre 1997. Cette citation a été tronquée dans les documents du CCNE.

En aucun cas, la notion de patrimoine commun de l'Humanité, même si elle était applicable au génome humain, ce qui n'est pas le cas selon de droit international contemporain, n'est synonyme de non-commercialité : les bâtiments inscrits au patrimoine de l'UNESCO sont appropriés et même les fonds de la haute mer peuvent faire l'objet d'une exploitation commerciale !

En réalité, la notion de patrimoine commun de l'Humanité « dans un sens symbolique » signifie la reconnaissance d'une affectation universelle des ressources génétiques qui ne remet pas en cause les différentes souverainetés (nationales et individuelles) qui peuvent *simultanément* s'exercer sur cet objet. Cette qualification impose seulement, en coiffant toutes les autres qualifications juridiques, une *servitude d'intérêt général* à la charge de chaque usager au profit de la collectivité humaine. Parmi les éléments de cette servitude on retrouvera l'obligation de conservation et le droit d'accès aux connaissances du génome.

NON-COMMERCIALITÉ DU CORPS HUMAIN

Plusieurs confusions sont couramment faites ici :

— Le corps humain est évidemment hors du commerce car, selon l'analyse juridique dominante, il est ou il fait la personne sujet de droit. La catégorie des choses hors du commerce étant, à l'évidence, une subdivision des choses (qui s'opposent aux personnes), elle n'est pas pertinente au corps. L'affirmation initiale est donc une navrante tautologie.

— Le commerce *juridique*, que visent seuls les textes juridiques comme ceux issus des lois dites « bioéthiques » du 29 juillet 1994, signifie, selon la définition unanimement donnée par la science juridique, la possibilité offerte à un sujet de droit de passer sur un objet un acte juridique, acte juridique qui n'est pas nécessairement à titre onéreux (comme par exemple une donation). La notion de commerce juridique n'est donc pas le synonyme d'une « marchandisation » comme trop souvent on le proclame.

Les lois dites « bioéthiques », confirmant sur ce point le droit établi depuis plus d'un siècle, ne font pas des éléments et des produits du corps des choses *absolument hors du commerce juridique*. Ce qui est prohibé, c'est la cession à titre onéreux de ces éléments et produits (sauf les phanères) *de la part des donneurs*. En aucune manière, les éléments et les produits du corps humain ne sont hors du commerce juridique dans leur circulation ultérieure, entre les personnels de santé et les industriels qui les utilisent. La preuve en est administrée par les prix de cession du sang, du sperme, etc. par les autorités sanitaires. Le législateur, comme les tribunaux avant lui, ont simplement voulu éviter, d'une part, que les donneurs ne monnayent leur corps et, d'autre part et pour des impératifs de santé publique, que les intervenants ultérieurs ne spéculent pas sur ces éléments et produits d'origine humaine.

Dès lors, il est absurde de s'appuyer sur ce concept pour interdire la prise de brevets sur des éléments et des produits du corps humain. Si l'on suit le raisonnement, il serait possible de vendre ses cheveux, mais pas de prendre un brevet permettant de créer des cheveux à partir de la maîtrise du gène responsable de leur pousse. De la même manière, les cellules humaines utilisées pour la thérapie génique sont physiquement appropriées comme médicaments (qualification signe évident de la commercialité) mais ne pourraient pas être brevetées.

L'OBJET DU DROIT DE BREVET

L'objet d'un droit de brevet est une invention, c'est-à-dire un enseignement technique et donc, en dernier lieu, une information. En aucun cas le droit de brevet ne confère de prérogatives sur l'objet physique fabriqué par la mise en œuvre de l'enseignement du brevet : l'indépendance des propriétés corporelle et incorporelle est une disposition cardinale du droit de la propriété intellectuelle.

En conséquence, appliquer le concept d'extracommercialité forgé pour les choses corporelles aux inventions relève de l'abus de langage. L'appliquer, comme on l'a vu, à des inventions dont le support corporel est dans le commerce juridique, relève de la confusion.

LA PORTÉE DU DROIT DE BREVET

Il est souvent affirmé que la prise de brevet constitue un obstacle à la recherche. Cette affirmation est juridiquement erronée. Des nuances sont toutefois à apporter.

Le droit français comme la plupart des systèmes juridiques des pays développés considèrent que les actes de recherche et d'expérimentation n'entrent pas dans le monopole du brevet. En conséquence, la recherche académique n'est pas touchée par la prise de brevets. Seuls seront prohibés les actes d'exploitation industrielle ou commerciale.

La nécessaire publication des demandes de brevet, sous la CBE, dans un délai de 18 mois à compter de leur dépôt, conduit à une meilleure diffusion du savoir scientifique et technique. Actuellement, toutes disciplines confondues, plus de 40 millions de documents de priorité sont ainsi accessibles en ligne auprès des offices de brevet.

Deux nuances cependant sont à apporter. Le délai précédant le dépôt, sous la CBE, conduit à un embargo des publications scientifiques. Toute divulgation de l'invention avant la date de dépôt est une antériorité, ce qui peut conduire à des abus dans les contrats de recherche en imposant aux scientifiques des délais de publication sans rapport avec la recherche d'une protection par brevet. Par ailleurs, la limite entre l'expérimentation « pure » et celle directement appliquée à des fins commerciales ou industrielles n'est pas toujours dessinée avec la précision nécessaire par la jurisprudence.

Définition du gène

JEAN WEISSENBACH

Le gène a une fonction unique qui est de conserver les instructions nécessaires au bon fonctionnement d'une cellule ou d'un organisme. Les instructions renferment l'information nécessaire à la bonne exécution des fonctions biologiques. L'instruction contenue dans un gène s'exprime dans la majorité des cas sous forme d'un produit, une protéine.

Les protéines (molécules effectrices des instructions) sont les molécules douées de l'activité biologique (souvent chimique) nécessaire à la réalisation de l'instruction.

Historiquement un gène renfermait l'information pour une protéine, qui remplissait un rôle unique bien défini. Un gène ou un enzyme (Beadle et Tatum). Cette notion s'est considérablement complexifiée durant le dernier quart du siècle. Un gène code souvent pour plus d'une protéine qui peuvent ne conserver qu'une petite partie en commun. On s'est aussi rendu compte qu'une protéine était parfois capable de remplir plusieurs fonctions biologiques, qui dépendent du type de cellules, du compartiment cellulaire ou de l'état physiologique de la cellule où elle s'exerce.

Ces difficultés amènent à présent les chercheurs à considérer la fonction biologique que remplit le produit (ou les produits) d'un gène à plusieurs niveaux.

Un premier niveau concerne l'action *chimique* (moléculaire) exercée par la protéine. Cette action peut être de catalyser une réaction chimique dans la cellule (enzyme) ou d'interagir avec d'autres molécules, les ligands (protéines, acides nucléiques, petites molécules ou autres). Cette interaction permet de modifier l'activité d'un des partenaires de l'interaction ou de transporter les ligands. On parlera de fonction moléculaire. Les fonctions moléculaires ayant un rôle catalytique, i.e. les enzymes sont les mieux connus. Ils sont explorés depuis plus d'un siècle. Pourtant il reste des fonctions biochimiques inconnues (notamment des voies métaboliques et d'autres mal connues. Les rôles de ligand joués par les protéines (beaucoup d'entre elles sont concernées) sont beaucoup moins connus. Il existe à présent des projets à grande échelle (à l'échelle génomique) destinés à connaître l'ensemble des partenaires protéiques (ligands) interagissant avec une protéine donnée. Ces programmes permettront de mieux définir les réseaux d'interactions entre les différentes protéines d'une cellule ou d'un compartiment cellulaire.

La fonction moléculaire dénomme ce que le produit d'un gène est potentiellement capable de faire sans préciser le lieu et le moment où s'accomplit cette action. Exemple : une tyrosine kinase catalyse la phosphorylation d'une protéine. Il est aujourd'hui possible à partir de la structure chimique d'une protéine de prédire si elle a une fonction de kinase, mais ceci ne permet pas de connaître son substrat, ni de connaître le résultat de l'action de la phosphorylation de ce substrat. En d'autres termes la description précise d'une fonction moléculaire est en général très difficile et reste très générique. Il n'y a qu'une démarche expérimentale rigoureuse et souvent longue qui permet de connaître le substrat et *a fortiori* l'effet logique de la fonction moléculaire.

Un deuxième niveau concerne le processus biologique dans lequel la protéine est impliquée. Ainsi une protéine dont l'activité biochimique consiste à greffer un groupement phosphate sur une autre molécule (kinase) pourra avoir pour résultat de déclencher un processus physiologique, tel que la division de la cellule. La tubuline possède une activité chimique de GTPase (enzyme de dégradation du GTP), mais un de ses rôles biologiques consiste à participer à la formation du fuseau mitotique. Cette kinase ou la tubuline sont donc des acteurs de processus biologiques que la connaissance de leur fonction biochimique ne permet pas de prédire. Un processus biologique résulte d'une ou plusieurs combinaisons ordonnées de fonctions moléculaires.

Si quelqu'un est en mesure de montrer de nouvelles propriétés biologiques parfaitement imprévisibles pour une protéine connue ou non, que ces propriétés biologiques puissent être à l'origine d'une application, les critères de brevetabilité semblent remplis. Même si cette activité biologique n'a pas été inventée, les applications dérivées sont nouvelles, non évidentes (il a fallu une imagination indiscutable pour trouver l'activité).

Les cas délicats sont les gènes de maladies génétiques et les gènes cibles potentielles de nouveaux médicaments. Pour les gènes de maladies génétiques, on ne peut connaître le gène responsable *a priori* (même connaissant la séquence du génome), mais à l'inverse l'application des règles de la génétique débouche mécaniquement sur sa mise en évidence. Il n'y a pas vraiment d'inventivité.

Le brevetage des cibles a, quant à lui, commencé avec les récepteurs et les inhibiteurs d'enzymes. Pour les mêmes raisons que mentionnées ci-dessus, on était en mesure de définir chimiquement les protéines concernées, mais en l'occurrence faire d'une cible une chasse gardée me semble contraire au but recherché : stimuler l'invention. On peut toujours argumenter que dans ces deux situations il y a des cas où il faut faire preuve d'inventivité, notamment dans la découverte de cibles nouvelles, mais d'autres sont évidentes. Le brevetage du vivant est aussi complexe que le vivant lui-même.

Noyau	gène	forme de stockage d'une instruction biologique
	↓	Transcription : ADN ARNm
	↓	Traduction : ARNm protéine
Cytoplasme	protéine	forme opérationnelle d'une instruction biologique

S'appliquant aux gènes et aux protéines, le mot « fonction » est imprécis, car on l'utilise pour décrire :
- des objectifs biologiques
- des activités biochimiques
- des structures cellulaires.

La fonction ß-tubuline peut se définir à différents niveaux :
- activité GTPase
- polymérisation en association avec les a-tubulines pour former les microtubules
- partie du cytosquelette
- élément constitutif du fuseau mitotique, des cils, et des flagelles, etc.
- contribue, au niveau cellulaire, à l'organisation, au transport, au mouvement, et à la division, etc.

gène
↓
protéine
↙ ↓ ↘
fonction moléculaire — composant cellulaire — processus biologique

Catégories de fonctions moléculaires :
- enzyme : catalyse une réaction chimique
- transporteur : transporte une molécule spécifique d'un compartiment cellulaire à un autre
- ligand : se lie de façon spécifique à une autre molécule.

Exemples de fonctions moléculaires :
- enzyme : adénylcyclase (enzyme synthétisant l'AMP cyclique, molécule de signalisation intracellulaire)

• transport : passage transmembranaire de glucose activé par le sodium (transports de glucose en provenance du tube digestif vers les cellules épithéliales de l'intestin grêle)
• ligand : les cyclines se lient aux protéines kinases cyclino-dépendantes (Cdk). Cyclines et Cdk participent à la régulation de la division cellulaire.

Composant cellulaire :
— le produit génique est actif à un endroit précis de la cellule, le compartiment cellulaire,
— le produit génique peut être inclus dans un composant cellulaire, par exemple :
• ribosome
• protéasome
• appareil de Golgi
• membrane nucléaire
• cytosol
• centrosome, etc.

Processus biologiques :
Les gènes ou produits géniques contribuent aux processus biologiques au moyen de combinaisons de fonctions moléculaires.

Les processus biologiques répondent à des objectifs biologiques.
Exemples :
Général : croissance et entretien de la cellule, signalisation cellulaire.
Spécifique : métabolisme du glucose, biosynthèse de l'AMPc.

Une protéine particulière peut intervenir dans le fonctionnement de plusieurs processus biologiques, contenir des domaines responsables de plusieurs fonctions moléculaires, et participer à de nombreuses interactions différentes avec d'autres protéines, organelles, ou sites cellulaires.
Les connaissances biologiques sur les fonctions des gènes et des protéines sont très incomplètes et en pleine évolution.

Comment déterminer le rôle biologique d'un gène ?
— la recherche de similitudes dans les protéines, par comparaison de séquences
— la démarche expérimentale.

Protéines kinases :
— Les protéines kinases sont essentielles dans plusieurs processus biologiques clés : transduction du signal, cycle cellulaire, régulation du métabolisme, etc.
— Détectables dans les banques de séquences par recherche de similitudes.

On peut généralement distinguer les domaines catalytiques :

- sérine/thréonines protéines kinases
- tyrosines protéines kinases

mais les cibles protéiniques de la phosphorylation ne sont généralement pas prévisibles, on ne peut leur attribuer de rôle biologique précis.

Points de vue juridiques, économiques et éthiques concernant le statut du génome

Noëlle Lenoir
Michel Vivant

Aussi étonnant que cela puisse paraître, à la veille de la sortie, annoncée à grands renforts de publicité par certains laboratoires, de la première version du séquençage d'un génome humain entier, le statut de la connaissance en génétique humaine demeure incertain. On le constate d'un point de vue tant juridique, qu'économique, voire éthique.

Du point de vue du droit

La législation sur les brevets, pour utile qu'elle soit, ne clarifie pas totalement le débat. De prime abord, elle permet de distinguer les simples découvertes qui ne sont pas brevetables — par exemple, les connaissances de base issues des opérations de séquençage sur le génome humain — et les inventions brevetables qui correspondent aux gènes dont la fonction a été élucidée. Le Groupe européen d'éthique, dans un avis sur la directive de 1998 sur « la protection légale des inventions biotechnologiques », a, du reste, tenu à souligner la portée non exclusivement juridique d'une telle distinction, dès lors que les critères d'attribution du brevet répondent aussi à un souci d'équité à l'endroit du chercheur auteur de la « découverte fondamentale ». Qui plus est, le caractère d'inventivité de la mise à jour de la fonction d'un gène est lui-même sujet à discussion.

La controverse à laquelle donne lieu actuellement la directive de 1998 illustre la difficulté du droit classique des brevets à s'adapter à une démarche de recherche qui s'appuie sur la production, non pas de biens tangibles, mais d'informations, mais aussi conduit à s'interroger sur ce que nos sociétés entendent considérer comme brevetable et, par là même, en symétrique laisser au domaine public, interrogation qui va bien au-delà des seules biotechnologies.

D'un point de vue économique

La recherche en génétique humaine est capable de générer des profits élevés. Ceux-ci peuvent provenir de la mise au point et de la vente d'un bien de santé : médicament ou test, par exemple. Mais, de plus en plus, ces profits résultent des brevets obtenus « en amont » sur des gènes humains (sans parler même des brevets déposés sur de simples marqueurs comme les EST). Ainsi la compagnie privée qui possède des brevets sur les gènes de prédisposition au cancer du sein, BRCA-1 et BRCA-2 (alors même d'ailleurs que la recherche permettant de les mettre à jour a été menée pour partie dans le secteur public) maîtrise d'une certaine façon le prix de la commercialisation dans le monde entier des tests génétiques de détection de ces gènes chez les patientes.

En dehors même du droit des brevets, les connaissances en génétique humaine sont, d'ailleurs, de plus en plus conçues comme ayant une valeur marchande. La raison en est simple : le séquençage du génome fait appel à des outils informatiques et robotiques très coûteux et les actionnaires des sociétés de biotechnologies qui financent ces opérations en attendent un retour d'investissement.

Néanmoins la situation actuelle comporte des risques, car elle conduit les laboratoires à mettre en œuvre des stratégies financières qui peuvent entrer en conflit avec les intérêts collectifs de la recherche.

D'un point de vue éthique

La prise de brevets sur les gènes ou les séquences de gènes humains suscite plusieurs interrogations. Il ne s'agit pas de prétendre, comme le font certains, que les brevets sur les gènes humains constitueraient une « mainmise sur la vie humaine ». Une telle conception est excessivement réductionniste. L'homme ou la femme ne se résume pas à ses gènes.

Il ne s'agit pas pour autant de minimiser l'importance des questions éthiques posées. Celle en premier lieu du partage des connaissances en génétique humaine est d'une acuité particulière. Alors que cette connaissance appartient au patrimoine de l'humanité, « dans un sens symbolique » pour reprendre les termes de l'article premier de la Déclaration universelle sur le génome humain et les droits de l'homme adoptée par l'UNESCO et approuvée par l'assemblée générale des Nations unies en 1998, on assiste de plus en plus à des phénomènes de rétention d'informations. Or celle-ci nuit à la marche du progrès dans la mesure surtout où le rapprochement d'informations joue un rôle essentiel en génétique.

Plus globalement, il y a lieu de s'interroger sur les conséquences attachées à la valorisation économique des éléments et produits du corps humain qui ont, comme les gènes et les cellules humaines, vocation à faire l'objet d'un usage industriel dans le domaine de la santé. Cette évolution ne va-t-elle pas modifier le rapport que l'individu entretient avec son propre corps ? Les personnes sur lesquelles ces gènes et cellules sont prélevés ne vont-elles pas désormais chercher à faire valoir des droits économiques, comme on le voit à travers certains procès engagés récemment aux États-Unis ?

Telles sont les questions auxquelles la société tout entière (et non pas seulement la communauté scientifique) est aujourd'hui confrontée. Les réponses ne peuvent qu'être internationales.

Biotechnologie et brevets[1]

JOSEPH STRAUS[2]

Brevets : droits d'exclusivité et encouragement de l'innovation

La récente levée de boucliers dans les médias et chez les politiques à la suite de l'octroi du brevet européen n° EP 0695351 pour « Isolement, sélection et propagation de cellules souches animales » à l'université d'Édimbourg le 8 décembre 1999, a révélé une surprenante ignorance des principes fondamentaux qui régissent le système des brevets et appelle quelques remarques liminaires pour préciser la situation.

Les brevets sont conçus comme des droits exclusifs conférant au détenteur du brevet le droit d'utiliser, en exclusivité, l'invention brevetée, c'est-à-dire l'instruction permettant de résoudre un problème spécifique par un moyen technique. À partir du moment où l'innovation répond aux critères de brevetabilité que sont la nouveauté, l'activité inventive (absence d'évidence) et l'application industrielle (utilité), les tiers ne peuvent utiliser l'invention brevetée qu'avec l'autorisation du détenteur du brevet. Un brevet ne contient pas d'autorisation d'utiliser effectivement l'invention concernée. Cette dernière, sans exception, est soumise au cadre juridique régissant, par exemple, l'autorisation de mise sur le marché des médicaments, le bien-être des animaux, la protection de

1. Première publication dans *Chimia* 54 (2000), 293-298, © Neue Schweizerische Chemiegesellschaft.
2. Professor Dr. J. Straus, Max-Planck-Institute for Foreign and International Patent, Copyright and Competition Law, Munich, Téléphone : 089-24246-312, Télécopie : 089-24246-501, E-mail : jss@ipp.mpg.de.

l'environnement, etc. Elle doit en outre respecter le droit des tiers qui peuvent être les détenteurs de brevets dominants. En tant qu'instrument de politique économique, les brevets ont pour objet de récompenser l'inventeur, de promouvoir l'innovation et de garantir l'investissement nécessaire en recherche et développement, ainsi qu'en production et commercialisation. Les brevets s'opposent également au secret et représentent une excellente source d'information scientifique et technique. Les requérants ont l'obligation d'exposer l'invention de manière suffisamment claire et complète pour qu'elle puisse être mise en œuvre par un expert moyen et cette information est rendue publique au plus tard 18 mois après l'application de la date de priorité. En cas de besoin, la description écrite peut être accompagnée d'un dépôt de matière biologique dans des institutions dépositaires accessibles au public.

Brevets : piliers des industries biotechnologiques

La réussite de l'industrie de la biotechnologie moderne est étroitement liée à l'évolution du droit moderne des brevets. Bien que les inventions concernant les matières biologiques n'aient pas été explicitement exclues de la protection des brevets, pendant de nombreuses décennies, elles n'ont pas été considérées comme brevetables, soit parce que considérées comme n'étant pas « techniques » (en Europe), soit qu'elles étaient considérées comme « un produit de la nature » (aux États-Unis). Malgré le fait que le premier brevet sur un organisme vivant, une levure, ait été publié en Finlande dès 1843 et que Louis Pasteur se soit vu décerner un brevet aux États-Unis en 1873 pour « une levure dépourvue de germes ou maladies organiques », pendant longtemps, la seule exception d'importance a été faite pour les procédés visant l'industrie traditionnelle de fermentation, concernant la production d'alcool, bière, vinaigre, levures, etc.[1]. Ces situations se sont trouvées radicalement modifiées une première fois, lorsqu'en 1969, la Cour suprême fédérale d'Allemagne (Bundesgerischtshof) a introduit dans sa décision *Colombe Rouge*, une notion dynamique de l'invention brevetable, étendant nettement le champ de la technologie pour inclure également les phénomènes et forces biologiques, en la définissant comme « ... [un] enseignement permettant d'utiliser méthodiquement les forces naturelles contrôlables pour atteindre un résultat causal perceptible [...] à condition que cet enseignement satisfasse

1. Cf., e.g. F.K. Beler, R.S. Crespi and J. Straus, « Biotechnology and patent protection — an international review, » OECD, Paris, 1985, 25 ; J. Straus, Spektrum der Wissenschaft, 1998, 4, 28.

aux conditions préalables de l'application industrielle, de la nouveauté, [etc.][1] ».

Alors que la décision *Colombe Rouge* n'avait pas d'implications économiques spectaculaires, il en va différemment de la décision qui a fait date de la Cour suprême des États-Unis dans l'affaire *Diamond contre Chakrabarty*. Dans cette décision, la Cour suprême a donné l'élan de départ à l'industrie de la biotechnologie, en ouvrant la voie à la protection de matières biologiques dont l'existence était due à l'intervention humaine en déclarant « toute chose au monde faite par l'homme » susceptible d'être brevetée[2]. Cela a été le signal que les capitaux-risqueurs attendaient pour financer activement les efforts de chercheurs, universitaires pour la plupart, disposant des connaissances et de l'enthousiasme et, ce n'est pas le moins important, des demandes de brevets nécessaires pour lancer une industrie entièrement nouvelle. Sans la décision *Chakrabarty* de la Cour suprême des États-Unis et la pratique d'octroi de brevets du Bureau des brevets et des marques des États-Unis (US PTO : US Patent and Trademark Office) qui s'est ensuivie, on n'aurait probablement jamais entendu parler de sociétés comme Amgen, Biogen, Chiron ou Genentech, pour n'en citer que quelques-unes — par ordre alphabétique — et qui représentent maintenant une capitalisation en milliards de dollars sur le marché américain et un chiffre d'affaires de plusieurs milliards de dollars par an. Les activités de ces nouvelles industries biotechnologiques et de leurs partenaires, qu'il s'agisse de laboratoires pharmaceutiques « classiques » ou d'institutions universitaires, ont été garanties par des brevets octroyés sur les technologies fondamentales de l'ADN recombinant, des anticorps monoclonaux, du séquençage d'ADN d'origines diverses, des protéines utilisées en pharmacie, ainsi que des animaux et plantes transgéniques. Les brevets ont également joué un rôle essentiel pour la mise en place des nouvelles industries dites génomiques qui ont suivi pendant les années 1990 et qui sont représentées par des sociétés comme Affimetrix, Human Genome Sciences (HGS), Incyte Pharmaceuticals, Millennium, Myriad[3], par exemple, et plus récemment Celera[4] et beaucoup d'autres.

1. *IIC* 1970, l, 137 — *Rote Taube — Colombe Rouge.*
2. *USPQ* 1980, *206*, 193.
3. L. Orsenigo, *The Emergence of Biotechnology*, St. Martins Press, New York, 1989 ; R. Oakey, W. Faulkner, S. Cooper and V. Walsh, *New Firms in Biotechnology : Their Contribution to Innovation and Growth*, Pinter Publishers, London and New York, 1990.
4. C. Venter, *in The Changing Character, Use and Protection of Intellectual Property*, Greeny Publications, Inc. Bonn-Washington, 1999, 109 ; P. Smagilk, D. Butler, *Nature*, 2000, *403*, 119.

Importance macroéconomique de la tendance à breveter

La contribution de la recherche fondamentale sur fonds publics au développement de la biotechnologie industrielle semble ne pas pouvoir être mise en doute. Il a été empiriquement démontré qu'un brevet sur la biotechnologie fait appel à 26 références nonbrevetées, ce qui est presque le triple du nombre de 10 recours à des références nonbrevetées mentionnées dans les dépôts de brevets pour médicaments et remèdes classiques[1]. Il semble toutefois que les économies nationales ne bénéficient pas toutes dans la même mesure des résultats de leurs chercheurs fondamentaux. Une indication en est que le Royaume-Uni est clairement le second après les États-Unis pour le nombre d'auteurs cités pour leurs publications de recherches dans les brevets américains sur la « technologie moléculaire et cellulaire humaine », mais seulement petit troisième derrière les États-Unis et le Japon pour la détention de ces brevets (USA : 71,2 % ; Japon : 12,3 % ; Royaume-Uni : 2,8 % ; Allemagne : 2,5 %)[2]. En d'autres termes, la contribution des chercheurs britanniques aux bases scientifiques de l'industrie de la biotechnologie moderne est considérablement plus grande que la part qu'elle en possède et par conséquent des bénéfices de l'industrie biotechnologique. Cela se reflète également dans le fait que le Royaume-Uni représente environ 7 % de toutes les citations académiques, mais ne détient que 3 % des brevets mondiaux. Dans le cas du Japon, la situation est totalement opposée : il dispose de 4% des citations et de 14 % de l'ensemble des brevets, ce qui peut indiquer une appropriation ou transformation beaucoup plus efficaces des résultats de la recherche, qu'ils soient les siens propres ou qu'ils viennent d'ailleurs et ne soient pas protégés[3].

Ces résultats empiriques, qui ne diffèrent probablement pas pour l'essentiel en ce qui concerne la situation en France, Allemagne et autres pays européens, reflètent toute une série de facteurs ; l'attitude générale des chercheurs universitaires vis-à-vis des brevets — en 1992, 18,1 % de tous les brevets dans le domaine du génie génétique étaient dans les mains[4] d'inventeurs universitaires américains —, la disponibilité de l'infrastructure nécessaire au dépôt de brevets et à la commercialisation des inventions dans les universités[5], le cadre juridique de demande de brevets et de licences

1. Kroll, L.A. Ault and F. Narin, *Patent World*, March 1998, 38.
2. R.M. May, *Science*, 1998, *281*, 49.
3. A. Lawter, *Science*, 1997, *275*, 1061.
4. N. Rosenberg and R.R. Nelson, *Research Policy*, 1994, *23*, 323.
5. L. Nelsen, *Science*, 1998, *279*, 1460.

sur les résultats de la recherche sur fonds publics[1], la disponibilité de capital-risque, etc. Quelle que soit l'appartenance des chercheurs, le rythme des activités de prise de brevets et le nombre de demandes de brevets dans le domaine des biotechnologies ont aussi été influencés de manière décisive en faveur des États-Unis par une législation et une pratique plus prévisible et généralement plus favorable, en vigueur dans ce pays, en matière de brevets. Nous comparons dans les sections suivantes la situation juridique aux États-Unis et en Europe.

Inventions brevetables

GÉNÉRALITÉS

La différence principale entre les deux systèmes réside en leur façon de traiter la brevetabilité des inventions. Alors qu'aux États-Unis le droit des brevets (35 United States Code-USC) ne contient aucune exclusion explicite en matière de brevetabilité et laisse par conséquent toute latitude aux tribunaux de tracer les limites inhérentes aux principes du système des brevets, le droit européen des brevets, représenté par la Convention sur le brevet européen (CBE), se caractérise, au contraire, par un certain nombre d'exclusions, qui portent, pour une grande part, sur les inventions biotechnologiques. Pour la CBE, les inventions dont la publication ou l'exploitation seraient contraires à « l'ordre public », c'est-à-dire aux bases fondamentales de notre système juridique ou aux bonnes mœurs, sont exclues de la protection des brevets, une telle contradiction ne pouvant être déduite du seul fait que l'exploitation est interdite dans tous les États contractants ou dans plusieurs d'entre eux par une disposition légale ou réglementaire (art. 53a). Sont également exclues de la brevetabilité les inventions portant sur les variétés végétales ou les races animales ainsi que les procédés essentiellement biologiques d'obtention de plantes ou d'animaux (art. 53b). La même chose s'applique aux méthodes de traitement chirurgical ou thérapeutique du corps humain ou animal et les méthodes de diagnostic appliquées au corps humain ou animal. Toutefois, cette disposition ne s'applique pas aux substances et compositions utilisées pour la mise en œuvre d'une de ces méthodes et en particulier les produits et intermédiaires nécessaires à leur production sont brevetables (art. 52 (4)). Finalement, les articles 2 (2) (a) et (3) de la CBE affirment que ne sont pas considérées comme des inventions au titre de la Convention, les découvertes ainsi que les théories

1. Cf. Office of Technology Assessment (OTA), Congress of the United States, Federal Technology Transfer and the Human Genome Project, Washington, DC, 1995, 8ss.

scientifiques. Ce principe est inhérent à tous les systèmes de brevets et a été expressément affirmé par les tribunaux américains dès 1862[1].

ÉTATS-UNIS

À la suite de l'affaire *Chakrabarty* aux États-Unis toutes sortes de matières biologiques, y compris des formes de vie supérieures sont jugées brevetables selon le code US Statute en vigueur[2]. Des brevets ont régulièrement été accordés pour des obtentions végétales, y compris pour des demandes déposées pour des variétés végétales dès 1985[3], et depuis 1987 également, en principe, pour des races animales[4]. En ce qui concerne les brevets pour les variétés et obtentions végétales, cette pratique a maintenant été approuvée par la Cour d'appel fédérale dans un considérant de jugement dans *Pionneer Hi-Bred International, Inc. contre J.E.M. AG Supply, Inc., Farm Advantage, Inc., Larry Benz, Merle Pruett, Kevin Wolfswinkel, Tim Kamstra et Tom Eisched Seed and Chemicals*[5].

OFFICE EUROPÉEN DES BREVETS

Les demandes concernant des matières biologiques autres que des plantes ou animaux n'ont pas, à ce jour, rencontré de difficultés autres que celles qui sont généralement liées aux exigences de brevetabilité en matière de nouveauté et d'activité inventive, auprès de l'Office européen des brevets (OEB). Environ 3 000 brevets ont été accordés pour des anticorps monoclonaux, lignées cellulaires, plasmides, et séquences d'ADN d'origines diverses[6].

Pour ce qui est des inventions génériques dans le domaine animal et végétal, étant donné l'interprétation des dispositions d'exclusion des variétés végétales et races animales, la situation est très différente en Europe. Lorsqu'en 1995, une chambre de recours technique de l'Office européen des brevets s'écarte de la jurisprudence antérieure de l'OEB[7] et que, par sa décision sur les cellules végétales et systèmes génétiques *végétaux (Plant Cells/Plant Genetic Systems, PGS*) elle rejette une demande pour une plante non

1. J. Straus, « Gewerblicher Rechtschutz fur blotechnologische Erfindungen », Carl Heymans Verlag KG, Cologne, Berlin, Bonn, Munich, 1987, 43.
2. H.T. Markey, *IIC* 1989, *20*, 372 ; H. Nies, *IIC* 1990, 21, 480.
3. *Ex parte Hibberd, USPQ* 227, 443 (PTO Bd App 1985).
4. *Ex parte Allen, USPQ* 2d, *2*, 1485 (PTO Bd App. 1987).
5. *USPQ* 2d, *53*, 1440 (Fed. Cir. 2000).
6. Note de l'OEB du 1er juillet 1999, *OJ EPO* 1999, 573 et 574. *Best guidance to respective decisions is given by the Catchword Index* in H.-R. Jaenichen, *The European Patent Office's Case Law on the Patentability of Biotechnology Inventions*, avec Annotations sur la jurisprudence US par L.A. McDonell and J.F. Haley, 2nd ed. Carl Heymans Verlag KG, Cologne, Berlin, Bonn, Munich, 1997, 373.
7. *OJ EPO* 1984, 112-*Propagating Material/CIBA GEIGY* ; OJ EPO 1990, 71-*Hybrid Plants/Lubrizol* ; OJ EPO 1990, 476-*Onco Mouse/Harvard*.

génétiquement modifiée et qui contenait dans son génome une séquence ADN de nucléotide intégrée de manière stable et codant pour une protéine ayant des propriétés particulièrement utiles, parce qu'elle visait une « variété végétale » non brevetable au titre de l'article 53 (b) de la CBE[1], elle prive pratiquement de toute protection appropriée les inventeurs d'inventions génériques, c'est-à-dire d'inventions généralement applicables aux plantes et animaux transgéniques[2]. Bien que la même Chambre de recours technique ait maintenu l'ensemble de ses arguments sur la décision *PGS* en 1997 dans l'affaire *Transgenic Plants/Novaris*, elle a néanmoins renvoyé quatre des questions relevant de l'article 53 (b) à la Grande Chambre de recours pour qu'elle émette une interprétation ayant force de loi[3]. Le 20 décembre 1999, la Grande Chambre de recours a finalement rejeté la doctrine *PGS* et précisé qu'« une demande qui ne vise pas une variété végétale individuellement citée n'est pas exclue au titre de l'article 53 (b) de la CBE même si elle couvre des variétés végétales[4] ». La Grande Chambre de recours a précisé en outre que ce n'était pas la forme mais le fond d'une demande qui permettait d'évaluer l'objet visé par la demande. Cela ne revient pas à identifier l'objet d'une demande à son étendue, mais à identifier l'invention sous-jacente. Il s'agit, dans ce cas, de savoir à quel point l'invention est générique ou spécifique. Il ne s'agit pas d'une question de forme mais de fond. Le déposant peut faire une demande pour son invention sous la forme la plus large possible, c'est-à-dire la forme la plus générale qui permette de satisfaire aux conditions de brevetabilité. La Chambre déclare ensuite :

« S'il a fait une invention d'applicabilité générale, une demande générique n'est pas la conséquence de l'habileté oratoire de l'avocat, comme semble le suggérer la décision de renvoi [...], mais de l'amplitude d'application de l'invention[5]. »

Il est intéressant de noter que la Grande Chambre de recours souligne également, entre autres :

« 3.8. Il a déjà été déclaré que l'objet d'une demande incluant, mais n'identifiant pas, des variétés végétales, n'est pas une demande pour une ou des variétés [...]. Il s'ensuit qu'une telle invention ne peut être protégée par le droit d'un obtenteur végétal, qui traite d'obtentions végétales définies par leur génome complet et non par des caractéristiques individuelles [...]. Alors que dans le cas d'un ensemble végétal, l'obtenteur doit mettre au point une obtention végétale satisfaisant, en particulier, à l'exigence d'homogénéité et de stabilité, tel n'est pas le cas des inventions caractéristiques du génie génétique... dans ce dernier cas, l'inventeur vise à produire

1. *OJ EPO* 1995, 545.
2. Cf. P. Lange, *GRUR Int*. 1996, 586 ; U. Schatz, *GRUR Int*. 1997, 588 ; T. Roberts, *EIPR* 1996, 531 ; J. Straus, *GRUR Int*. 1998, 1.
3. *OJ EPO* 1998, 511.
4. *OJ EPO* 2000, 111-*Transgenic Plant /Novartis II* (headnote I.).
5. No. 3.1 second paragraphe des considérants (OJ *EPO* 2000, 124).

des outils permettant de doter des végétaux de propriétés souhaitées en insérant un gène dans leur génome. La création de ces outils précède l'étape suivante qui consiste à introduire le gène dans une plante spécifique. Toutefois, c'est la contribution de l'inventeur dans le domaine génétique qui permet de franchir la deuxième étape et d'insérer le gène dans le génome d'un végétal, ou d'une variété végétale appropriée[1]. »

Par conséquent, la Grande Chambre de recours a garanti la brevetabilité des inventions génériques chez les végétaux et animaux et ramené l'interprétation de l'article 53 (b) de la CBE dans le droit fil des dispositions de la directive 98/44/CE de l'UE relative à la protection juridique des inventions biotechnologiques[2], discutée ci-dessous, et affirmant implicitement la conformité des nouvelles règles d'exécution de la CBE. Le 16 juin 1999, le conseil d'administration de l'Office européen des brevets a transformé la Directive européenne en règlement d'exécution de la CBE[3]. Il s'ensuit qu'environ 1500 demandes relatives à des végétaux transgéniques et 600 portant sur des animaux transgéniques vont maintenant pouvoir être examinées[4].

Pour ce qui est de la brevetabilité des animaux, dans l'affaire *Harvard* « *Onco-Mouse* » de 1990, où une invention concernait une méthode de création d'un animal mammifère, non humain, présentant une probabilité accrue de développer des néoplasmes, et les animaux transgéniques produits par cette méthode, l'OEB estimait que l'exclusion de l'article 53 (b) devait s'appliquer à certains animaux seulement et pas aux animaux en soi[5]. En outre, en examinant si l'exploitation de l'invention concernée pouvait être en contradiction avec les dispositions d'exclusion de l'article 53 (a) de la CBE, le conseil a estimé qu'il convenait de décider au cas par cas, pour permettre d'évaluer la souffrance de l'animal et les risques possibles pour l'environnement, d'une part, et l'utilité de l'invention pour l'humanité, d'autre part. Il faut également observer que le conseil a abordé mais non résolu la question des catégories d'animaux devant être exclues de la protection des brevets au titre des dispositions de l'article 53 (b) de la CBE, c'est-à-dire les « *animal varieties* », « *races animales* » et « Tierarten » citées dans les trois langues faisant foi de la CBE, qui sont scientifiquement nettement différentes et demandent à être définies.

---

1. *OJ EPO* 2000, 134.
2. Du 6 juillet, 1998, *JO CE* No. L 213/13 du 30.7.1998.
3. *OJ EPO* 1999, 437 ; cf. aussi la Note du 1er juillet, 1999, OJ EPO 1999, 573.
4. Cf. *OJ EPO* 1999, 574.
5. *OJ EPO* 1990, 576-*Onco-Mouse II*.

LE RÉGIME DE LA DIRECTIVE EUROPÉENNE

Historique et principes fondamentaux

Depuis l'arrivée de la biotechnologie moderne à la fin des années 1970 et au début des années 1980, la Commission des Communautés européennes est consciente des différences existant entre la situation en matière de brevets en Europe et aux États-Unis. Elle a par conséquent envisagé d'adopter une directive relative à la protection juridique des inventions biotechnologiques afin, d'une part, de proposer des normes élevées et harmonisées de protection, comparables à celles qui sont en vigueur aux États-Unis et au Japon, et, d'autre part, de trouver un équilibre entre les exigences commerciales des chercheurs et de l'industrie et les préoccupations éthiques d'une partie du grand public qui est fortement opposée à la brevetabilité du vivant. En conséquence, la directive finalement adoptée en juillet 1998, après dix années d'âpres discussions au Conseil et au Parlement européen, devait apporter des éclaircissements dans deux directions, notamment sur ce qui devait être considéré comme brevetable et sur ce qui devait être exclu de la brevetabilité dans le cadre des inventions relatives aux matières biologiques, c'est-à-dire « une matière contenant des informations génétiques et qui est autoreproductible ou reproductible dans un système biologique » (article 2 (1) (a) de la Directive). Puisque la Convention sur le Brevet européen (CBE) ne fait pas partie de la compétence juridictionnelle de l'Union européenne et que, par conséquent, l'Office européen des brevets (OEB) n'est pas lié par les instruments juridiques de l'Union, il était de la plus haute importance que, comme cela a été mentionné ci-dessus, le conseil d'administration de l'Office européen des brevets transforme la Directive européenne en règlement d'exécution de la CBE en introduisant les nouvelles règles 23b-23e, avec effet au 1er septembre 1999, pour satisfaire aux exigences d'uniformité dans un droit des brevets européen harmonisé[1]. Selon la règle 23b (1) deuxième phrase, la directive 98/44/CE constitue un moyen complémentaire d'interprétation des Règles de la CBE. Par conséquent, tout ce qui figure dans la Directive européenne en matière d'exigences pour la brevetabilité s'applique également pour la CBE.

Selon la règle de base appliquée dans la directive, les inventions qui satisfont aux exigences habituelles en matière de brevetabilité constituent un objet brevetable « même lorsqu'elles portent sur un produit composé de matière biologique ou en contenant, ou sur un procédé permettant de produire, de traiter ou d'utiliser de la matière biologique ». Cela est également vrai pour une matière biologique préexistant à l'état naturel, si elle est isolée de

1. Note du 1er juillet, 1999, *OJ EPO* 1999, 573 (No. 3).

son environnement naturel ou produite au moyen d'un procédé technique (article 3 (1) (2) ; règle 23c (a) CBE). La Directive confirme donc la pratique depuis longtemps établie en ce qui concerne la brevetabilité des substances[1] existant à l'état naturel et impose son application sur toutes les matières biologiques telles que définies à l'article 2 (1) (a) (règles 23b (3) CBE).

Limites importantes

La prééminence omniprésente du principe fondamental de protection de la dignité et de l'intégrité de l'Homme, qui doivent être respectées en toutes circonstances a cependant connu des limitations importantes : le considérant 16 et l'article 5 (1) (règle 23e (1) CBE) ont réaffirmé le principe, jamais remis en cause, selon lequel le corps humain, dans toutes les phases de sa constitution et de son développement, cellules germinales comprises, ne peut constituer d'inventions brevetables. La même disposition s'applique à la simple découverte de l'un de ses éléments, y compris la séquence ou séquence partielle d'un gène. Cette règle ne fait que refléter et confirmer la jurisprudence des États membres de l'UE en ce qui concerne la limite entre les inventions brevetables et les découvertes non brevetables. Par exemple, elle déclare découverte non brevetable le fait de reconnaître, isoler et séquencer une séquence d'ADN génomique si l'inventeur n'indique pas une méthode d'obtention reproductible et ce pour quoi elle peut être utilisée[2]. Ces séquences d'ADN sont dépourvues du critère de nouveauté seulement si leur existence a été rendue publique de manière reconnaissable avant la date de dépôt ou la date de priorité. Tel n'est pas automatiquement le cas, même lorsqu'ils sont présents dans une banque de gènes[3] accessible au public.

Fondées sur les mêmes considérations éthiques, la Directive et les règles de la CBE excluent de la protection du brevet certaines catégories d'inventions de procédés, dont l'exploitation a été spécifiquement déclarée contraire à l'ordre public ou aux bonnes mœurs. Cela vise les procédés de clonage des êtres humains, les utilisations d'embryons humains à des fins industrielles ou commerciales, et les procédés de modification de l'identité génétique des animaux de nature à provoquer chez eux des souffrances sans utilité médicale substantielle pour l'homme ou l'animal, ainsi que les animaux issus de tels procédés (article 6 ; règle 23d CBE). La nouvelle règle ne maintient donc pas l'évaluation au cas par cas comme un principe général découlant de l'article 53 (a) de la CBE.

---

1. Il n'est ici fait référence qu'aux décisions de la Cour suprême de la RFA et de la cour fédérale allemande des brevets citées par F.K. Beier, R.S. Crespi, J. Straus [1], p. 102 ss., et aux Directives d'examen de EPO Part CH. IV 2.3 (décembre 1994).
2. Cf. par ex. Chambre des Lords, *In re Asahi Kasei Kogyo Kabushiki Kaishaka* (1991) R.P.C. 485, at 539.
3. Chambre de recours technique (TBA) EPO, *OJ EPO* 1990, 335.

Toutefois, ni l'exclusion générale portant sur les méthodes chirurgicales ou thérapeutiques, ni les nouvelles dispositions d'exclusion spécifiques n'aboutissent à une privation totale de protection pour les méthodes et matières concernées par la thérapie génique et la thérapie par cellules somatiques. Puisque les matières ou compositions utilisées dans ces méthodes sont brevetables, et non seulement les méthodes destinées à les produire, mais également les intermédiaires et finalement le produit fini — le médicament en soi — intervenant dans la thérapie génique et la thérapie par cellules somatiques, les cellules somatiques ainsi que les cellules somatiques transformées et destinées à être injectées, perfusées, etc, peuvent être brevetées comme vecteurs. Hors de la protection des brevets, contrairement à la situation aux États-Unis où les inventeurs ne connaissent aucune limitation spécifique[1], ne restent que les méthodes thérapeutiques, y compris l'étape consistant à prélever le tissu humain et injecter, etc., le médicament[2].

Séquences d'ADN

En prenant en compte le rôle fondamental des séquences d'ADN, mais aussi d'autres éléments du corps humain dans le développement et la production de nouveaux médicaments inestimables et qui devraient encore s'accroître à l'avenir, la directive et les nouvelles règles de la CBE apportent des éclaircissements importants en déclarant qu'un élément isolé du corps humain ou autrement produit par un procédé technique, y compris la séquence ou séquence partielle d'un gène humain, peut constituer une invention brevetable, même si la structure de cet élément est identique à celle d'un élément naturel (considérants 17, 20 et 21 ; article 5 (2) ; règle 23e (2) CBE). Là encore, le législateur européen a approuvé la pratique de l'OEB, ainsi que celle des offices des brevets nationaux et des tribunaux et ainsi mis un terme au débat qui continuait de remettre en cause la licéité de l'octroi de brevets sur des séquences d'ADN d'origine humaine. Cependant la confirmation explicite de la brevetabilité de séquences d'ADN d'origine humaine dans la directive européenne reste conditionnelle à certaines exigences supplémentaires non encore explicitées par la CBE et son nouveau règlement d'exécution ni par la loi américaine sur les brevets. Tout d'abord, dans le considérant 23 qui définit la règle qu'une simple séquence d'ADN sans indication d'une fonction ne contient aucun enseignement technique et ne saurait, par conséquent, constituer une invention brevetable, la notion même d'invention brevetable semble avoir donné lieu à une interprétation juridique plus stricte en y incluant de façon indissociable l'indication d'« *une fonction* ». Dans ce contexte, « *une fonction* », selon le point de vue prédominant,

1. J.K. Flanagan, *J. Patent Trademark Office Soc.*, 1998, *10*, 739.
2. S.J.R. Bostyn, *IPQ*, 1999, 1, 1 ; J. Straus, *GRUR*, 1996, 10.

ne semble pas pouvoir être confondue avec « une fonction biologique », par exemple d'une Étiquette de séquence exprimée (EST) ou du gène dont elle fait partie, mais doit être comprise comme toute fonction responsable (causale) d'un résultat techniquement applicable, c'est-à-dire pouvant être utilisé comme marqueur diagnostic spécifique, ou pour une identification spécifique à des fins de médecine légale[1]. Ensuite, la brevetabilité de l'application industrielle d'une séquence ou d'une séquence partielle doit être exposée de façon concrète dans la demande de brevet telle que déposée (considérant 22 ; règle 23e (3) CBE). En outre, pour que le critère d'application industrielle soit respecté, il est nécessaire, dans le cas où une séquence ou une séquence partielle d'un gène serait utilisée pour la production d'une protéine ou d'une protéine partielle, de préciser quelle protéine ou protéine partielle est produite ou quelle fonction elle assure (considérant 24, qui n'a, toutefois, pas de correspondance dans les nouvelles règles de la CBE). Il va sans dire que le législateur européen a réagi, en introduisant ces règles, aux tentatives d'obtention de brevets sur de grands nombres d'EST et de polymorphismes d'un seul nucléotide (SNP), sur lesquels après débats et controverses[2], le Patent and Trademark Office des États-Unis a commencé d'octroyer des brevets en 1997[3]. Il reste à voir si ces règles plus strictes édictées par la Directive européenne suffiront à contenir les efforts énergiques des industries de génomique pour s'approprier les informations sur les EST et les SNP, ce qui, en raison des limitations d'accès que cela imposerait, pourrait faire sérieusement obstacle au développement de nouvelles thérapies[4]. Pour contrer ces efforts, l'industrie pharmaceutique et les institutions de recherche universitaire ont pour la première fois joint leurs efforts et récemment établi un consortium pour créer une base de données publique des mutations génétiques[5].

Consentement éclairé préalable

Loin des considérations ci-dessus, qui sont toutes liées aux principes fondamentaux du droit des brevets, si une invention porte sur une matière biologique d'origine humaine ou utilise une telle matière, dans le cadre du dépôt d'une demande de brevet, la personne sur laquelle le prélèvement est effectué doit avoir eu l'occasion d'exprimer son consentement éclairé et libre à celui-ci, conformément au droit national (considérant 26). Donc, dans le cas de demande de brevet de cette nature, *un consentement éclairé préalable* doit être obtenu, mais les règles à définir sont laissées aux

1. Cf. A. Oser, *Int. Rev. Ind. Property Copyright Law*, 1999, *30*, *1*; J. Straus, *GRUR*, 1998, 314, at 319.
2. J. Straus, *OECD Science Technology Industry Review*, 1996, l9, 45, 49.
3. J.J. Doll, *Science*, 1998, *280*, 689; M.A. Heller, R.S. Eisenberg, *Science*, 1998, *280*, 698.
4. C.T. Caskey, A.R. Williamson, *Nature*, 1996, 381, 360 ; H. Michel, *Biosprectrum*, 1999, 1, XX.
5. E. Marshall, *Science*, 1999, *284*, 406.

soins du législateur des États membres. Bien qu'il n'existe, actuellement, aucune règle de cette sorte à fins de brevets dans aucun des États membres de l'UE et malgré les doutes quant au fait qu'un considérant d'une directive puisse obliger le législateur national, il faut rester conscient que le consentement éclairé préalable est obligatoire selon les principes du droit constitutionnel et du droit médical[1] ou des lois régissant les essais cliniques ou pharmaceutiques[2] lorsqu'une intervention sur le corps humain est nécessaire. Cela est également clairement défini dans l'article 5 de la convention du Conseil de l'Europe sur les Droits de l'homme et la biomédecine du 4 avril 1997. Par conséquent, même en l'absence de règles spécifiques en matière de brevets sur le consentement éclairé préalable, les chercheurs et déposants seront bien avisés et plus assurés si leurs activités de recherches sont appuyées par le consentement éclairé préalable de la personne dont provient la matière biologique concernée par la demande de brevet. Faute de cette précaution, ils pourraient se voir opposer, par exemple, l'article 53 (a) de la CBE.

Variétés végétales et races animales

Alors que les dispositions de la directive relatives à la brevetabilité du corps humain et de ses éléments, confirme explicitement, pour l'essentiel, les pratiques antérieures d'octroi de brevets, en particulier par l'OEB, les dispositions qui ont trait à la brevetabilité de formes de vie supérieures, notamment les variétés végétales et races animales peuvent être considérées comme des tentatives de corriger la jurisprudence des Chambres de recours de l'OEB, telle que rapportée dans la décision sur *Plant Cells/Plant Genetic Systems (PGS)*. Bien que l'article 4 de la Directive prévoie que les variétés végétales et les races animales, et les procédés essentiellement biologiques pour l'obtention de végétaux ou d'animaux restent explicitement exclus du champ de ce qui est brevetable, les inventions génériques portant sur des végétaux ou des animaux sont explicitement déclarées brevetables. À l'article 4 (2) les inventions portant sur des végétaux ou des animaux sont brevetables si la faisabilité technique de l'invention n'est pas limitée à une variété végétale ou à une race animale déterminée (règle 23c (b) CBE). Les considérants 29-31 vont dans le même sens en précisant qu'un ensemble végétal caractérisé par un gène déterminé (et non par l'intégralité de son génome) n'est pas soumis à la protection des obtentions ; que, de ce fait, il n'est pas exclu de la brevetabilité, même lorsqu'il

1. E. Deutsch, *Medizinrecht* 3rd ed., Springer Verlag Berlin, Heidelberg, New York 1997, No. 103 (p. 75).
2. Cf. les enquêtes de B.M. Knoppers, M. Hirtle, M. Iarmeau, S. Laberge, *Genomics*, 1998, *50*, 385 ; A. Eser, « Legal Aspects of Experimentation on the Living : A Comparative Survey, » *in The Ethics of Life*, UNESCO, Paris, 1997, 185 ; J. Straus, « Wem gchort das Genom ? », *in Gene, Neurone, Qubits & Co.*, S. Hierzel Verlag Stuttgart, Leipzig, 1999, 217, 222.

englobe des obtentions végétales (considérant 31). À la lumière de la décision précitée sur *Plant Cell/Novartis II* de la Grande Chambre de recours de l'OEB, la nouvelle règle 23c (b) de la CBE est conforme à l'article 53 b) de la CBE et garantit à l'avenir la brevetabilité des inventions génériques pour les végétaux et animaux au titre de la CBE.

Étendue de la protection

Malgré le nombre remarquable de brevets déjà octroyés pour divers types de matières biologiques et malgré les nombreuses infractions déjà jugées par les diverses cours des États membres de l'UE, beaucoup de questions sur l'étendue de la protection accordée par les brevets sur les matières biologiques sont restées sans réponse claire. En particulier, un manque de clarté subsiste quant à savoir si un brevet de produit sur une matière biologique couvre aussi le matériel biologique qui en est issu par propagation ou multiplication ; également des questions subsistent sur le point de savoir si les matières biologiques obtenues par propagation ou multiplication de la matière biologique directement obtenue par un procédé breveté continuent de répondre au critère d'obtention « directe » par ce procédé ; finalement les effets d'un brevet sur des informations génétiques couvrent-ils toutes les matières dans lesquelles cette information a été incorporée ?

La Directive apporte des réponses à toutes ces questions et ce faisant, renforce considérablement la position du détenteur de brevet. L'article 8 (1) prévoit que la protection conférée par un brevet relatif à une matière biologique dotée, du fait de l'invention, de propriétés déterminées s'étend à toute matière biologique obtenue à partir de cette matière biologique par reproduction ou multiplication sous forme identique ou différenciée et dotée de ces mêmes propriétés. L'article 8 (2) précise encore que la protection conférée par un brevet relatif à un procédé permettant de produire une matière biologique dotée, du fait de l'invention, de propriétés déterminées s'étend à la matière biologique directement obtenue par ce procédé et à toute autre matière biologique obtenue, à partir de la matière biologique directement obtenue, par reproduction ou multiplication sous forme identique ou différenciée et dotée de ces mêmes propriétés. Ainsi, la protection conférée par un brevet relatif à un procédé s'étend également à la deuxième, troisième, etc. génération de végétaux ou animaux tant que les autres exigences sont satisfaites. Finalement, l'article 9 stipule que la protection conférée par un brevet à un produit contenant une information génétique s'étend à toute matière dans laquelle le produit est incorporé et dans laquelle l'information génétique est contenue et exerce sa fonction. Toutefois, la seule exception, très importante, à l'étendue de cette règle de protection est le *corps humain*, qui ne peut jamais être considéré comme brevetable comme cela est explicitement précisé par la référence à l'article 5 (1) dans l'article 9.

Il va sans dire que cette étendue de grande envergure de la protection entraînera une augmentation du nombre des dépendances. Pour contenir les effets des brevets octroyés pour des matières biologiques dans des limites raisonnables, le législateur européen, tout d'abord dans le considérant 25, aborde la question de l'octroi de brevet lorsque des séquences se chevauchent partiellement. Selon la règle ainsi établie, lorsque des séquences se chevauchent seulement dans les parties qui ne sont pas essentielles à l'invention, le droit des brevets considère chacune d'entre elles comme une séquence autonome. En adoptant cette règle, la directive offre peut-être une solution acceptable au conflit sur les brevets accordés pour les EST et SNP, d'une part, et sur les brevets accordés sur des séquences complètes, d'autre part. Le fait que cette solution réponde à l'attente qu'elle suscite dépendra largement de l'interprétation qui est donnée du terme « essentielles ». À cet égard, une déclaration récente adoptée par la commission sur la propriété intellectuelle de l'organisation du génome humain (HUGO : Human Genome Organisation / Intellectual Property Rights Committee) qui suggère que la notion « ne sont pas essentielles à l'invention » doit être interprétée à la lumière de la fonction *exposée sans ambiguïté par le déposant (breveté) et non sur la base de son importance objective (naturelle) non exposée*, en tant que telle, et que les demandes larges du type « ayant » et « comprenant » qui couvrent non seulement la séquence d'ADN exposée et son utilisation mais également des produits « ayant » ou « comprenant » cette séquence ne devraient être accordées qu'exceptionnellement lorsque l'information exposée pour la partie qui chevauche est *suffisamment potentialisante* pour l'ensemble de l'invention[1]. Il existe une autre limitation au droit des brevets dans la directive sous forme de ce qu'on appelle le privilège de l'agriculteur, à ce jour inconnu en droit des brevets, et entièrement conçu à partir des règles afférentes de la réglementation du Conseil (CE) n° 2100/94 du 27 juillet 1994 instituant un régime de protection communautaire des obtentions végétales[2]. En outre, la Directive a établi un régime de licences réciproques obligatoires entre les brevets et les droits des obtenteurs de végétaux dépendants et *vice versa* (Articles 11 et 12).

1. La Commission des droits de propriété intellectuelle HUGO est présidée par cet auteur. La déclaration n'est pas encore publiée.
2. *OJ EC* No. L 227/1 du 1.9.1994, tel qu'amendé par la règle (EC) No. 2506/95, *OJ EC* No. L 258/3 of 28.10.1995.

Quelques autres aspects

Une déclaration conjointe publiée le 14 mars 2000 par le président des États-Unis Bill Clinton et le Premier ministre britannique Tony Blair prévoit qu'à la fin de cette contribution, qui a volontairement omis d'aborder la question des exigences en matière de brevetabilité et les différences qui existent entre le droit américain et le droit européen, un aspect au moins d'une seule exigence de brevetabilité est cité. Les deux dirigeants ont déclaré, entre autres, que pour accomplir la plénitude de la promesse de la recherche sur le génome humain, un des projets scientifiques les plus importants de tous les temps, « les données fondamentales sur le génome humain, y compris le séquençage de tout le génome de l'ADN humain et de ses variations, devraient être librement accessibles aux scientifiques du monde entier. Un accès sans entrave à cette information favorisera des découvertes permettant de réduire le fardeau que sont les maladies, améliorer la santé dans le monde et la qualité de la vie de l'humanité[1] ». Cette exhortation morale très applaudie, qui suit certaines déclarations de HUGO (Human Genome Organisation)[2] et un certain accord des Bermudes de 1996 où des chercheurs participant au projet du Génome humain[3], sans mettre en cause la brevetabilité des « inventions à base de gènes », posent toutefois la question des conséquences légales du comportement suggéré aux chercheurs. En particulier seront-ils les mêmes aux États-Unis qu'au Royaume-Uni et que dans le reste de l'Europe ? En raison des différences dans l'évaluation de la nouveauté nécessaire en droit des brevets aux États-Unis et en Europe, on peut penser qu'ils seront également différents. Alors que les chercheurs et leurs institutions relevant du droit américain pensent que la période de grâce de 12 mois (35 USC §102 (B)) combinée au principe du premier inventeur, leur permettra toujours d'acquérir les droits sur les données publiées aux États-Unis en soumettant des demandes de brevets dans les douze mois suivant leur publication sur l'Internet, en Europe, où l'état de la technique rompant toute nouveauté est constitué par tout ce qui est rendu accessible au public avant la date de dépôt par une description écrite ou orale, un usage ou tout autre moyen (article 54 (2) de la CEB), ils resteront pratiquement démunis. Pratiquement et non totalement, parce que l'article 54 (5) de la CEB permet de

1. M. Wrong, V. Griffith, *Financial Times of March* 15, 2000, 1.
2. *Genome Digest,* April 1995, 6 ; *Genome Digest,* July 1997, 3 ; cf. aussi E. Marshall, *Science,* 1997, 276, 1189.
3. D.R. Bentley, *Science,* 1996, 274, 533.

breveter les substances ou compositions exposées dans l'état de la technique, à condition que son utilisation ne concerne pas une méthode contenue dans l'état de la technique. Par conséquent, les séquences fondamentales, même publiées, à condition que les autres conditions de brevetabilité soient réunies, reste accessible à une protection pour un produit à usage déterminé. Il est également possible d'obtenir des brevets pour des utilisations nouvelles et inventives de ces substances, auquel cas, il s'agit de brevets dépendants. Au sens strict, même en Europe, tout n'est pas terminé après la publication, mais l'essentiel est clos. Combien de temps ce déséquilibre au détriment des chercheurs européens et en fait de l'économie tout entière durera-il ? Cela reste à voir. Actuellement, la question jusqu'à présent si controversée de l'introduction d'une « période de grâce » dans la CEB est toujours à l'étude à l'OEB qui a été mandaté à cette fin par la conférence intergouvernementale des États membres de l'OEB pour préparer la révision de la CEB et qui s'est tenue en juin 1999[1].

Conclusions

Il ne fait aucun doute que les brevets ont joué un rôle essentiel pour la naissance et la croissance des nouvelles industries biotechnologiques et génomiques. Il est également évident que ce n'est que grâce aux brevets que grand nombre de produits, et en particulier des médicaments importants ont pu atteindre les marchés mondiaux et contribuer à des progrès considérables dans le domaine de la médecine, de la pharmacie et de l'agriculture. Il y a de bonnes raisons de penser que cette situation va se perpétuer. Toutefois, en ce qui concerne les brevets dans le domaine de la génomique, le législateur et les administrateurs de la loi, c'est-à-dire les offices des brevets et tribunaux se voient confier de lourdes responsabilités. Il leur revient d'équilibrer le système de manière à accorder strictement l'étendue de la protection du brevet à la contribution à la technique par les inventeurs et de refuser des brevets lorsqu'il s'agit d' « inventions » purement spéculatives. La tentation pour les industries génomiques de s'approprier la plus grande part possible de l'information sur le génome est compréhensible, mais il doit être également compréhensible que le public, dans ce contexte composé non seulement de chercheurs universitaires, mais aussi de l'industrie pharmaceutique, a un intérêt légitime à voir l'essentiel des données fondamentales séquencées traité comme une information pré-concurrentielle et maintenu dans le domaine public.

1. Cf. *OJ EPO,* 1999, 545, 549.

Breveter les gènes — Quelques idées fausses assez répandues

LE POINT DE VUE DE L'INDUSTRIE
DR AWR TYRRELL — SMITH KLINE BEECHAM

Les gènes ne sont pas nouveaux

ILS SONT PRÉSENTS DANS LE CORPS HUMAIN
DONC NE PEUVENT ÊTRE NOUVEAUX.
DANS CES CONDITIONS, ILS NE PEUVENT ÊTRE BREVETÉS

Sur les 3 milliards de bases d'ADN du corps humain (l'ADN génomique), soit l'ensemble de nos gènes, plus de 90 % de ces séquences génomiques seraient « sans valeur ». Les séquences « inutiles » sont intercalées parmi les 50 000 à 100 000 gènes qui déterminent notre identité génétique, et certaines prédispositions aux maladies. Les gènes que l'on peut *isoler* de cet enchevêtrement d'ADN génomique sont, au regard du droit des brevets, considérés comme nouveaux. L'article 5.2 de la directive porte précisément sur ce point. Une demande de brevet pour une séquence d'ADN isolée ne conduit pas directement aux gènes tels qu'ils existent à l'état naturel.

Un argument supplémentaire est que, pour des raisons scientifiques, l'ADN objet de dépôt de demande de brevet est souvent présenté sous forme de ADNc (ADN complémentaire) qui est en fait une copie de l'ADN génomique sans les séquences « inutiles » (introns) intermédiaires. L'ADNc n'apparaît pas naturellement (sauf dans de rares cas de gènes non interrompus par des introns) et est donc nouveau, ne serait-ce que pour cette seule raison.

L'ADN est un produit naturel

L'ADN SE PRODUIT NATURELLEMENT ET NE PEUT DONC ÊTRE BREVETABLE

Breveter des produits naturels n'est pas un phénomène nouveau. C'est pratique commune aux États-Unis et en Europe depuis de nombreuses années. À condition que la molécule soit nouvelle, au sens qu'elle n'ait aucune existence préalablement reconnue, elle peut faire l'objet d'une demande de brevet (voir ci-dessus) — dans la mesure où tous les autres critères de brevetabilité (par exemple : activité inventive, utilité) sont établis. Les produits naturels déjà protégés par un brevet sont nombreux : la daunorubicine utilisée pour le traitement des tumeurs, la streptokinase pour traiter l'infarctus du myocarde, et la cyclosporine pour prévenir le rejet tissulaire d'organes transplantés, pour n'en citer que quelques exemples.

Repérer un gène associé à une maladie est une découverte non brevetable, et non une invention

L'ADN EST LE « PATRIMOINE DE L'HUMANITÉ » QUE CHACUN DOIT POUVOIR UTILISER LIBREMENT

Les données brutes de séquences génétiques ne sont *pas* brevetables (voir la Directive, article 5.1). Toutefois, l'identification de gènes associés à des pathologies est loin d'être chose facile. Lorsqu'il s'agit d'identifier un gène et d'en établir l'utilité ou son « application industrielle », l'exercice s'élève au rang de l'invention (brevetable) et non plus de la découverte (non brevetable). L'application industrielle doit être exposée dans la demande de brevet (Directive 5.3). La réglementation en matière de brevets comporte déjà des procédures de vérification pour distinguer ce qui est brevetable de ce qui ne l'est pas, et celles-ci sont de jour en jour plus rigoureuses.

Brevetabilité d'une matière biologique au regard de la Directive européenne n° 98/44

Alain Gallochat

Rappels et définitions

La Directive européenne 98/44 du 6 juillet 1998 est relative à la protection juridique des inventions biotechnologiques.

Le premier projet de cette Directive remonte à 1988 et de nombreux obstacles, dont un rejet du Parlement européen le 1er mars 1995, ont dû être franchis avant d'arriver au texte actuel.

Le texte actuel et les discussions qui ont précédé considèrent les différents aspects du problème : économique, juridique, politique et bien entendu éthique (il est fait référence en particulier à l'avis du groupe de conseillers pour l'éthique de la biotechnologie de la Commission européenne qui a été pris en compte).

La Directive votée le 6 juillet doit être transposée en les divers droits nationaux au plus tard le 30 juillet 2000 et *s'impose* aux différents États membres même si certains de ces derniers ont déjà des dispositions législatives ou réglementaires ne correspondant pas, ou seulement pour partie, aux dispositions de la Directive : c'est le cas de la France avec la partie des lois bioéthiques de 1994 transposée dans l'article L. 611-17 du code de la propriété intellectuelle (CPI).

L'article 2 de la Directive 98/44 définit la matière biologique comme étant « une matière contenant des informations génétiques et qui est autoreproductible ou reproductible dans un système biologique ».

L'article 3.2 de cette même Directive précise que : « Une matière biologique isolée de son environnement naturel ou produite à l'aide d'un procédé technique peut être l'objet d'une invention, même lorsqu'elle préexistait à l'état naturel ».

Brevetabilité du corps humain et de ses éléments

— La Directive consacre tout un article, l'article 5, à la brevetabilité du corps humain et de ses éléments :

ARTICLE 5.1

« Le corps humain, aux différents stades de sa constitution et de son développement, ainsi que la simple découverte d'un de ses éléments, y compris la séquence ou la séquence partielle d'un gène, ne peuvent constituer des inventions brevetables. »

Il est à noter que cette exclusion est une exclusion *en soi* et non pas au titre de la contrariété à l'ordre public et aux bonnes mœurs (notion dont on connaît le manque de précision et l'évolution parfois rapide) comme c'est le cas à l'article L 611-17 de notre CPI, ce qui rend cette exclusion de la Directive plus forte que celle de notre législation.

ARTICLE 5.2

« Un élément isolé du corps humain ou autrement produit par un procédé technique, y compris la séquence ou la séquence partielle d'un gène, peut constituer une invention brevetable, même si la structure de cet élément est identique à celle d'un élément naturel. »

Cet article n'est pas en contradiction avec l'article 5.1 qui concerne la séquence ou la séquence partielle d'un gène en tant que *découverte* (par définition non constitutive d'une invention), alors que l'article 5.2 se réfère à ces éléments en tant *qu'inventions brevetables,* c'est-à-dire dès lors que les critères de nouveauté, d'activité inventive et d'application industrielle sont satisfaits.

ARTICLE 5.3

« L'application industrielle d'une séquence ou d'une séquence partielle d'un gène doit être concrètement exposée dans la demande de brevet. »

Cet article doit être lu en relation avec les considérants 22 *in fine,* 23 et 24 d'où il ressort clairement qu'une séquence totale ou partielle d'un gène humain ne pourra être brevetée que si elle est accompagnée d'une fonction ou d'un enseignement technique ; cela revient à dire que cette séquence doit avoir une fonction (biologique) connue ou, pour le moins, procurer un résultat technique.

Conclusion

Les « garde-fou » existent donc bien et le texte actuel ne permettrait pas de breveter des séquences totales ou partielles sans application industrielle (du type de celles que Craig Venter a voulu faire breveter en 1991-1992) : il faudra que l'Office européen des brevets, les offices de brevets et les juridictions des États membres de l'Union européenne soient particulièrement vigilants sur ce point.

Le délai de grâce et les scientifiques

Alain Gallochat

Introduction/remarques préliminaires

Cette présentation se limitera aux avantages que peut présenter un délai de grâce pour le monde des scientifiques et de la recherche (organismes privés ou publics/universités), encore qu'un tel délai de grâce ait également son importance pour le monde industriel, notamment les PMI/PME, ainsi que pour les inventeurs isolés.

Le but d'un tel délai de grâce est d'abord de sauvegarder les intérêts des institutions de recherche, titulaires des droits de brevets, avant de préserver les intérêts personnels des inventeurs, employés de ces institutions.

La vocation des institutions de recherche n'est pas d'exploiter directement les inventions issues de ses laboratoires, mais d'en confier le développement puis l'exploitation à un tiers industriel.

Dans certains domaines, comme celui de la santé, la mise à la disposition des malades d'un nouveau médicament se fait après un développement long et onéreux ; c'est pourquoi un industriel ne sera prêt à investir sur un tel développement que dans la mesure où il bénéficiera pendant une certaine période de temps d'une position de monopole sur le marché. Ainsi, faute d'une protection adéquate, certains médicaments ne pourront pas être mis à la disposition des malades, ce qui risque d'aboutir à un problème de santé publique. Cela est particulièrement important dans le domaine des biotechnologies.

Origines des difficultés/spécificité des scientifiques

Une culture spécifique aux chercheurs des universités et des organismes de recherche, publics ou privés, consiste à privilégier les publications dans les revues scientifiques, de préférence dotées d'un comité de lecture. L'évaluation de ces chercheurs au sein de la communauté scientifique internationale se fait principalement sur le nombre de citations de ces chercheurs dans lesdites publications. La divulgation orale, lors de séminaires ou d'exposés, ou même dans des discussions entre chercheurs, constitue également un facteur majeur dans l'évaluation et la reconnaissance internationale de ces derniers auprès de leurs pairs.

S'ajoute à ce jour une difficulté supplémentaire qui résulte d'un moyen de communication qui n'existait pas dans les années 1980, à savoir Internet. Une nouvelle situation se développe dangereusement consistant pour les chercheurs à mettre les résultats de leurs recherches sur Internet quotidiennement, ce qui a pour effet de rendre les informations immédiatement accessibles dans le monde entier, par exemple au Canada où, compte tenu du décalage horaire, un tiers local pourra le jour même déposer une demande de brevet sur le même sujet : le Canada ayant le système du « Premier déposant », c'est le déposant canadien qui détiendra les droits, sauf à prouver par le chercheur français que le Canadien a déposé frauduleusement sa propre demande de brevet, ce qui est particulièrement difficile.

Avantages d'un délai de grâce pour les institutions de recherche

Un délai de grâce, sous réserve qu'il soit rigoureusement « encadré » permettrait :

— d'effectuer, pendant une période de temps limitée, un dépôt de demande de brevet par l'inventeur ou son ayant droit, malgré une divulgation de l'inventeur antérieure au dépôt (c'est une immunité de l'inventeur uniquement à l'égard de l'inventeur ou de son ayant droit) ;

— de conserver le système du « Premier déposant » en évitant de tomber dans les difficultés américaines liées à la combinaison du système du « Premier inventeur » et d'un délai de grâce de type prioritaire.

Toutefois, l'instauration d'un tel délai de grâce ne doit pas être considérée comme une panacée mettant les milieux novateurs, notamment les universités et les organismes de recherche, à l'abri de toute difficulté. Il conviendra en revanche de développer la formation et l'information en matière de propriété industrielle dans ces milieux novateurs : c'est là une tâche *essentielle*.

En outre, il ne faut pas perdre de vue que l'instauration du délai de grâce préconisé conserve à la divulgation de l'invention par l'inventeur son caractère d'élément de la technique vis-à-vis des tiers : si postérieurement à cette divulgation un tiers dépose une demande de brevet sur une invention qu'il a lui-même développée, ce tiers ne pourra obtenir un brevet que si son invention est nouvelle et implique une activité inventive au regard de ladite divulgation. Les dispositions de la loi sur les brevets continueront à s'appliquer intégralement pour apprécier les situations des droits respectifs des tiers et de l'inventeur (ou de son ayant droit).

Enfin, un délai de grâce permettrait de déposer une demande de brevet plus proche de l'invention réelle et validée ; l'inconvénient de déposer une demande de brevet, dans les conditions juridiques actuelles (pas de délai de grâce), est en effet de protéger l'invention très en amont, alors qu'il n'y a pas toujours eu une validation scientifique et que les diverses applications n'auront pas été forcément vues. Une telle invention, protégée très en amont est plus difficilement valorisable, c'est-à-dire transférable à un industriel : ce dernier hésitera à développer une invention qui n'est protégée que de façon sommaire et/ou sans validation scientifique. Un dépôt, même reporté de quelques mois permettrait de pallier cet inconvénient.

Exemple de délai de grâce

Une position française (établie en commun par les cabinets du secrétariat d'État à l'Industrie et du MENRT) a retenu une formulation de délai de grâce répondant aux objectifs précédemment cités et correspondant sensiblement au rapport remis à M. Claude Allègre en septembre 1998 :

— délai de grâce de type immunitaire (et non prioritaire comme c'est le cas aux États-Unis) ;

— durée de ce délai très limitée ;

— déclaration de la divulgation lors du dépôt de la demande de brevet ;

— versement d'une taxe spécifique ;

— publication de la demande de brevet 18 mois suivant la date de divulgation ;

— délai de grâce applicable à toutes formes de divulgation.

Brevetabilité du génome humain

Leila Macedo Oda
Marli B.M. d'Albuquerque[1]
Bernardo E.C. Soares[2]

Les grandes ruptures qu'a connues la société moderne occidentale nous oblige à concevoir dès à présent « un homme nouveau » dont les droits et les devoirs doivent être formalisés dans une « charte des droits », avec pour objectif de concilier les limites imposés par l'État et les libertés individuelles. La « Déclaration des droits de l'homme » prône en effet ces principes, qui rendent possible le contrôle de la diffusion de valeurs nouvelles, en définissant, d'abord par la loi, un concept de l'homme construit sur l'idée de l'intégrité de « l'homme citoyen ».

Ce concept est apparu avec la Révolution française au XVIIIe siècle. Il s'est imposé également lorsque fut créée après les désastres de la Seconde Guerre mondiale, l'Organisation des Nations unies qui au nom des peuples, proclama l'idée d'une « Déclaration des droits de l'homme », qui tire sa légitimité de l'extermination de milliers de civils, dont une grande partie était victime à double titre : d'une part de la guerre et d'autre part du racisme fondé sur l'institution de la supériorité d'un homme génétiquement identifié comme appartenant à un groupe supposé « pur », pour autant qu'une race puisse l'être. Une telle idée trouvait alors sa justification dans un discours idéologique basé sur la « Science ». De nos jours une réflexion approfondie sur « la Déclaration universelle du génome humain et des Droits de l'homme » s'impose à nous.

Aujourd'hui, les contraintes qui s'attachent aux méthodes scientifiques trouvent leur origine dans les possibilités des biotech-

1. Professeur d'histoire de la science, directeur de recherches du département d'histoire de la Fondation Oswaldo Cruz (FIOCRUZ), Rio de Janeiro, Brésil.
2. Professeur en microbiologie, chercheur et conseiller à l'office de biosécurité de la Fondation Oswaldo Cruz (FIOCRUZ), Rio de Janeiro.

nologies qui, dans leur évolution, soulèvent des problèmes d'une grande complexité concernant des thèmes qui touchent à la biodiversité, depuis l'accès aux ressources de la génétique, la privatisation de la vie avec le recours à différentes formes de protections légales jusqu'à la propriété intellectuelle sur les questions concernant la vie, comme les brevets sur les séquences d'ADN, les micro-organismes, les cultures et les animaux transgéniques, qui figurent dans la loi n° 9279 datée du 14 mai 1996 (Brésil). Cette compréhension des méthodes scientifiques recouvre le champ des biotechnologies, pour inclure « n'importe quelle technique utilisant les organismes vivants (ou partie d'un organisme) produisant ou modifiant des produits, améliorant des plantes ou des animaux et la découverte de micro-organismes à usage spécifique ».

Une telle complexité technique et scientifique s'est développée sur les bases d'une convergence de la biologie moléculaire, la chimie et la génétique, ouvrant ainsi d'énormes possibilités à la recherche scientifique dans la perspective du développement des recherches dans le domaine de la génétique, débouchant elles-mêmes sur de grandes opportunités concernant la manipulation des gènes, un phénomène qui pourrait faire du XXIe siècle, « l'ère du paradigme de la biotechnologie scientifique ».

Un des faits scientifiques les plus marquants qui caractérise le début de la configuration du paradigme fut l'initiative lancée en 1990 par le projet Génome, qui réunit des scientifiques de plusieurs pays, pour planifier ensemble leurs travaux de recherche sur l'analyse complète du génome humain. Ce projet tient compte dans son planning de l'interconnexion qui doit s'établir dans les réflexions sur les sciences de la vie, les sciences humaines et sociales, les sciences économiques et politiques, le droit, la philosophie et l'éthique.

La course pour classer les brevets de plus de 300 gènes par l'Institut national de la santé des États-Unis en 1991, déclencha des débats au sujet des droits commerciaux concernant l'ADN humain, ce qui provoqua un grand intérêt d'ordre social, philosophique et scientifique quant aux possibilités de « privatisation de la vie ».

L'histoire retiendra que le premier brevet accordé sur un organisme vivant concernait le résultat d'une recherche entreprise par Louis Pasteur, sur une levure exempte de germe pathologique, qui améliore le processus de la production de la bière. La directive qui est considérée comme l'évaluation de cette question qui s'apparente aux droits sur la propriété intellectuelle sur les êtres vivants ou sur le matériel biologique, considère essentiellement les informations contenues dans les gènes des organismes et non les organismes eux-mêmes, en établissant un critère de différenciation de la propriété physique ou corporelle de certaines espèces végétales ou animales. Cet instrument légal visant à ajuster l'usage des droits à une pratique monopolistique (même de façon temporaire) sur les êtres vivants ou les sujets biologiques peut consolider les mécanismes de commercialisation et le paiement des *royalties* qui en découlent sur la biodiversité, considérée aujourd'hui comme le principal héritage de notre planète.

La manipulation du phénomène de la vie permet de transformer les informations responsables des caractéristiques des organismes et de leur environnement, se rapportant à toute les formes de vie et à la biosphère. Le contrôle, la surveillance et l'évaluation attentive des risques et des bénéfices découlant de la manipulation de l'information génétique constitue le champ d'actions de la biosécurité avec les implications morales et les attitudes à adopter, qui concernent la bioéthique. Ceci nous amène à revenir sur la question de la compétence de la biotechnologie scientifique, qui place l'*homo sapiens* au rang d'*homo creator*, avec une proportion d'*homo demens* et de plus en plus d'*homo economicus*.

Un examen des questions soulevées par les apports de la génétique moderne implique les hommes politiques et le public au sujet de la pertinence de la commercialisation. Pour traiter de ces nouvelles technologies, la société demande des stratégies différentes, prenant en compte les droits de l'homme, la réglementation, l'administration et le marché. La recherche fondamentale conduite dans les laboratoires qui débouche sur un produit souvent développé dans le secteur commercial accroît les conflits d'intérêts. Les politiques devraient avoir à l'esprit les valeurs et les besoins des populations, en étayant leurs décisions sur la crédibilité et l'adéquation aux mentalités locales.

Au Brésil, le débat sur la « Loi sur la propriété industrielle » (loi n° 9279/96) a fait surgir des questions telles que la définition des micro-organismes dans un but de brevetage ; la nécessité de sauvegardes pour protéger les ressources génétiques situées dans les zones indigènes et les droits relatifs à la culture des communautés appelées « locales » ou « traditionnelles ».

Le projet de loi 306/95 vise à instituer « des mesures de protection de l'information et de l'accès aux ressources génétiques végétales et animales, à l'exception des ressources génétiques humaines ». Durant l'examen de la loi, les débats ont renforcé l'idée d'ajouter un amendement à la Constitution fédérale, considérant que la meilleure option pour le Brésil était de déclarer « l'héritage génétique propriété de l'Union, dans la mesure où cela permettra un contrôle adéquat sur l'accès aux ressources génétiques et sur l'appropriation des bénéfices provenant de leur utilisation, en prenant soin de ne pas établir de confusion avec les droits déjà établis par la législation brésilienne sur la propriété physique et non physique des ressources biologiques, qui sont communément utilisées dans les activités mettant en œuvre une exploitation économique telle que l'agriculture et l'élevage, l'industrie agroalimentaire ou l'exploitation agricole en général ». Ce texte figure dans le projet d'amendement constitutionnel 618/88, qui rajoute une clause à l'article 20 de la Constitution fédérale, portant l'héritage génétique (à l'exception de l'héritage humain) à l'actif de l'Union.

Cette proposition établit une différence parmi les formes de protection légales en matière de propriété intellectuelle dans le domaine du vivant, en distinguant dans ces paramètres, s'ils sont définis dans des buts restrictifs ou non du brevetage de l'ADN de micro-organismes et de levures, sans référence aux cellules humaines. Une limite importante dans ce débat fut sans doute la conférence des Nations unies sur l'environnement et le développement qui eut lieu à Rio de Janeiro en 1992, le thème central fut la conservation de la diversité biologique en tant que préoccupation commune de l'humanité, soulignant que les États ont des droits souverains sur leurs propres ressources biologiques. Le progrès dans les discussions qui eurent lieu au Brésil a contribué à orienter divers projets de biotechnologies, en considérant que les pays qui soutiennent des projets de recherche sur le génome doivent avoir clairement à l'esprit que ces études peuvent déboucher sur la découverte d'importants groupes de gènes, avec des applications et des résultats médicaux et industriels, supposant des avancées vers un développement durable et des stratégies conçues pour garantir la préservation de l'environnement. La communauté économique et les institutions publiques, et plus spécialement la communauté scientifique, devraient s'unir à l'occasion de la formulation des projets et se donner pour objectif de prévoir la possibilité de négociations. Dans cette perspective, le changement dans la culture locale corporatiste est nécessaire, et par-dessus tout, l'amélioration de l'importance de la Science et de la Technologie comme fondement indiscutable du développement. De telles perspectives, cependant, sont adaptées aux projets biologiques et ne peuvent s'appliquer aux recherches scientifiques qui ont trait aux ressources génétiques humaines. La mise en application des résultats suppose des discussions sur des thèmes d'une énorme complexité, qui incitent à l'élaboration d'un code bioéthique conçu pour établir des critères, des limites et des sanctions concernant les problèmes qui se révéleraient à l'occasion de l'appropriation du génome humain.

Au Brésil, la principale approche de cette question s'appuie sur la déclaration d'Helsinki, avec la résolution n° 196/96 du Conseil national de la santé, élaborée par un groupe exécutif, dont les membres sont issus d'horizons différents et sont dirigés par le président de la Commission nationale d'éthique du ministère de la Recherche et de la Santé, qui oriente les discussions dans le sens des besoins et des attentes sociales par l'écoute et la prise en compte des institutions représentatives des citoyens (société civile, collectivités locales, associations des droits de l'homme, associations de défense des consommateurs, associations de malades entre autres) et de la communauté scientifique (universités et centres de recherches). Les réflexions qui ont mené à l'élaboration de la résolution 196/96, ont pour objectif de tirer les leçons des expériences historiques, en s'inspirant des règlements apparus dans la période de l'aprèsguerre, en réexaminant la législation nationale et internationale ainsi que les normes telles qu'elles apparaissent dans le code de Nuremberg de 1947, un document qui est à l'origine du consentement volontaire et éclairé de la personne ou des individus impliqués dans des expériences biologiques et médicales.

Un autre document de base pour les discussions qui eurent lieu au Brésil, fut la déclaration d'Helsinki de 1964 et plus tard les amendements qui y furent apportés (Tokyo-1975), élaborés par l'Association médicale mondiale (Word Medical Association), qui modifia, aussi loin que peut le faire un travail scientifique dans le domaine de l'éthique, la norme associée à la question du consentement, en évaluant de manière approfondie, sans tenir compte des objectifs et des intérêts de la recherche, les relations existant entre la personne faisant l'objet d'une expérience et le chercheur, en considérant les deux parties comme des sujets, et cela en enlevant à la personne son caractère d'objet d'expérience. Il fut établi que les intérêts des individus prévaudraient sur ceux de la science, même lorsque cet intérêt est commun à la société. Ainsi, le rôle des comités indépendants d'éthique fut renforcé, avec comme principale fonction d'évaluer les protocoles de recherche.

La déclaration de Manille (1981), proposée et élaborée par l'Organisation mondiale de la santé et par le Conseil des organisations internationales des sciences médicales, a imposé une vision beaucoup plus claire de ce problème, en affirmant l'impossibilité de séparer le point de vue scientifique du point de vue éthique lorsqu'ils mettent en cause des êtres humains. En rendant les règles éthiques homogènes afin qu'elles soient suivies par les chercheurs étrangers et les institutions des pays en développement, ce code fit un grand pas. Cependant, dans plusieurs forums internationaux de négociations commerciales, la question de la brevetabilité du vivant est de plus en plus souvent à l'ordre du jour, créant de grandes controverses, le plus souvent sur les droits sur les brevets des pays en développement et des populations indigènes.

En tant que pays possédant un énorme potentiel biotechnologique et territoire possédant une grande partie de la biodiversité de la planète, le Brésil participe activement aux discussions sur les questions terriblement complexes des ressources génétiques humaines et sur les questions éthiques qu'elles suscitent. La communauté scientifique brésilienne, et en particulier celle qui travaille dans le domaine des sciences de la vie et de la santé, s'est révélée très à l'aise avec les recommandations exprimées dans des documents et des textes légaux, tels que les directives internationales éthiques concernant les êtres humains (CIOMS : Council of International Organisations of Medical Sciences/ WHO) et la loi brésilienne sur la biosécurité (loi n° 8. 974 du 5 janvier 1995). Ces ressources légales et normatives établissent les limites et les possibilités de manipulations génétiques, en abordant les aspects concernant la génétique humaine lorsqu'elle met en cause des techniques d'ingénierie génétique.

Au Brésil, les débats sur ces sujets nés de la relation entre la science et l'éthique en sont arrivés à la mise en œuvre d'actions d'intervention et de réglementations dans le domaine de la bioéthique en conformité avec la loi 8.974/95. Depuis, la loi brésilienne sur la biosécurité aborde les aspects importants des travaux scientifiques concernés par des considérations éthiques ; en abordant ce point de vue, cette loi fait obstacle à l'intervention sur du matériel génétique humain *in vivo* et la considère comme un crime, à l'exception du traitement des malformations génétiques, chaque cas étant soumis à l'appréciation du Comité national de biosécurité — CTNBio ; elle interdit également la manipulation et la reproduction des embryons humains, sous peine d'emprisonnement de l'ordre de trois à vingt ans de prison.

En dépit du fait qu'elle est un instrument légal pour réglementer de manière horizontale le traitement et le développement de l'ingénierie génétique dans le pays, la loi sur la biosécurité ouvre des perspectives pour la verticalisation de plusieurs problèmes se rapportant à la pratique des biotechnologies au Brésil, en approfondissant les questions complexes que la bioéthique pose sur les êtres humains. Sur cet aspect des choses, la loi sur la biosécurité renforce d'autres instruments normatifs dans le domaine de la bioéthique, tels que la résolution 196/96. Cette résolution définit, lorsque la recherche porte sur des êtres humains, chaque aspect du travail scientifique, « recherche concernant individuellement ou collectivement l'être humain, directement ou indirectement, dans son entier ou sur une partie de lui-même, incluant le recours à des informations matérielles ». Il est stipulé également dans le schéma de la loi brésilienne sur la biosécurité, qu'il incombe au CTNBio d'élaborer un code éthique des manipulations génétiques.

Il existe, de plus, un critère établissant des principes éthiques pour les limites de l'exercice de l'autonomie scientifique avec pour corollaire la possibilité d'obtenir des consentements de la part des individus. Ainsi, la résolution établit que le consentement doit être libre et éclairé, en le définissant comme « l'autorisation d'une personne à être un objet de recherche, ou de son représentant légal, libre de toute dépendance, pression, intimidation et par conséquent complètement informé de la nature de la recherche, des ses objectifs, méthodes, intérêts et/ou risques potentiels ».

La résolution propose et établit l'urgence institutionnelle de la création de commissions et comités d'éthique pour la recherche (CEPs), ayant des membres de tous horizons, parmi lesquels des spécialistes dans des domaines variés de connaissances, des représentants d'associations et de groupes sociaux se reconnaissant eux-mêmes comme bénéficiaires des études de la recherche scientifique menées à un stade expérimental dans des centres de recherche entreprenant des expériences sur les êtres humains.

De telles instances suivent également la relation qui existe entre la question éthique et la question technique, soulignant l'importance de la clarté des procédures techniques par rapport au caractère éthique qu'elles impliquent, le but fondamental de cette clarification devrait être de préserver la confiance, l'intimité, l'image, la non-stigmatisation des individus et par conséquent de faciliter le retour des bénéfices aussi bien dans une optique individuelle ou collective que dans le but de permettre au travail scientifique de déboucher sur des conclusions, et plus spécialement le travail en relation directe avec les nouvelles technologies génétiques. La normalisation des implications éthiques de la recherche dans le domaine de la génétique des êtres humains a clairement pour objectif de définir le champ de responsabilités de chacun et le rôle des acteurs concernés, à savoir, le scientifique, l'institution et l'organisme finançant la recherche ou le sponsor.

La définition des champs de responsabilités clarifie le principe de précaution dans la résolution, en indiquant comme l'un des objectifs pertinents, la constitution des paramètres d'analyse de la relation risque/bénéfice, dictée par la recherche scientifique et par l'application de nouvelles technologies à caractère expérimental, sous-entendant que la recherche sur des êtres humains est justifiée, en se basant sur la qualité scientifique de ses objectifs et sur la nécessité de sa poursuite pour réaliser un progrès réel et significatif de la connaissance scientifique. La décision de recourir à l'expérimentation sur des êtres humains pourrait être comprise comme indispensable, présentée comme une évidence scientifique, l'inefficacité de l'utilisation des animaux ou de la bibliographie étant démontrée lors des expériences.

Eu égard à l'analyse risque/bénéfice du travail scientifique, la loi n° 8974/95 (loi sur la biosécurité) apporte des paramètres clairs, ainsi que nous l'avons vu, lorsqu'elle permet une intervention sur le matériel génétique humain *in vivo* « pour le traitement des anomalies génétiques, en respectant les principes éthiques tels que le principe d'autonomie et le principe d'amélioration », sous réserve de l'approbation préalable par le Comité national de biosécurité (CTNBio).

Aux termes du débat et des propositions qui ont eu un retentissement international en matière de bioéthique, le comité international de bioéthique de l'UNESCO, basé à Paris, entreprit des actions en vue d'une harmonisation internationale des questions éthiques avec le projet Génome humain. L'Union européenne, à son tour, a mis à l'ordre du jour la Convention européenne de bioéthique, dans le but d'engager les États membres dans un processus législatif afin de régler les questions urgentes résultant des procédés de la biotechnologie et des demandes commerciales supposant des brevets, ce fait étant directement lié à l'urgence d'élaborer des directives sur la bioéthique, et plus spécialement sur les biotechnologies engagées dans des projets de recherche dans le domaine de la santé. Une des approches dans les débats au niveau international concerne les limites, l'importance et l'efficacité de l'autorité publique sur ces questions qui touchent directement à la fois la science et l'éthique.

Des points de vue divergents sur la bioéthique sont apparus avec *nuance* dans les pays développés, plus spécialement aux États-Unis, au Japon et dans les pays du continent européen. Dans ces pays la recherche scientifique est adaptée à l'importance économique, politique et sociale associée à une politique de développement technologique bien définie, dans laquelle il existe une réglementation sur les principes d'éthique à respecter en matière de recherches scientifiques et de traditions politiques des États.

En Europe et particulièrement en France qui est un État centralisé de par son évolution historique, les actions qui se définissent comme étant du domaine de la bioéthique, ont besoin d'une autorisation ministérielle ; ce n'est pas le cas de l'Angleterre, qui possède une tradition d'autoréglementation à caractère professionnel. Nous souhaitons néanmoins souligner que la France fut le premier pays européen à prendre l'initiative de la création d'un corps collégial national, le Comité consultatif national sur les sciences du vivant et de la santé (CCNE-1983), qui permit d'assister aux plus grands débats à caractère éthique sur les recherches en matière de sciences du vivant.

Au Japon et dans quelques pays européens comme l'Allemagne et l'Angleterre, l'évaluation des propositions portant sur des recherches mettant en jeu les êtres humains et la formulation des normes éthiques sont entre les mains des sociétés et des cercles médicaux et scientifiques, la recommandation de l'État étant de demeurer au niveau des tests médicaux et non pas de la recherche biologique et médicale en général.

Aux États-Unis la réglementation des actions d'ordre éthique s'applique à la recherche financée par l'État par l'intermédiaire d'organismes publics, ce qui n'empêche pas que ces règles soient acceptées par la recherche développée et soutenue par le secteur privé.

Au Brésil, les instances responsables de la santé sont d'accord sur le fait qu'un pays doit se doter d'un instrument réglementaire, avec une obligation légale, afin de fournir un avis d'expertise, capable d'évaluer et de donner un arbitrage sur les questions dans lesquelles la complexité des relations entre le domaine de la vie et les sciences médicales et le domaine de l'éthique sont manifestes. Les débats indiquent que cet instrument doit être compréhensible au plan national et doit se forger une forte légitimité et une représentation dont il est aussi fondamental de souligner le caractère indépendant.

Le processus d'élaboration de cet instrument a tendance à se construire sur le modèle légal français, car le Brésil possède historiquement une tradition institutionnelle fondée sur des bases légales conformément aux idéaux démocratiques français. Si une telle tendance est confirmée, nous opterons pour un modèle qui prévoit la création d'une structure décentralisée avec le soutien de comités régionaux de bioéthique.

Ces initiatives avancent à pas de géants ; les questions d'ordre éthique se présentent presque toujours en corrélation avec la recherche biologique et médicale mettant en cause des êtres humains. Au Brésil, en particulier, nous avons affaire à un problème urgent, car « la vision de l'identification et du brevetage des gènes humains, qui il y a quelques années était pratiquement synonyme de fiction, est de plus en plus proche de la réalité ». Les études indiquent que les populations indigènes d'Amazonie sont parmi celles qui font le plus l'objet de recherches génétiques dans le monde.

Une grande partie des études menées parmi les populations indigènes sont basées sur des échantillons de sang qui constituent un matériel fondamental pour définir le profil génétique de ces populations. Aujourd'hui le progrès des biotechnologies permet l'identification de ces gènes qui sont alors légalement brevetés dans d'autres pays. C'est une situation que les Indiens acceptent en fournissant des échantillons de sang pour les recherches à l'étranger grâce à des « contrats » relativement informels, sans garantie que les bénéfices de telles recherches reviennent à la nation dont est originaire le matériel génétique, ceci constitue un exemple des questions d'ordre éthique de l'« ère génomique ».

Le Brésil participe dans un cadre international aux débats et interventions en vue de préserver les droits de l'homme et ceux du génome humain, en affirmant sa position à l'occasion des discussions dirigées par l'UNESCO pour fixer les termes de la déclaration universelle du génome humain et des droits de l'homme, position qui constitue la sphère des préoccupations de la communauté scientifique et d'une partie de la société civile brésilienne.

Les autorités brésiliennes sont parvenues à un consensus sur l'importance du document, avec comme thèmes de base les chapitres suivants :

A – Dignité humaine et génome humain
B – Droit des personnes concernées
C – Recherche sur le génome humain
D – Conditions de l'exercice de l'activité scientifique
E – Solidarité et coopération internationale
F – Promotion des principes énoncés dans la déclaration.

Le rapport brésilien sur la XXIXe assemblée de l'UNESCO, qui s'est tenue à Paris en 1997 et avait à son ordre du jour la discussion et l'adoption de la Déclaration universelle sur le génome humain et les Droits de l'homme, a mis en relief la grande qualité des débats sur les thèmes choisis, et plus spécialement les discussions qui ont soulevé le plus de controverses à ce propos. Le thème de la thérapie d'une famille de germes présentait à ce moment-là des difficultés techniques de compréhension, ce qui se traduisit par un réel souci de sérieux de la part de l'assistance pour établir des directives claires, et qui concernaient même les domaines scientifiques sur lesquels elle travaillait dans la perspective d'une répétition caractérisant la méthode expérimentale. Les inquiétudes exprimées à propos des expériences eugéniques, sont également affirmées avec force dans la réglementation brésilienne.

À propos de la brevetabilité du génome, « la loi brésilienne sur les brevets ne reconnaît pas le mérite de l'invention, et ainsi ne donne pas de droits de propriété pour les molécules non recombinantes et pour les molécules dont l'utilisation ne représente pas une réelle innovation. Une telle position, cependant, n'est pas de règle dans tous les pays, particulièrement dans ceux qui investissent systématiquement de gros moyens et consacrent de gros efforts dans le programme sur le génome humain. Dans ce cas particulier, il est important de noter que certains de ces pays optent pour la jurisprudence, et que la question du génome humain et de sa brevetabilité est encore un sujet de dispute dans leurs tribunaux.

Durant l'assemblée générale de l'UNESCO de 1997, la position brésilienne exprimait le besoin d'une définition plus claire du génome humain, et plus précisément de l'article 3 qui était présenté (« le génome humain, qui par nature évolue, est sujet à mutations. Il contient des potentialités qui peuvent être exprimées différemment selon l'éducation, les conditions de vie, la nourriture, l'état de santé de chaque individu et de manière générale de son environnement naturel et social »). D'un point de vue formel, la position brésilienne considère la version de la Déclaration du génome humain et des droits de l'homme à la fois conceptuelle et scientifiquement peu efficace au stade actuel du développement scientifique, l'article cité reflétant une conception « lamarckienne » dans laquelle les gènes sont abordés différemment en fonction des conditions environnementales et sociales dans lesquelles l'individu est placé, en tenant compte de son état de santé, de ses conditions de vie, de nutrition et d'éducation.

Nous croyons que la position brésilienne reflète une profonde inquiétude quant à la recherche d'un concept en adéquation avec les objectifs humains de l'activité scientifique, et qui permettrait des interprétations idéologiques dans les méthodes de travail scientifique. Il est important de souligner que la science n'est pas fondée sur des bases idéologiques, la science doit être libre de structurer ses axes de recherche et ses hypothèses, c'est la condition du progrès scientifique. Quoi qu'il en soit, nous devons être vigilants sur l'usage qui est fait de la science — nous devrions axer nos préoccupations vers l'analyse des formes et des intentions qui découlent de la mise en application des résultats de la science.

En termes de recommandations, la position brésilienne a été exprimée dans les termes suivants : « Nous considérons le génome humain comme l'un des ultimes moyens de définir nos espèces... Nous souhaitons ardemment que la déclaration et sa mise en application, parviendront à présenter le génome humain comme un point fondamental d'unité parmi les individus, les communautés et les nations ; aussi bien qu'un instrument qui rappelle à tous qu'il faut se féliciter de l'existence de diversités culturelles et ethniques. »

Le Brésil était une des nations qui proposa un projet de résolution pour ce texte de la déclaration sur le génome humain. Nous croyions alors, comme nous le croyons toujours, que plusieurs questions importantes devaient déjà être mises en avant. Ainsi qu'ils avaient déjà été présentés avec le projet de résolution, les points suivants devraient être étudiés :

Premier point, la définition précise et globale du génome humain manque dans le texte de la déclaration.

Deuxième point, l'article 3 est rédigé de telle manière que des concepts biologiques admis ne puissent s'appliquer.

Troisième point, l'article 4 dans sa forme présente : (a) n'aborde pas avec précision la question de l'appropriation du génome ; et (b) exprime de manière générale la question des pratiques inacceptables qui sont d'ores et déjà utilisées, et qui servent l'intérêt d'individus ou de communautés dans le monde entier.

En prenant en compte les articles ci-dessus, le Brésil a exprimé le besoin de discussions sur les sujets suivants :

1. Définition précise du génome humain.
2. Discussion sur la question de l'appropriation des séquences génomiques à l'état naturel.
3. Discussion sur les possibilités de mettre la déclaration sur le génome humain et les Droits de l'homme en conformité avec le principe de respect du droit de propriété tel qu'il figure dans les lois brésiliennes sur les brevets.
4. Élargissement des forums scientifiques avec pour objectif de garantir l'exactitude des concepts, en évitant des erreurs de base dans le texte de la déclaration.

De manière générale, le problème le plus évident soulevé par le document proposé par l'ONU était basé sur deux principes : l'un stipulait que le génome était un héritage commun de l'humanité et l'autre concernait le respect de la dignité humaine. En suivant notre évaluation, la compréhension du premier principe est liée aux règles du droit international appliqué à la réglementation de l'exploration des ressources dans l'intérêt de l'ensemble de l'humanité, une compréhension qui devrait concerner tout ce qui a un lien avec la défense et la protection de la dignité des êtres humains et de leurs droits individuels.

Il existe un risque imminent de renforcement d'un raisonnement juridique visant à justifier l'association de la recherche sur le génome humain au raisonnement conditionné par la disponibilité des ressources économiques et leur utilisation, ce qui fait apparaître le besoin de formuler une proposition comme une question d'urgence, dont l'objectif est d'établir un plan pour réexaminer la question de l'exploitation internationale des ressources mondiales, en ayant recours aux institutions scientifiques qui sont d'accord avec le principe de représentativité du plus grand nombre de segments de la société, incluant la représentation de ce que l'on appelle les minorités sociales et culturelles. Ainsi, pour rendre possible un tel débat, un autre problème fondamental doit être abordé : l'idée du génome humain en tant qu'héritage de l'humanité prendra une dimension plus importante, jusqu'à ce qu'elle crée des instruments capables de bénéficier à tous, qui seront dus au développement des débats sur le thème du libre accès aux résultats de la recherche.

Une des difficultés de la question sur le libre accès réside dans l'intention d'entourer la recherche de secrets, comme une possibilité en faveur des scientifiques et des institutions. Un autre problème, apparemment de nature plus pratique, traduit certaines difficultés à respecter le droit de la propriété intellectuelle. Avant tout, les règles qui sont établies pour les brevets sur tout ce qui est conçu dans ce but devraient faire l'objet d'un débat. Deuxièmement, il existe la distinction classique, droits des brevets appliqués aux inventions. En partant de là, les résultats de la recherche sur les gènes humains ont des chances d'être brevetés, ce qui engendre un problème des plus complexes.

Dans un tel tissu de préoccupations, les principes des droits de la personne au regard de la génétique humaine va devenir concevable. Un consensus apparaît et prend forme dans le sens de la prise en compte des nouveaux problèmes en rapport avec les procédés scientifiques qui s'investissent dans le développement de la génétique humaine. Un des points de ce consensus est fondé sur la préservation de la liberté et de la dignité humaines, il établit les mécanismes qui pourraient permettre de repérer des pratiques discriminatoires pour les individus, basées sur leurs caractéristiques génétiques, plaçant dans un schéma de libre consentement, la décision individuelle par rapport à la demande en vue d'établir des tests génétiques d'évaluation de « qualité ». La réglementation pour l'accès aux ressources génétiques a connu des changements dans le monde entier, particulièrement dans les pays qui détiennent une « mégabiodiversité ». La coopération internationale est devenue aujourd'hui une nécessité pour le développement de la recherche et de la commercialisation de ses produits, par le biais du développement durable appliqué à la nature, avec des retours de profits corrects vers les pays d'origine.

Un schéma de réglementation internationale est nécessaire pour guider le développement de la science et garantir que les bénéfices sont disponibles dans le monde entier et utilisés de manière adéquate pour favoriser la santé à l'échelle mondiale. Des actions globales nécessitent des mesures de soutien afin de développer l'instrument propre à fixer les droits de l'homme et du génome humain. Des tests de sélection capables de contrôler l'action de milliers de gènes en même temps et le développement de « fragments d'ADN » font partie des progrès majeurs qui pourraient permettre aux chercheurs de produire synthétiquement des substances biochimiques humaines pour la thérapie génique. Cette technologie pourrait apporter des traitements et la guérison de plusieurs affections, même sans origine génétique, et surtout des cancers et des affections cardiaques, des infections et même des maladies mentales. La prévention et la thérapie seront conçues pour s'adapter au profil génétique de chaque personne et non plus comme devant s'appliquer à un cas se situant à l'intérieur d'un groupe de malades.

Les applications potentielles de la recherche génomique concernent le développement de nouveaux médicaments et conditionnent les politiques de santé publique, en montrant le lien entre les gènes et la santé. La préoccupation croissante est de sauvegarder la vie privée des individus et des groupes qui fournissent des échantillons d'ADN pour des études de séquençage à grande échelle. D'autres problèmes résident dans les questions majeures qui sont soulevées par les concepts de races et d'ethnies aussi bien que par l'identification de l'usage commercial et des utilisations potentiellement abusives des bases de données dans les laboratoires, les écoles et les tribunaux. Les problèmes qui surgissent à propos de l'intégration des technologies génétiques et du développement de l'information dans les traitements et les activités de santé publique pourraient se révéler intéressants pour comprendre comment la connaissance génétique pourrait influencer les points de vue philosophiques, théologiques et éthiques.

La perspective que des maladies infectieuses tuant des millions de personnes dans les pays en développement pourraient être éliminées par un vaccin issu de la technologie génétique ou par le renforcement des capacités immunitaires des individus, représente un apport extraordinaire pour le niveau sanitaire des pays pauvres et des pays riches. Les changements dans les facteurs globaux, sociaux, politiques et environnementaux ont influencé le commerce et les échanges en créant des zones d'interdépendance entre les nations en ce qui concerne la santé publique. La situation sanitaire d'un pays ne pourrait plus être isolée de celle des autres pays ; les questions qui se posent sur le consentement, la vie privée, la discrimination et la montée des préoccupations sur les droits de l'homme dans tous les pays, ont un lien avec l'accès aux traitements génétiques conditionnés par l'influence ou le pouvoir social.

La rapidité du développement de la génétique apporte des difficultés aux instances chargées de la réglementation. Les critiques concernant la thérapie des familles de germes peut faire penser que la technologie qui s'applique aux espèces humaines pourrait, si elle était mal employée, devenir un instrument eugénique. Plusieurs pays, dont le Brésil et la Suisse, ont mis en place des réglementations visant à empêcher de telles thérapies. Le schéma existant reflète une évolution vers un consensus sur plusieurs grands principes bioéthiques. Cependant, le principe de base le plus important pour la protection des droits de l'homme par rapport à la science génétique se trouve dans la Déclaration universelle des droits de l'homme. L'autre document fait autorité dans le domaine de la biomédecine, bien que les Nations unies aient produit beaucoup de déclarations concernant la bioéthique et la technologie génétique.

Le projet Génome humain arrive maintenant à son terme avec le décryptage complet et précis de la séquence d'ADN qui traduit l'évolution historique des espèces humaines. Les infrastructures et les expertises mises en œuvre par le monde scientifique apportent des occasions sans précédent de faire progresser les bases de la biologie et de ses applications médicales. Actuellement avec le séquençage du génome humain qui est presque entièrement réalisé, les opportunités d'aboutir à des découvertes scientifiques n'ont jamais été aussi grandes. Les scientifiques peuvent immédiatement appliquer leur connaissance du séquençage à l'identification et à l'isolement de gènes qui sont directement responsables d'une affection ou de son aggravation.

Ainsi, nous croyons que la réalisation d'un document à caractère universel est encore à un stade de gestation. La déclaration universelle du génome humain montre que nous sommes au début d'une mobilisation globale, qui, de manière préventive, rapproche la science de la société sur la recherche des mécanismes qui rendent possible pour l'être humain de bénéficier des résultats du développement scientifique. L'application des principes de base de la déclaration universelle se révèle être d'une extrême complexité et devrait être considérée comme une référence dans le processus de globalisation des biotechnologies, apportant ainsi de réels bienfaits à l'humanité.

Remerciements

Nous remercions très chaleureusement Gutemberg Delfino de Souza, biologiste et conseiller au Comité national de biosécurité technique, pour l'aide qu'il nous a apportée pour réunir l'ensemble de ces données pertinentes.

RÉFÉRENCES

– CÂMARA DOS DEPUTADOS/BRASIL (1998), Proposta de Emenda à Constituição n° 618-A, mensagem 977/98 — Poder Executivo, Brasília DF.

– CLARKE, DL ; JOHANSSON, CB ; WILBERTZ, J ; VERESS, B NILSON, E ; KARLSTROM, H ; LENDAHL, U ; FRISÉN, I. (2000), « Generalized Potential of Adult Neural Stem Cells », *Science*, Jun 2 : 1660-1663.

– CONSELHO NACIONAL DE SAÚDE (1996), Diretrizes e Normas Regulamentadoras de Pesquisas envolvendo Seres Humanos. Resolução n° 196 de 10 de outubro de 1996, Comissão Nacional de Ética em Pesquisa, Brasília, DF.

– DICSON, D (1996), « Whose genes are they anyway? » *Nature, 381* : 11-14.

– GARRAFA, V (1995), *A Dimensão da Ética em Saúde Pública.* Faculdade de Saúde Pública, Universidade de São Paulo.

– GOVERNO DA REPÚBLICA FEDERATIVA DO BRASIL (1995), Lei 8974 de 05 janeiro de 1995. Diário Oficial da União DOU 05/95, Brasília DF.

– GOVERNO DA REPÚBLICA FEDERATIVA DO BRASIL (1995), Decreto 1752 de 20 de dezembro de 1995. Diário Oficial da União DOU 244/95, Brasília DF.

– GRISOLIA S. (1991), UNESCO Program for the Human Genome Project.

– *Genomics 9* : 404-405.

– HANNA, KE ; COOK-DEEGAN, RM & NISHIMI, R (1993), « Finding a forum for bioethics in US », *Policy, Politics and the Life Sciences, 12* : 205-219.

– INTITUTO NACIONAL DA PROPRIEDADE INDUSTRIAL / INPI (1996), *Lei da Propriedade Industrial ?* Ministério da Indústria, Comércio e Turismo, Brasília, DF.

– INTERNATIONAL CENTRE FOR GENETIC ENGENEERING & BIOTECHNOLOGY/ ICGEB (199), Activity Report. Trieste — Italy http://www.icgeb.trieste.it

– LENOIR, N (1991), *Aux frontières de la vie : une éthique biomédicale à la française*, La Documentation française, Paris.

– MACER, DJ (1997), « Génétique et Bioéthique universelle : Dépistage génétique et technologies », Résolution 29 C/17 UNESCO Conférence générale, 29e session, Paris.

– MARTINEZ, SM. (1997), « Quién es el Dueño del Genoma Humano? », *Bioética* CFM (97) http://www.cfm.org.br/bioética.

– NATIONAL INSTITUTES OF HEALTH / NIH-USA (1998) « New Goals for the US Human Genome Project : 1998-2003 », *Science 282* : 682-689.

– ODA, LM & SOARES, BEC (1997), « An Overview of Health Biotechnology Development in Brazil », *Trends in Biotechnology 15* (8) : 285-287.

– ODA, LM & SOARES, BEC (2000), « Genetically Modified Foods : Economic Aspects and Public Acceptance in Brazil », *Trends in Biotechnology 18* (5) : 188-190.

– ORGANISATION DES NATIONS UNIES : ONU (1997), Comité d'Experts gouvernementaux pour la mise au point d'une Déclaration sur le Génome humain. *Projet de Déclaration Universelle sur le Génome humain et les Droits de l'Homme,* Paris.

– SCHRAMM, FR (1999), « Moralidade das Biotecnologias », *I Congresso Brasileiro de Biossegurança.* ANRIO, Rio de Janeiro-RJ

– SENADO FEDERA (199), « Seminário sobre Clonagem e Transgênicos : Impactos e Perpectivas », *Comissão de Assuntos Sociais do Senado Federal,* Brasília DF.

– STEWART, E, *et al.* (1997), « An STS-based radiation hybrid map of the human genome », *Genome Res.* 7 : 422-433.

– TAYLOR, AL (1999), « Globalization and Biotechnology : UNESCO and International Strategy to Advance Human Rights and Public Health », *American Society Law, Medicine & Ethics* http://www.bostonlaw.edu/aslme.htm.

– TOSCANO INSTITUTES OF HEALTH / NIH-USA (1998), « New Goals for US Human Genome Project : 1998-2003 », *Science 282* : 682-689.
– WORD INTELLECTUAL PROPERTY ORGANIZATION (1999), *Budapest Treaty on the International Recognition of the Deposit of Microorganisms for purposes of Patent Procedure, Geneva, CH.*

Comité d'organisation scientifique

Président du colloque

Jean Dausset
Président de la Fondation Jean Dausset

Secrétaire général du colloque

François Gros
Secrétaire perpétuel de l'Académie des sciences

Charles Babinet
Unité de génétique des mammifères
Institut Pasteur

Anne Cambon-Thomsen
Unité 518 — INSERM
Faculté de médecine

Daniel Cohen
Directeur général — GENSET

Bernard Gilly
Directeur général — TRANSGENE

Axel Kahn
Directeur de l'Unité 129 INSERM — ICGM
Unité de recherche en physiologie et Pathologie génétique et moléculaire

Philippe Kourilsky
Directeur général — Institut Pasteur

Noëlle Lenoir
Membre du Conseil constitutionnel

JEAN-FRANÇOIS THÉRY
Président de la section du rapport et des études
Conseil d'État

MICHEL VIVANT
Professeur — Université de Montpellier-I
Faculté de droit

Liste des intervenants

Lori ANDREWS — Chicago — Kent College of Law, institut de technologie, USA

Ségolène AYMÉ — INSERM, Villejuif

Christiane BARDOUX — Commission européenne, Bruxelles

Samir KUMAR BRAHMACHARI — Directeur du centre de technologie biochimique, New-Delhi, Inde

Anne CAMBON-THOMSEN — Directeur de recherche CNRS, INSERM et faculté de médecine de Toulouse

Graham CAMERON — EBI, European Bioinformatics Institute, Cambridge, Grande-Bretagne

Jose Maria CANTU — Institut mexicain de sécurité sociale, centre de recherche biomédicale d'Occident, division de génétique, Guadalajara, Mexique

Ruth CHADWICK — Directrice du centre de bioéthique, University of Central Lancashire, Preston, Grande-Bretagne

Michel COMBARNOUS — Président de l'université Bordeaux 1

Domenico COVIELLO — Service de génétique médicale de la policlinique de Modène, Italie

Jacques DEMAILLE — Professeur, IGH — CNRS, Montpellier

John FOERSTER — Directeur de recherche, centre de recherche de l'hôpital général de St. Boniface, Canada

Maria FREIRE — Bureau de transfert technologique, Rockville, USA

Alain GALLOCHAT — Conseiller pour la propriété intellectuelle, ministère de la Recherche, Paris

John Gearhardt — Professeur de gynécologie et de génétique obstétricale à l'université John Hopkins, USA

François Gros — Secrétaire perpétuel de l'Académie des sciences, Paris

Zhong Chao Han — Professeur, membre de l'Académie chinoise des sciences médicales, institut d'hématologie et hôpital des affections sanguines

Jacques Hatzfeld — Laboratoire souches somatiques humaines, CNRS

Tim Hubbard — Directeur du centre d'analyse du génome humain, Hinxter, Grande-Bretagne

Hiroo Imura — Conseiller du Premier ministre japonais, membre de la commission Science et Technologie

Fotis Kafatos — Professeur, EMBL, Heidelberg, Allemagne

Axel Kahn — Directeur de l'unité 129 INSERM — ICGM. Unité de recherche en physiologie et pathologie génétique et moléculaire

Gerd Kempermann — Clinique universitaire de neurologie de Regenburg, Allemagne

Bartha Maria Knoppers — Professeur au centre de recherche en droit public, faculté de droit, université de Montréal

Peter Lachmann — Professeur, membre de l'Académie de sciences médicales de Grande-Bretagne

Christine Le Bihan-Graf — Membre du Conseil d'État, Paris

Noëlle Lenoir — Membre du Conseil constitutionnel, Paris

Leila Macedo Oda — Comité national brésilien de biosécurité, Fondation Oswaldo Cruz-Manguihnos, Rio de Janeiro, Brésil

Eric Meslin — Executive Director National Bioethics Advisory Commission, USA

Marcia Muñoz de Alba Medrano — Institut de recherches juridiques, Mexico

Bruno Péault — Unité « Ontogénèse de l'hématopoïèse », hôpital Paul-Brousse, Villejuif

Marc Peschanski — Directeur de recherches à l'INSERM — Faculté de médecine de Créteil

Alberto Piazza — Université de Turin, département de génétique, biologie et biochimie

Alain Pompidou — Membre du Conseil économique et social, Paris

Renbiao Chen — Seconde université médicale de Shanghai, Institut d'immunologie, département de génétique médicale

Jean Rosa — Membre de l'Académie des sciences, Paris

Roger-Gérard Schwartzenberg — Ministre de la Recherche, France

Didier Sicard — Président du Comité consultatif national d'éthique, France

Davor Solter — Institut d'immunologie Max-Planck de Freiburg, Allemagne

Joseph Straus — Institut Max-Planck pour les brevets étrangers et internationaux, le droit de reproduction et la loi sur la concurrence, Munich, Allemagne

Claude Sureau — Président de l'Académie nationale de médecine, Paris

Pran Talwar — Professeur, membre de l'Académie des sciences d'Inde

Jean-François Théry — Président de la section du rapport et des études du Conseil d'État, Paris

Gilles Thomas — Fondation Jean Dausset, CEPH, Paris

Glauco Tocchini-Valentini — Directeur de l'Institut de biologie cellulaire, CNR, Monterontondo Scalo, Italie

William Tyrrell — Avocat, Droit européen des brevets, Glaxosmithkline, Brendford, Grande Bretagne

Derek van der Kooy — Professeur à la faculté de médecine de Toronto, département d'anatomie et biologie cellulaire

Antonio Velásquez — Institut de recherches biomédicales, université nationale de pédiatrie, Mexico

Michel Vivant — Professeur de droit, université de Montpellier-I

Jean Weissenbach — Directeur du Génoscope, Évry

Zhu Chen — Professeur au Rui Jin Hospital, centre national chinois de recherche sur le génome humain, Shanghai

Comité d'organisation

François Gros
Secrétaire perpétuel de l'Académie des sciences

Françoise Rabain
Chef du bureau des relations internationales
Direction de la recherche
Ministère de la Recherche

Régine SIMON-DEBAILLEUL
Chargée de mission — Ministère de la Recherche

Pascale PHILIPPOT
Directrice de la communication et des relations extérieures
Université Bordeaux 1

Fabienne BONFILS
Chargée de mission — Colloques
Académie des sciences

Marie-Pierrette GIRAUD
Direction de la recherche
Ministère de la Recherche

Nathalie ZADJMAN
Secrétariat
Cabinet du secrétaire perpétuel de l'Académie des sciences

Comité éditorial

Table

CET OUVRAGE A ÉTÉ COMPOSÉ
ET MIS EN PAGE CHEZ NORD COMPO (VILLENEUVE-D'ASCQ)
ET ACHEVÉ D'IMPRIMER SUR ROTO-PAGE
PAR L'IMPRIMERIE FLOCH À MAYENNE
EN MAI 2001

N° d'impression : 51633.
N° d'édition : 7381-1007-X.
Dépôt légal : juin 2001.

Imprimé en Franc